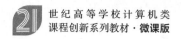

21 世纪高等学校计算机类
课程创新系列教材·微课版

SQL Server 数据库实用案例教程

第2版·微课视频版

王雪梅 李海晨　　主　编
马亚丽 华　进 蔡斌杰　副主编

清华大学出版社
北京

内 容 简 介

本书第 1 版于 2017 年出版，此为第 2 版。相应课程为安徽省精品线下开放课程。本版增加了微课视频、在线题库、习题答案和以项目贯穿的实验任务，还完善了知识点。

本书注重实践操作，配有理论讲解和操作演示视频，带领读者从数据库创建开始，逐步递进，完成表的创建和管理、数据的增/删/改/查、数据库端编程等操作，让读者在实践中了解数据库的用途和用法。之后介绍事务、数据库安全、关系代数与关系数据理论、数据库设计、数据库恢复和并发控制等相关知识。作者将自己在 IT 企业多年积累的数据库实践经验融入本书，无论是案例设计，还是文字说明，都花费了很多心思，添加了许多其他图书没有的内容。对许多操作不仅介绍怎么做，还介绍为什么这么做，以及实际工作中的注意事项。本书以一个银行储蓄系统项目贯穿各章课后的实验任务。

本书主要面向应用型本科院校和高职高专的学生，也可以作为数据库管理和开发人员的参考书。

本书封面贴有清华大学出版社防伪标签，无标签者不得销售。
版权所有，侵权必究。举报：010-62782989，beiqinquan@tup.tsinghua.edu.cn。

图书在版编目(CIP)数据

SQL Server 数据库实用案例教程：微课视频版/王雪梅，李海晨主编. —2 版. —北京：清华大学出版社，2023.5（2024.2 重印）
21 世纪高等学校计算机类课程创新系列教材：微课版
ISBN 978-7-302-62428-8

Ⅰ. ①S… Ⅱ. ①王… ②李… Ⅲ. ①关系数据库系统－高等学校－教材 Ⅳ. ①TP311.132.3

中国国家版本馆 CIP 数据核字(2023)第 016202 号

责任编辑：黄 芝 李 燕
封面设计：刘 键
责任校对：郝美丽
责任印制：刘海龙

出版发行：清华大学出版社
  网　　址：https://www.tup.com.cn，https://www.wqxuetang.com
  地　　址：北京清华大学学研大厦 A 座　　邮　　编：100084
  社 总 机：010-83470000　　邮　　购：010-62786544
  投稿与读者服务：010-62776969，c-service@tup.tsinghua.edu.cn
  质量反馈：010-62772015，zhiliang@tup.tsinghua.edu.cn
  课件下载：https://www.tup.com.cn，010-83470236
印 装 者：三河市人民印务有限公司
经　　销：全国新华书店
开　　本：185mm×260mm　　印　张：16　　字　数：393 千字
版　　次：2017 年 2 月第 1 版　2023 年 6 月第 2 版　印　次：2024 年 2 月第 3 次印刷
印　　数：3001～5000
定　　价：49.80 元

产品编号：095698-01

编 委 会

主　编：王雪梅　李海晨
副主编：马亚丽　华　进　蔡斌杰
编　委：程　云　汪　洋　窦慧敏　王婷婷　牛叶霞
　　　　许　飞　刘剑琴　鲍家朝　柏　琪　苏婷婷
　　　　陈红艳　肖　文　帅　兵　史金成　伍　祥
　　　　谌章义　袁学松　段微微　周先飞　唐传贤
　　　　张　峰　杨　辉　李　骏　韩小祥　陈莉莉
　　　　王　添

前言

在如今的信息化时代,数据库无处不在,所有人都离不开数据库,了解一些数据库知识很有必要。本书的主要特点是融入了作者多年的实践经验,突出实际操作,图文并茂,通俗易懂,资源丰富,适用面广,并以一个完整的项目贯穿各章课后的实验任务。本书各章的内容说明见下表。

章	说 明	视频和习题数	实验任务
第1章 图形界面操作数据库	图文并茂地介绍了数据库的创建和管理、表的创建和管理、表中加约束、数据的增/删/改/查,数据库的分离、附加、收缩、备份、恢复、联机、脱机,以及数据导入导出的图形化界面操作过程,帮助读者快速认识数据库	5个视频 27道习题	实验1 SSMS图形界面操作数据库和表(操作演示视频)
第2章 基本SQL语句	逐步介绍使用SQL语句创建数据库、创建表、给表增加约束、数据的增/删/改/查等操作,配有102道例题进行示例讲解,在说明文字中又指出注意事项。其中例题2-26的说明文字还介绍了几种完整性的违约处理策略。本章的重点是数据查询,分为单表选择、投影查询、模糊查询、聚合分组查询、排序查询、多表连接查询、嵌套查询、集合查询和基于派生表的查询等	17个视频 60道习题	实验2 数据定义 实验3 数据更新 实验4 单表查询 实验5 连接查询 实验6 多种方式多表查询
第3章 视图	先简要介绍视图的相关知识和语法,再给出例题,在例题的说明文字中又进行了详细说明,指出了注意事项并强调了要点	1个视频 20道习题	实验7 视图的使用 实验8 SQL综合练习
第4章 T-SQL程序设计	先以表格的形式简单、清晰地介绍流程控制的相关语句,再以分类例题进行应用示例,例题说明文字中介绍了程序思路和注意事项	1个视频 10道习题	实验9 T-SQL编程练习
第5章 存储过程	先介绍存储过程的相关语法,再配以例题进行应用示例,分为无参数、只有输入参数和有输入/输出参数3种情况	1个视频 25道习题	实验10 存储过程练习
第6章 函数	先介绍自定义函数的语法,再以例题进行应用示例,分为标量函数和表值函数,并对比了存储过程与函数的异同	2个视频 20道习题	实验11 函数、存储过程练习

续表

章	说　明	视频和习题数	实验任务
第7章 触发器	先介绍DML、DDL两种触发器的语法，后以例题示例用法，在说明文字中予以解释和强调	2个视频 15道习题	实验12　触发器练习
第8章 游标	先介绍游标操作的语法，后以例题示例用法	2个视频 10道习题	实验13　游标使用练习
第9章 事务	介绍了事务3种模式的切换方法，以及如何设置事务保存点，并以例题示范如何在程序中使用事务。例题9-4、9-5还给出了互动问题	1个视频 13道习题	实验14　事务处理
第10章 数据库安全	简要介绍了数据库安全的基本概念和安全标准，主要介绍自主存取控制的授权方法	1个视频 20道习题	实验15　权限设置
第11章 关系代数与关系数据理论	本章为新增内容，介绍了8种关系代数运算。本章的文字介绍简洁清晰，视频讲解细致，难点是除运算。关系数据理论部分介绍了相关概念，以及1NF、2NF、3NF、BCNF的定义和例题	11个视频 40道习题	无
第12章 数据库设计	重点介绍概念结构设计阶段E-R图的画法，以及如何将E-R图转换为关系模式。提前布置课程设计任务，使读者将本书所学知识串起来予以应用	1个视频 33道习题	实验16　课程设计
第13章 数据库恢复	本章为新增内容，简要介绍了故障的种类和恢复的方法，以及具有检查点的恢复技术的作用。恢复的基本原理是利用冗余数据重建数据库	2个视频 17道习题	无
第14章 并发控制	本章为新增内容，简要介绍了并发操作的不一致性问题、基本封锁类型和封锁协议，并介绍了活锁和死锁的定义及解决方法	4个视频 18道习题	无
合　计		51个视频 328道习题	16个实验

本书由安徽信息工程学院王雪梅和黑龙江大学李海晨担任主编，中国电信集团有限公司马亚丽、南通大学华进、浙江长征职业技术学院蔡斌杰担任副主编。

由于作者水平有限，书中难免存在疏漏和不足之处，敬请读者批评指正。

作　者

2023年2月

目 录

第 1 章 图形界面操作数据库 ··· 1

  1.1 创建和管理数据库 ··· 2
      1.1.1 创建数据库 ··· 2
      1.1.2 修改数据库 ··· 4
      1.1.3 删除数据库 ··· 5
      1.1.4 打开数据库 ··· 6
      1.1.5 分离数据库 ··· 7
      1.1.6 附加数据库 ··· 7
      1.1.7 收缩数据库 ··· 9
      1.1.8 备份数据库 ··· 10
      1.1.9 恢复数据库 ··· 12
      1.1.10 数据库联机和脱机 ··· 13
      1.1.11 导出和导入数据 ··· 13
  1.2 创建和管理表 ··· 21
      1.2.1 创建表 ··· 21
      1.2.2 修改表 ··· 27
      1.2.3 删除表 ··· 27
  1.3 插入、修改、删除数据 ··· 28
  1.4 查询数据 ··· 28
  实验 1 SSMS 图形界面操作数据库和表 ··· 29
  习题 ··· 31

第 2 章 基本 SQL 语句 ··· 34

  2.1 数据定义 ··· 34
      2.1.1 定义数据库 ··· 34
      2.1.2 定义表 ··· 43
      2.1.3 定义索引 ··· 52
  2.2 数据更新 ··· 53
      2.2.1 插入数据 ··· 53
      2.2.2 修改数据 ··· 60
      2.2.3 删除数据 ··· 63
  2.3 数据查询 ··· 65

实验2　数据定义 …………………………………………………………………… 91
实验3　数据更新 …………………………………………………………………… 93
实验4　单表查询 …………………………………………………………………… 93
实验5　连接查询 …………………………………………………………………… 94
实验6　多种方式多表查询 ………………………………………………………… 95
习题 ………………………………………………………………………………………… 95

第3章　视图 ……………………………………………………………………………… 103

3.1　创建视图 ………………………………………………………………………… 103
3.2　修改视图 ………………………………………………………………………… 105
3.3　删除视图 ………………………………………………………………………… 105
3.4　使用视图 ………………………………………………………………………… 106
实验7　视图的使用 ………………………………………………………………… 107
实验8　SQL综合练习 ……………………………………………………………… 108
习题 ……………………………………………………………………………………… 109

第4章　T-SQL程序设计 ………………………………………………………………… 112

4.1　流程控制相关语句 ……………………………………………………………… 112
4.2　顺序结构的例题 ………………………………………………………………… 115
4.3　选择结构的例题 ………………………………………………………………… 117
4.4　循环结构的例题 ………………………………………………………………… 120
实验9　T-SQL编程练习 …………………………………………………………… 124
习题 ……………………………………………………………………………………… 125

第5章　存储过程 ………………………………………………………………………… 126

5.1　存储过程的语法 ………………………………………………………………… 126
5.2　存储过程的例题 ………………………………………………………………… 128
实验10　存储过程练习 …………………………………………………………… 133
习题 ……………………………………………………………………………………… 134

第6章　函数 ……………………………………………………………………………… 136

6.1　用户自定义函数的语法 ………………………………………………………… 137
6.2　用户自定义函数的例题 ………………………………………………………… 139
实验11　函数、存储过程练习 …………………………………………………… 142
习题 ……………………………………………………………………………………… 143

第7章　触发器 …………………………………………………………………………… 146

7.1　触发器的语法 …………………………………………………………………… 146
7.2　触发器的例题 …………………………………………………………………… 149

实验 12　触发器练习 ··· 156
　　习题 ··· 156

第 8 章　游标 ··· 158

8.1　游标的语法 ··· 158
8.2　游标的例题 ··· 159
　　实验 13　游标使用练习 ·· 165
　　习题 ··· 165

第 9 章　事务 ··· 166

9.1　事务的语法 ··· 166
9.2　事务的例题 ··· 167
　　实验 14　事务处理 ··· 171
　　习题 ··· 171

第 10 章　数据库安全 ·· 173

10.1　身份验证模式 ·· 173
10.2　登录账户管理 ·· 174
　　　10.2.1　创建登录账户 ··· 174
　　　10.2.2　修改登录账户属性 ·· 176
10.3　数据库用户管理 ··· 177
　　　10.3.1　添加数据库用户 ··· 177
　　　10.3.2　删除数据库用户 ··· 179
10.4　权限管理 ·· 180
　　　10.4.1　设置数据库权限 ··· 180
　　　10.4.2　设置数据库对象权限 ·· 182
10.5　角色管理 ·· 183
　　实验 15　权限设置 ··· 184
　　习题 ··· 185

第 11 章　关系代数与关系数据理论 ·· 187

11.1　关系代数 ·· 187
　　　11.1.1　传统的集合运算 ··· 187
　　　11.1.2　专门的关系运算 ··· 189
11.2　关系数据理论 ·· 192
　　　11.2.1　范式 ··· 193
　　　11.2.2　第二范式 ··· 193
　　　11.2.3　第三范式 ··· 194
　　　11.2.4　BC 范式 ·· 195

习题 ……………………………………………………………………………………… 197

第 12 章　数据库设计 …………………………………………………………………… 201

12.1　概念结构设计 ……………………………………………………………… 202

12.2　逻辑结构设计 ……………………………………………………………… 204

12.3　物理结构设计 ……………………………………………………………… 206

实验 16　课程设计 ……………………………………………………………… 206

习题 ……………………………………………………………………………… 209

第 13 章　数据库恢复 …………………………………………………………………… 213

13.1　故障的种类及恢复方法 …………………………………………………… 213

13.2　具有检查点的恢复技术 …………………………………………………… 214

习题 ……………………………………………………………………………… 214

第 14 章　并发控制 ……………………………………………………………………… 217

14.1　并发控制概述 ……………………………………………………………… 217

14.2　封锁 ………………………………………………………………………… 218

14.3　封锁协议 …………………………………………………………………… 218

14.4　活锁与死锁 ………………………………………………………………… 219

习题 ……………………………………………………………………………… 220

附录 ………………………………………………………………………………………… 222

附录 A　SQL Server 中的常用函数和常用全局变量 ………………………… 222

附录 B　SQL Server 中的常用数据类型 ……………………………………… 231

附录 C　SQL Server 中的常用运算符 ………………………………………… 233

附录 D　SQL Server 中的常用 SET 命令 ……………………………………… 235

附录 E　SQL Server 中常用的系统存储过程 ………………………………… 237

附录 F　课程设计参考题目 …………………………………………………… 240

附录 G　CompanySales 数据库表中的数据示例 ……………………………… 244

参考文献 …………………………………………………………………………………… 246

第1章 图形界面操作数据库

数据是描述事物的符号记录。数据的种类包括数字、文本、图形、图像、音频、视频等,数据与其语义是不可分的。

数据库(DB)是长期存储在计算机内,有组织的、可共享的大量数据的集合。SQL Server中的数据库按用途主要分为两类:系统数据库和用户数据库。系统数据库是系统创建的,用户数据库是为了某个应用而自行创建的。

数据库管理系统(DBMS)是一种操纵和管理数据库的系统软件,用于建立、使用和维护数据库,对数据库进行统一的管理和控制,保证数据库的安全性、完整性、多用户的并发控制、数据库的故障恢复等。

数据库系统(DBS)一般由数据库、数据库管理系统、应用程序和数据库管理员构成。总而言之,计算机系统中引入数据库后的系统构成数据库系统。

表是组织和管理数据的基本单位,数据库中的数据都存储在一张张表中,每张表代表一个实体集,也称为一个关系。表是由行和列组成的二维表结构,表中的一行称为一条记录或一个元组,也表示实体的一个个体;表中的一列称为一个字段,代表实体的一个属性。

数据类型描述并约束了列中所能包含的数据的种类、所存储值的长度或大小、数值精度和小数位数(数值类型)。

空值不同于空字符串或数值零,通常表示未知。未对列指定值时,该列将出现空值。空值会对查询命令或统计函数产生影响,应尽量少使用空值。

约束是保持数据库完整性的机制,是在增加、修改、删除数据时自动检查数据是否符合已经设置好的规则。数据完整性主要分为三类:实体完整性(Entity Integrity)、参照完整性(Referential Integrity)、用户定义的完整性(User-defined Integrity)。实体完整性是通过主键约束实现的,参照完整性是通过外键约束实现的,其他约束属于用户定义的完整性。

候选码是指一个关系中某个属性或属性组可以唯一确定一个元组,而其子集不能,则称该属性或属性组为该关系的候选码。候选码可以有多个。例如,学号是学生关系的候选码,身份证号也可以是学生关系的候选码。

主码又称为主键。若一个关系有多个候选码,则选定其中一个作主码。主键列既不可以为空,也不可以重复。候选码和主码经常都称为码,需根据上下文意思去理解。

外码又称为外键,表示两个关系(也就是两个表)之间的联系。一个关系(称为外键表或参照表)的某个列的值受另外一个关系(称为主键表或被参照表)的主键制约,则该列可以定义为外键,又称作外关键字。例如,"选课"表中的"学号"受"学生"表中"学号"制约。

主属性是指属于任意一个候选码中的属性。

非主属性是指不包含在任何候选码中的属性。

本章以 SQL Server 2008 环境为例,介绍在图形化界面中使用数据库的步骤,让读者初步了解数据库,有了感性认识才能更好地学习相关理论。

1.1 创建和管理数据库

1.1.1 创建数据库

(1) 启动 Microsoft SQL Server 2008→SQL Server Management Studio(简称 SSMS),连接到数据库服务器,在【对象资源管理器】窗口中右击【数据库】选项,在弹出的快捷菜单中选择【新建数据库】选项,如图 1-1 所示,打开【新建数据库】窗口。

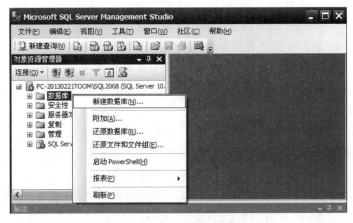

图 1-1 【对象资源管理器】窗口

(2) 打开【新建数据库】窗口后默认进入【常规】页面中,在【数据库名称】文本框中输入自定义的数据库名称,在【数据库文件】区域设置数据文件和日志文件的逻辑名称、初始大小、自动增长属性、存放路径、物理文件名等信息,如图 1-2 所示。

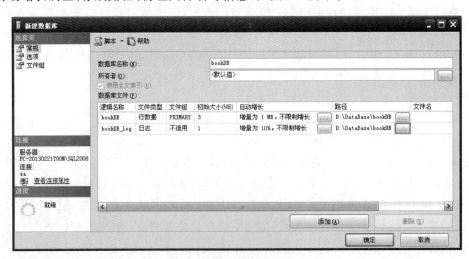

图 1-2 【新建数据库】窗口

数据库相关参数说明如下。

数据库名称：要创建的数据库名称可自行定义，建议定义的数据库名和项目内容相关，例如，开发的项目是图书管理系统，数据库可以命名为 bookDB。

所有者：数据库的所有者可以是任何具有创建数据库权限的登录账户，既可以手工输入账户名，也可以单击【…】按钮进行选择，默认是当前登录到 SQL Server 的账户，一般情况下不做修改，使用默认值。

使用全文索引：启用数据库的全文搜索，则数据库中复杂数据类型列也可以建立索引。

逻辑名称：数据库文件逻辑名，当在【数据库名称】文本框中输入要创建的数据库名后，系统会自动以该数据库名为前缀给出数据文件和日志文件的默认逻辑名，也可自行修改。如果该数据库有多个数据文件和日志文件，需要另外命名，建议命名规则保持一致。例如，bookDB 数据库有两个数据文件、两个日志文件，系统默认第一个数据文件和日志文件的逻辑名为 bookDB 和 bookDB_log，可以修改默认名，将两个数据文件命名为 bookDB_data1 和 bookDB_data2，两个日志文件命名为 bookDB_log1 和 bookDB_log2。

文件类型：表示设置的数据库文件是数据文件还是日志文件。

文件组：SQL Server 用文件组来管理数据文件，默认将数据文件都存放在 Primary 主文件组中。如果该数据库有多个数据文件，可以再创建自定义文件组来分组存放数据文件，但主要数据文件一定存放在 Primary 主文件组中，次要数据文件既可以存放在 Primary 主文件组中，也可以存放在自定义的文件组中。在【文件组】页面创建新文件组如图 1-3 所示。单击【添加】按钮，在【文件组】页面增加一行，输入自定义的文件组名即可。

图 1-3　新建文件组

初始大小：限定数据文件的初始容量，SQL Server 中数据文件的初始大小默认与 model 系统数据库的设置相同，为数据文件 3MB，日志文件 1MB，可以根据实际需求进行修改。model 是模板数据库，如果希望以后新创建的数据库初始大小都统一为另外的规格，可以修改 model 数据库的属性设置。

自动增长：当数据库文件容量不足时，可以根据所设置的增长方式自动扩展容量。一般情况下，即使磁盘空间足够，也会对日志文件限制文件最大值，而数据文件可以设置为不限制文件大小。自动增长设置页面如图 1-4 所示。

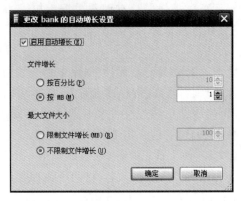

图 1-4　数据库文件自动增长属性设置

路径：用于指定数据库文件的存放目录，如果数据库文件需要存放在一个新的文件夹中，需要事先创建文件夹。例如，bookDB 数据库文件需要存放在 D 盘二级文件夹 D:\DataBase\bookDB 下，需先创建 D:\DataBase\bookDB 文件夹，然后才可以选择该文件夹为存放路径。

文件名：表示数据库文件的物理文件名，也就是在磁盘上看到的文件名。如果未输入物理文件名，系统自动将数据库文件的物理文件名和逻辑文件名保持一致，例如，bookDB 数据库有两个数据文件、两个日志文件，两个数据文件的逻辑名为 bookDB_data1 和 bookDB_data2，两个日志文件的逻辑名为 bookDB_log1 和 bookDB_log2，则对应的两个数据文件的物理文件名为 bookDB_data1.mdf 和 bookDB_data2.ndf，两个日志文件的物理文件名为 bookDB_log1.ldf 和 bookDB_log2.ldf。其中扩展名为 mdf 的文件是主要数据文件，扩展名为 ndf 的文件是次要数据文件，扩展名为 ldf 的文件是日志文件。主要数据文件有且只有一个；次要数据文件既可以没有，也可以有多个。日志文件至少有一个，也可以有多个。

1.1.2　修改数据库

（1）在【对象资源管理器】窗口中右击需要修改的数据库，在弹出的快捷菜单中选择【属性】选项（见图 1-5），打开【数据库属性】窗口。

图 1-5　右击要修改的数据库

(2)在图 1-6 所示的【数据库属性】窗口的【文件】页面修改数据库信息,可以修改数据库文件的逻辑名称、初始大小、自动增长属性,但不可以修改数据库文件的存放路径和物理名称。如果需要修改数据库文件的物理名称,可以在【Windows 资源管理器】中操作。在此窗口中也可以增加、删除数据文件和日志文件。

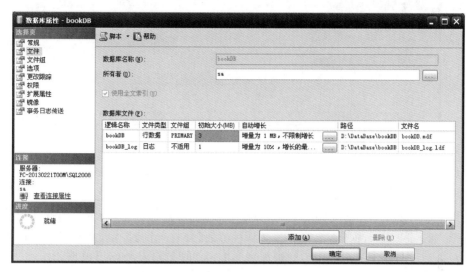

图 1-6 【数据库属性】窗口

说明:实际工作中,对数据库修改比较多的是增加数据文件和日志文件,或者修改数据库文件的自动增长属性。

1.1.3 删除数据库

(1)如图 1-7 所示,在【对象资源管理器】窗口中右击需要删除的数据库,在弹出的快捷菜单中选择【删除】选项,打开【删除对象】窗口。

图 1-7 右击要删除的数据库

(2)如图 1-8 所示,在【删除对象】窗口中确认要删除的数据库,选中【关闭现有连接】复选框,避免有用户在使用此数据库而影响删除,单击【确定】按钮。

说明:数据库删除后不可恢复,数据库中的表和数据等将全部丢失,请慎重执行此操作。

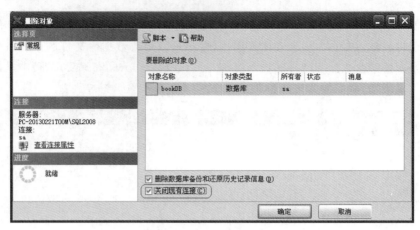

图 1-8 【删除对象】窗口

1.1.4 打开数据库

常用三种方法来打开数据库,第一种方法是在【对象资源管理器】窗口中选中需要使用的数据库,如 bookDB 数据库,然后单击菜单栏中的【新建查询】按钮,此时可以看到当前查询窗口左上角工具栏上显示的可用数据库就是 bookDB 数据库,如图 1-9 所示。

图 1-9 在【对象资源管理器】窗口中打开数据库

第二种方法是先新建一个查询窗口,然后直接在左上角工具栏【可用数据库】下拉列表框中选择需要打开的数据库,如图 1-10 所示。

图 1-10 在【可用数据库】下拉列表框中打开数据库

第三种方法是先新建一个查询窗口,在查询中窗口输入代码"USE 数据库名",执行。例如,USE bookDB,执行完毕后可以看到当前查询窗口左上角工具栏上显示的可用数据库就是bookDB数据库。

1.1.5 分离数据库

视频讲解

如果需要复制、移动数据库文件,必须先将该数据库从SSMS上分离。分离数据库的操作步骤如下。

(1) 在【对象资源管理器】窗口中右击需要分离的数据库,在弹出的快捷菜单中选择【任务】→【分离】命令(见图1-11),打开【分离数据库】窗口。

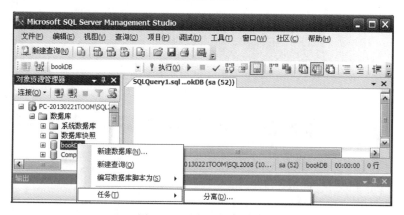

图1-11 选择【分离】命令

(2) 在图1-12所示的【分离数据库】窗口中勾选【删除连接】选项,然后单击【确定】按钮实现数据库分离。勾选【删除连接】选项是为了避免有用户在使用该数据库造成分离失败。数据库分离后在【对象资源管理器】窗口中就看不到该数据库了,此时可以在【Windows资源管理器】中对该数据库文件进行复制、删除等操作。

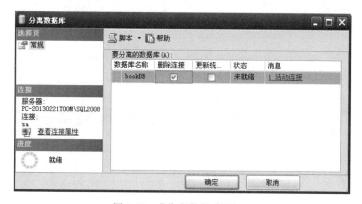

图1-12 【分离数据库】窗口

1.1.6 附加数据库

在需要时可以将分离的数据库文件再附加到SSMS中,也可以复制到另外的机器上附加使用。附加数据库的步骤如下。

(1) 在【对象资源管理器】窗口中右击【数据库】选项,在弹出的快捷菜单中选择【附加】命令(见图1-13),打开【附加数据库】窗口。

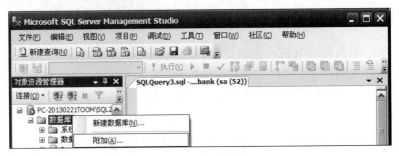

图1-13　选择【附加】命令

(2) 在图1-14所示的【附加数据库】窗口中单击【添加】按钮,在弹出的【定位数据库文件】窗口中选择主要数据文件(见图1-15),单击【确定】按钮。

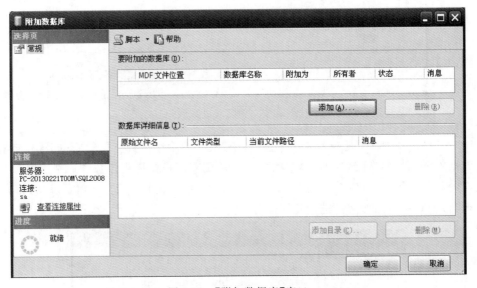

图1-14　【附加数据库】窗口

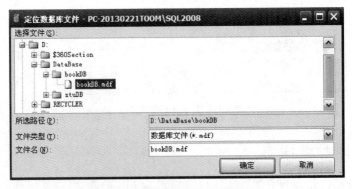

图1-15　【定位数据库文件】窗口

（3）返回到【附加数据库】窗口（见图1-16），窗口中显示该数据库所有数据文件和日志文件的信息，单击【确定】按钮完成数据库的附加操作，附加完成后在【对象资源管理器】窗口就可以看到该数据库了。

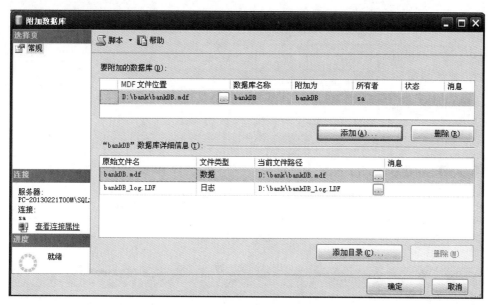

图1-16　返回【附加数据库】窗口

1.1.7　收缩数据库

如果数据库中空余的空间比较多，可以进行收缩数据库操作，释放空间。收缩数据库可以分为收缩整个数据库和只收缩单个数据文件。在SSMS上收缩数据库的步骤如下。

在【对象资源管理器】窗口中右击需要收缩的数据库，在弹出的快捷菜单中选择【任务】→【收缩】→【数据库】或【文件】选项（见图1-17），打开【收缩数据库】窗口（见图1-18）或【收缩文件】窗口（见图1-19），按照窗口的提示操作即可。收缩数据库不会造成数据的丢失，系统会自动计算哪些空间可以回收。

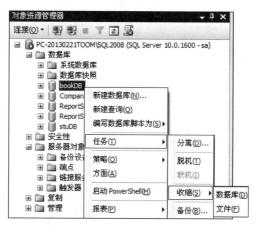

图1-17　右击需要收缩的数据库

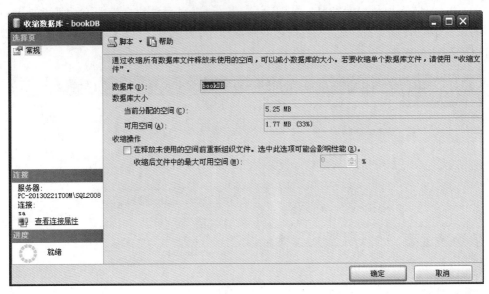

图 1-18 【收缩数据库】窗口

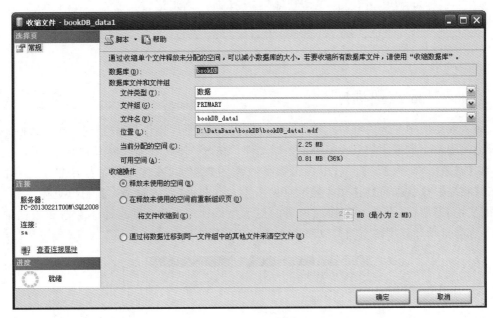

图 1-19 【收缩文件】窗口

1.1.8 备份数据库

数据库的备份与恢复是数据库管理中一项十分重要的工作,任何系统都不可避免地会出现各种故障,做好灾备准备才能保障系统稳定运行。在 SSMS 上备份数据库的步骤如下。

(1) 在【对象资源管理器】窗口中右击需要备份的数据库,在弹出的快捷菜单中选择【任务】→【备份】命令,打开【备份数据库】窗口(见图 1-20)。

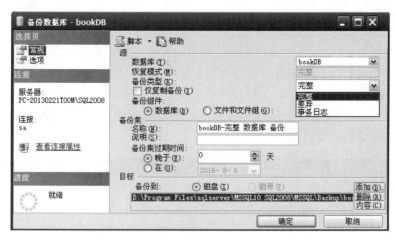

图 1-20 【备份数据库】窗口的【常规】页面

（2）在【备份数据库】→【常规】页面中选择【备份类型】。备份类型分为三种，分别是【完整】【差异】【事务日志】。进行【差异】和【事务日志】备份的前提是已经进行了完整备份，备份时系统自动查找上次的完整备份。差异备份是在上次备份的基础上备份发生变化的数据；事务日志备份也是在上次备份的基础上，备份数据库发生变化的日志文件。

（3）在【常规】页面的【备份组件】栏目中选择是备份数据库还是备份某个文件或文件组。

（4）在【常规】页面的【备份集】栏目中输入备份文件的名称和说明，并设置过期时间。

（5）在【常规】页面的【目标】栏目中通过单击【添加】或【删除】按钮维护备份文件的保存路径。

（6）切换到【备份数据库】→【选项】页面，如图 1-21 所示，在此页面选中【追加到现有备份集】单选按钮，或者选中【覆盖所有现有备份集】单选按钮，还可以设置备份后验证。设置完毕后单击【确定】按钮开始备份。

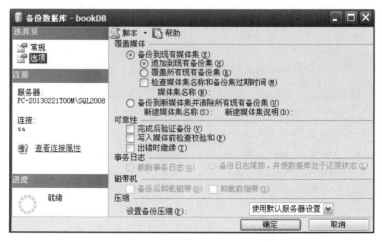

图 1-21 【备份数据库】窗口【选项】页面

1.1.9 恢复数据库

数据库系统崩溃之后,可以通过恢复数据库的操作来修复数据库,从而保证系统正常运行。在 SSMS 上进行数据库恢复的步骤如下。

(1)在【对象资源管理器】窗口右击需要恢复的数据库,在弹出的快捷菜单中选择【任务】→【还原】→【数据库】命令,打开【还原数据库】窗口(见图 1-22)。系统将自动查找已经有的备份并显示在窗口中供选择。

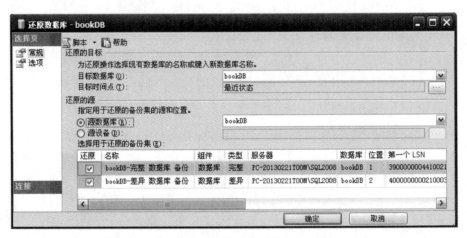

图 1-22 【还原数据库】窗口【常规】页面

(2)切换到【还原数据库】→【选项】页面(见图 1-23),进行还原设置,一般会选中【覆盖现有数据库】复选框。差异备份和事务日志备份必须与完整备份同时使用才能进行还原。只有完整备份可以单独使用。

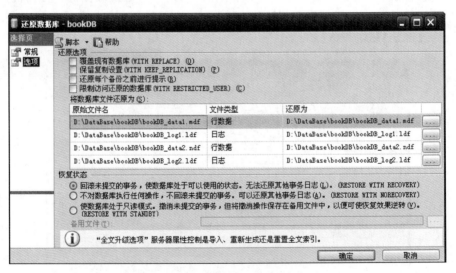

图 1-23 【还原数据库】窗口【选项】页面

(3)设置完成,单击【确定】按钮完成还原操作。

1.1.10 数据库联机和脱机

对数据库可以设置联机和脱机状态,联机状态下数据库可使用,脱机状态下数据库不可用。

设置数据库脱机的方法如下:在 SSMS 上的【对象资源管理器】窗口中右击需要脱机的数据库,在弹出的快捷菜单中选择【任务】→【脱机】命令,执行完毕后可以在【对象资源管理器】窗口中看到该数据库名称后面出现【(脱机)】字样,则该数据库只能看到,但不能使用。对于需要保护而暂时不允许使用的数据库可以临时设置为脱机,需要使用时再设置为联机。

设置联机的方法如下:在 SSMS 上的【对象资源管理器】窗口中右击已经脱机的数据库,在弹出的快捷菜单中选择【任务】→【联机】命令,执行完毕后可以看到该数据库名称后面已没有【(脱机)】字样,数据库可以正常使用。数据库脱机状态和联机状态的显示如图 1-24 所示。

(a) 脱机状态

(b) 联机状态

图 1-24 数据库脱机、联机显示

1.1.11 导出和导入数据

1. 导出数据到 Excel

将 stuDB 数据库中的课程表 Course 和成绩视图 v_grade 中的数据导出到 Excel,操作过程如下。

(1) 如图 1-25 所示,在【对象资源管理器】窗口中右击需要导出的数据库,在弹出的快捷菜单中选择【任务】→【导出数据】命令,打开【SQL Server 导入和导出向导】窗口,如图 1-26 所示。

图 1-25 导出数据

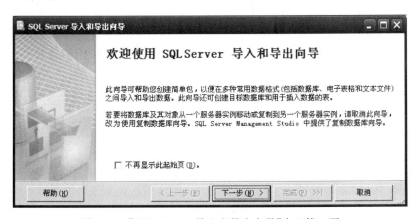

图 1-26 【SQL Server 导入和导出向导】窗口第一页

(2)在图1-26所示窗口中单击【下一步】按钮,进入【SQL Server 导入和导出向导】窗口【选择数据源】页面,如图1-27所示。

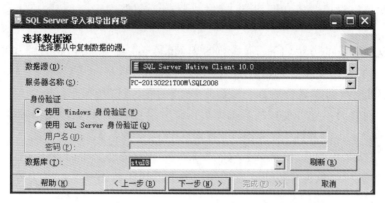

图1-27 【SQL Server 导入和导出向导】窗口【选择数据源】页面

(3)【SQL Server 导入和导出向导】窗口【选择数据源】页面会自动显示捕捉到的系统信息,一般不需要更改。【数据源】为 SQL Server Native Client 10.0,表示要导出 SQL Server 数据;【服务器名称】位置自动显示数据库服务器的机器名;【数据库】下拉列表框中显示选择的数据库名。如果事先选择有误,可以在此处进行修改。确认无误后单击【下一步】按钮进行目标选择,如图1-28所示。

图1-28 【SQL Server 导入和导出向导】窗口【选择目标】页面

(4)在【SQL Server 导入和导出向导】窗口【选择目标】页面中,选择【目标】为 Microsoft Excel,表示将数据导出为 Excel 格式;在【Excel 版本】下拉列表框中选择所使用的 Excel 版本;单击【浏览】按钮选择 Excel 文件的存储路径,输入要保存的文件名。确认无误后继续单击【下一步】按钮,进入【SQL Server 导入和导出向导】窗口【指定表复制或查询】页面,如图1-29所示。

(5)在【SQL Server 导入和导出向导】窗口【指定表复制或查询】页面中选择从数据源复制数据,或者是编写 SQL 语句导出查询结果。这里选中【复制一个或多个表或视图的数据】单选按钮。继续单击【下一步】按钮进入【SQL Server 导入和导出向导】窗口【选择源表和源视图】页面,如图1-30所示。系统自动将 stuDB 数据库中所有的表和视图都显示出来供用户选择。

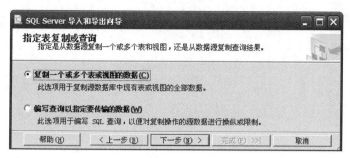

图 1-29 【SQL Server 导入和导出向导】窗口【指定表复制或查询】页面

图 1-30 【SQL Server 导入和导出向导】窗口【选择源表和源视图】页面

(6) 选中 Course 和 v_grade 所在行的复选按钮,可以单击【预览】按钮查看表中数据,或者单击【编辑映射】按钮进入【列映射】窗口(见图 1-31)。在此窗口中可以修改在 Excel 中的列名、类型、长度等。如果是重复导出,可以选中【删除并重新创建目标表】复选按钮。单击【编辑 SQL】按钮还可以打开【Create Table SQL 语句】窗口,查看或修改建表 SQL 语句。设置完毕后单击【下一步】按钮进入【SQL Server 导入和导出向导】窗口【查看数据类型映射】页面,如图 1-32 所示。

(7) 在【SQL Server 导入和导出向导】窗口【查看数据类型映射】页面中会显示每个表源列和目标列的对应情况,其中对字符型字段有提示,可以忽略,单击【下一步】按钮继续,或者单击【完成】按钮跳过一些环节。

(8) 如果单击【下一步】按钮,进入【SQL Server 导入和导出向导】窗口【保存并运行包】页面,可以选择保存 SSIS 包,默认是立即执行,单击【下一步】按钮或【完成】按钮继续,如图 1-33 所示。

(9) 如果单击【完成】按钮,进入【SQL Server 导入和导出向导】窗口【完成该向导】页面(见图 1-34),查看无误后单击【完成】按钮,系统最后显示执行结果页面,如图 1-35 所示。

(10) 打开【Windows 资源管理器】,在 D 盘找到导出的 Excel 文件 E_COUSER,打开文件后可以看到文件中有两个页,每页存一个表的数据,分别为 Course 表和 v_grade 视图的数据,如图 1-36 所示。

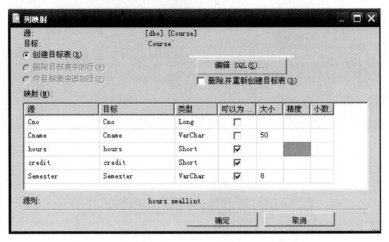

图 1-31 【列映射】窗口

图 1-32 【SQL Server 导入和导出向导】窗口【查看数据类型映射】页面

图 1-33 【SQL Server 导入和导出向导】窗口【保存并运行包】页面

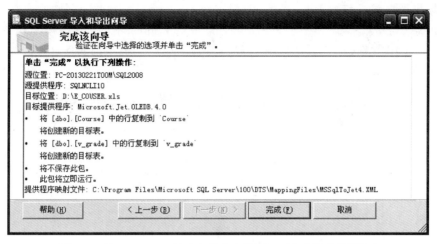

图 1-34 【SQL Server 导入和导出向导】窗口【完成该向导】页面

图 1-35 导出数据执行结果页面

图 1-36 导出到 Excel 中的数据

2. 导出数据到 TXT

导出数据到 TXT 与导出数据到 Excel 的过程基本相同，不同的是，在【SQL Server 导入和导出向导】窗口【选择目标】页面中选择【目标】文件类型为【平面文件目标】，并给出扩展名为 txt 的文件名，如图 1-37 所示。

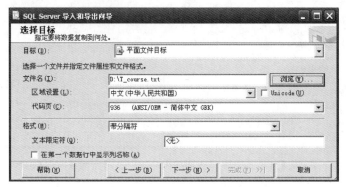

图 1-37　导出.txt 格式的数据

如图 1-38 所示，在【SQL Server 导入和导出向导】窗口【配置平面文件目标】页面的【源表或源视图】下拉列表框中选择要导出的表或视图，一次只能导出一个目标。

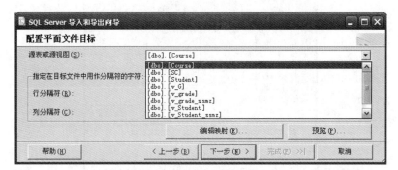

图 1-38　【SQL Server 导入和导出向导】窗品【配置平面文件目标】页面

执行成功后打开【Windows 资源管理器】，在 D 盘找到导出的文本文件 T_course，文件中的内容如图 1-39 所示。

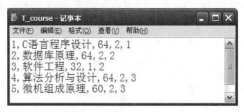

图 1-39　导出.txt 文件的内容

3. 导入 Excel 数据

将 Excel 文件 E_COUSER 中的数据再导回 stuDB 数据库中，操作过程如下。

(1) 在【对象资源管理器】窗口中右击 stuDB 数据库，在弹出的快捷菜单中选择【任务】→【导入数据】命令，打开【SQL Server 导入和导出向导】窗口，在该窗口中单击【下一步】按钮，进入【SQL Server 导入和导出向导】窗口【选择数据源】页面,如图 1-40 所示。

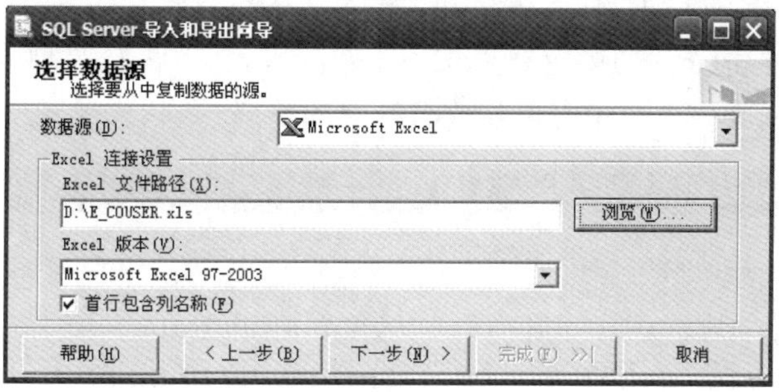

图 1-40 【SQL Server 导入和导出向导】窗口【选择数据源】页面

(2) 在【SQL Server 导入和导出向导】窗口【选择数据源】页面,选择【数据源】为 Microsoft Excel,单击【浏览】按钮,找到源文件 E_COUSER.xls,单击【下一步】按钮,进入【SQL Server 导入和导出向导】窗口【选择目标】页面,如图 1-41 所示。

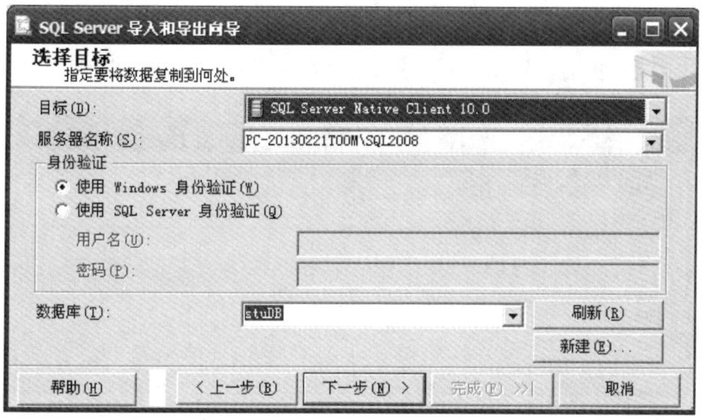

图 1-41 【SQL Server 导入和导出向导】窗口【选择目标】页面

(3) 在【SQL Server 导入和导出向导】窗口【选择目标】页面中确定【目标】是 SQL Server Native Client 10.0,【数据库】是 stuDB,继续单击【下一步】按钮,打开【SQL Server 导入和导出向导】窗口【选择源表和源视图】页面,如图 1-42 所示。

图 1-42 【SQL Server 导入和导出向导】窗口【选择源表和源视图】页面

(4) 在【SQL Server 导入和导出向导】窗口【选择源表和源视图】页面选择希望导入的数据。因为课程表 Course 中课程号 Cno 列是标识列,不适合导入数据,所以这里只选择导入 v_grade。数据库中有个名为 v_grade 的对象是一个视图,导入数据是导入一个表里,系统会自动创建名为 v_grade 的表,而表名和视图名是不可以重复的,所以在这里将目标的名字改为 v_grade1。单击【预览】按钮查看 Excel 中的数据,单击【编辑映射】按钮进入【列映射】窗口(见图 1-43),在该窗口中可以修改目标表的类型。

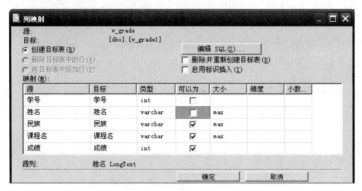

图 1-43 【列映射】窗口

(5) 修改完毕后可以单击【编辑 SQL】按钮查看 SQL 语句,如图 1-44 所示。

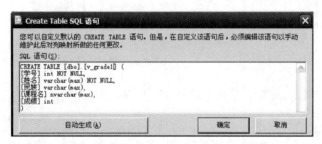

图 1-44 【Create Table SQL 语句】对话框

(6) 执行成功后刷新【对象资源管理器】窗口,可以看到增加了一个表 v_grade1,右击该表,在弹出的快捷菜单中选择【选择前 1000 行】命令查看表中的数据,如图 1-45 所示。

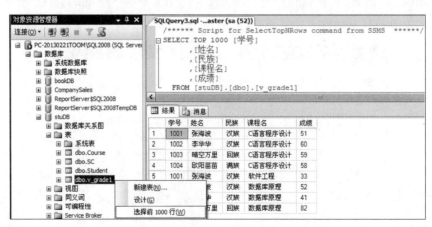

图 1-45 查看导入的 v_grade1 表中的数据

1.2 创建和管理表

1.2.1 创建表

通过在事先创建的 stuDB 数据库中创建三个简单的表，了解在 SSMS 中创建表的过程，了解在 SSMS 中设置非空约束、标识列、主键、默认值、检查约束、唯一性约束、外键等约束的方法。Student 表、Course 表、SC 表的结构如表 1-1～表 1-3 所示。

表 1-1 Student（学生）表

列　　名	数据类型	长度/字节	为　空　性	说　　明
Sno	int	—	Not Null	学号，主键、标识列（种子 1001，增量 1）
name	varchar	8	Not Null	学生姓名
Sex	char	2	Not Null	性别，取值"男"或"女"
Nation	varchar	20	—	民族，默认为"汉族"
Birthday	date	—	—	出生日期

表 1-2 Course（课程）表

列　　名	数据类型	长度/字节	为　空　性	说　　明
Cno	int	—	Not Null	课程号，主键、标识列（种子 1，增量 1）
Cname	varchar	50	Not Null	课程名，唯一键
Hours	smallint	—	—	学时，取值范围为 1～200
Credit	smallint	—	—	学分，取值范围为 1～4
Semester	varchar	8	—	开课学期

表 1-3 SC（成绩）表

列　　名	数据类型	长度/字节	为　空　性	说　　明
Cno	int	—	Not Null	课程号，联合主键，外键，关联课程表的课程号
Sno	int	—	Not Null	学号，联合主键，外键，关联学生表的学号
Grade	int	—	—	成绩

说明：常用数据类型及其含义见附录 B。约束可以防止数据库中输入不符合语义规定、不正确的数据。SQL Server 2008 支持 Not Null（非空）、Default（默认值）、Check（检查约束）、Primary Key（主键）、Foreign Key（外键）、Unique（唯一键）6 种约束。

1. 新建表

在【对象资源管理器】窗口中打开已经创建的数据库 stuDB，右击【表】选项，在弹出的快捷菜单中选择【新建表】命令，如图 1-46 所示，打开【新建表】窗口。

2. 定义表中字段

在新建表的窗口中输入表中字段的内容，包括列名、数据类型、长度、是否允许为空等，图 1-47 是 Student 表定义窗口。

图 1-46　新建表

图 1-47　定义 Student 表中的字段

3．设置主键

如果要设置 Sno 为主键，右击 Sno 字段，在弹出的快捷菜单中选择【设置主键】命令。设置完成后 Sno 字段前面出现一个 主键标志 ，如图 1-48 所示。

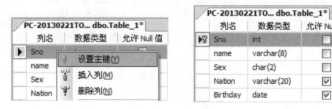

图 1-48　设置主键

说明：如果设置多列作主键，需要按住 Shift 键或 Ctrl 键并将需要设置的多个列同时选中，然后再右击，在弹出的快捷菜单中选择【设置主键】命令。

4．设置默认值

在【列属性】区域可以设置默认值、标识列等。如要设置 Student 表的 Nation 字段默认为"汉族"，选择 Nation 字段，在该字段的【列属性】窗口的【默认值或绑定】栏中输入"汉族"，输入时可以不加引号，输入完毕后移动光标，系统判断该字段是字符型，会自动加上引号，如图 1-49 所示。

图 1-49　设置默认值

5. 设置标识列

要求 Student 表中的学号由系统自动生成,从 1001 号开始,按顺序每次增加 1,可以设置 Sno 为标识列,【标识种子】为 1001,【标识增量】为 1。选择 Sno 字段,在该字段的【列属性】区域打开【标识规范】前面的加号,设置【(是标识)】为"是",【标识增量】和【标识种子】默认都是 1,修改【标识种子】为 1001,按照方框内容设置,如图 1-50 所示。

图 1-50　设置标识列

6. 增加检查约束

右击表设计窗口的任意位置,在弹出的快捷菜单中选择【CHECK 约束】命令(见图 1-51),进入检查约束设置窗口。也可以在表创建完成后,刷新【对象资源管理器】窗口,找到建好的表,右击该表的【约束】项,在弹出的快捷菜单中选择【新建约束】命令(见图 1-52),打开【CHECK 约束】窗口。

如图 1-53 所示,在【CHECK 约束】对话框中单击【添加】按钮添加一个检查约束,设置约束表达式和约束名称。Student 表要求设置 Sex 字段只能输入"男"或"女",在【CHECK 约束】窗口的【表达式】栏中输入"sex='男' or sex='女'"。修改【名称】为检查约束命名,命名最好遵守一定规则,便于自己和他人阅读。例如,CK_表名_约束列名。其中 CK 是检查约束的缩写。

说明:检查约束表达式必须是完整的表达式。限制 Student 表的 Sex 字段只能输入"男"或"女",不能写为"sex='男' or '女'",限制 Course 表的 Credit 字段的取值范围为 1~4,

 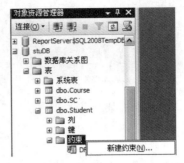

图 1-51　在表设计窗口中设置检查约束　　图 1-52　在【对象资源管理器】窗口中设置检查约束

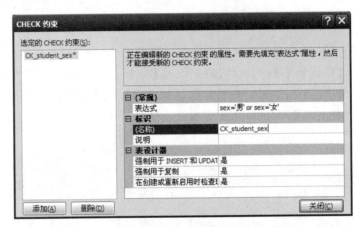

图 1-53　【CHECK 约束】对话框

应该写为"credit>=1 and credit<=4",不可以写为"credit>=1 and <=4"。设置检查约束后,需要关闭表设计窗口,并且保存修改,然后刷新【对象资源管理器】窗口,才可以看到新建的检查约束。

7. 设置唯一性约束

如图 1-54 所示,在表设计窗口的任意位置右击,在弹出的快捷菜单中选择【索引/键】命令,进入【索引/键】窗口。

图 1-54　选择【索引/键】命令

如图 1-55 所示,在【索引/键】对话框中单击【添加】按钮,增加一个新的键,在右侧窗口中设置【类型】为【唯一键】,设置【列】为需要唯一限制的列。Course 表中要求课程名称不可重复,在此选择课程名称 Cname。修改【(名称)】,给唯一性约束起名字,此处命名为

UN_Course_Cname，其中 UN 表示唯一性约束，Course 表示表名，Cname 表示列名。

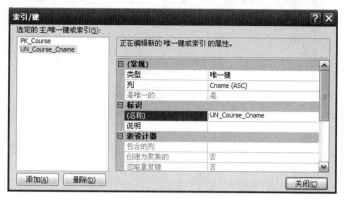

图 1-55 【索引/键】对话框

8．保存表定义

单击工具栏上的 ![按钮] 按钮存盘，保存表。在弹出的【选择名称】对话框中输入准确的表名，如 Student，不要使用默认的名字 Table_1，如图 1-56 所示。

图 1-56 【选择名称】对话框

9．增加外键

SC 表中 Sno 和 Cno 两个字段需要创建两个外键，SC 表 Cno 字段受 Course 表主键 Cno 的制约，SC 表 Sno 字段受 Student 表主键 Sno 的制约。设置步骤为：在 SC 表【键】位置右击，在弹出的快捷菜单中选择【新建外键】命令，打开【外键关系】对话框，如图 1-57 所示。

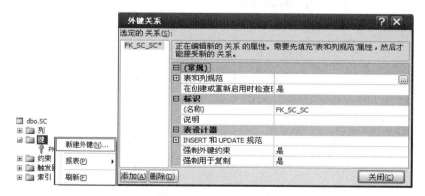

图 1-57 增加外键约束

在【外键关系】对话框中单击【表和列规范】后面的 ![...]，进入【表和列】对话框，如图 1-58 所示。

图 1-58 【表和列】对话框

在【表和列】对话框中先设置第一个外键：从外键表 SC 表的 Cno 字段指向主键表 Course 表的 Cno 字段，设置效果如图 1-59 所示。其中关系名是自动生成的。关系名生成规则是：FK_外建表名_主键表名，其中 FK 是外键的标识。

单击【确定】按钮存盘，回到【外键关系】对话框。再次单击【添加】按钮添加另一个外键，从外键表 SC 中的 Sno 字段指向主键表 Student 的 Sno 字段，设置效果如图 1-60 所示。

图 1-59 设置外键 FK_SC_Course

图 1-60 设置外键 FK_SC_Student

单击【确定】按钮，关闭【外键关系】对话框，单击菜单栏的 按钮，弹出【保存】对话框，单击【是】按钮存盘，如图 1-61 所示。刷新【对象资源管理器】窗口后可以看到建好的外键，如图 1-62 所示。

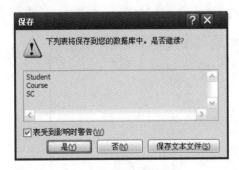

图 1-61 【保存】对话框

图 1-62 存盘后查看外键

说明：Student 表、Course 表和 SC 表的建表过程和在 SSMS 上设置各种约束的操作方法可以参考实验 1 提供的建表过程演示视频。

1.2.2 修改表

在【对象资源管理器】窗口中选择需要修改的表,右击,在弹出的快捷菜单中选择【设计】命令(见图1-63)。进入表设计窗口,修改表结构、表约束的操作与创建表时相同。

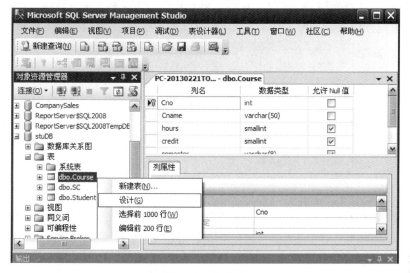

图1-63 修改表

说明:修改表结构、改变列的数据类型或将字段长度变小,有可能会影响表中的数据,请慎重操作。

1.2.3 删除表

在【对象资源管理器】窗口中选择需要删除的表,右击,在弹出的快捷菜单中选择【删除】命令,进入【删除对象】窗口(见图1-64),单击【确定】按钮完成删除操作。

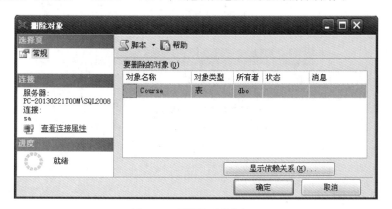

图1-64 【删除对象】窗口

说明:表删除后无法恢复,请慎重操作。删除表可能会受参照完整性的制约,有外键关联的表必须先删除外键表,后删除主键表,或者先把相关外键删除再删除表。

1.3 插入、修改、删除数据

在 SSMS 平台【对象资源管理器】窗口选择需要操作数据的表,如 bookDB 数据库中的 books 表,右击该表,在弹出的快捷菜单中选择【编辑前 200 行】命令,打开数据编辑窗口。增加、删除、修改数据都在此窗口中直接操作,并且自动保存,如图 1-65 所示。

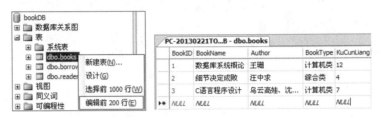

(a) 选择【编辑前200行】命令　　　　(b) 数据编辑窗口

图 1-65　编辑数据

如需删除数据,在数据编辑窗口选中要删除的行,右击,在弹出的快捷菜单中选择【删除】命令,如图 1-66 所示,在确认对话框中单击【是】按钮(见图 1-67),即可完成删除操作,删除数据后不可恢复。

图 1-66　选择【删除】命令

图 1-67　删除数据确认

1.4 查询数据

在 SSMS 平台【对象资源管理器】窗口中选择需要查询数据的表,如 bookDB 数据库中的 books 表,右击该表,在弹出的快捷菜单中选择【选择前 1000 行】命令,自动打开一个查询窗口,并直接显示出表中所有数据的查询结果,如图 1-68 所示。

(a) 选择【选择前1000行】命令　　　　　　(b) 查询结果

图 1-68　查询数据

实验 1　SSMS 图形界面操作数据库和表

一、实验目的

（1）熟悉 Microsoft SQL Server Management Studio（简称 SSMS）平台的操作。
（2）能够在图形化界面创建和维护数据库、表，建立对数据库的感性认识。
（3）能够在图形化界面增、删、改、查询数据。
（4）能够在图形化界面分离和附加数据库。

二、实验内容

（1）在 SSMS 平台操作创建数据库，命名为 stu＋姓名简拼，保存在 C 盘。
（2）打开新创建的数据库，创建三个表：Student1 表、Course1 表、SC1 表，添加主键、非空约束、外键和检查约束等。各表结构如表 1-4 ～表 1-6 所示。

表 1-4　Student1 表

列　　名	数据类型	长度/字节	为　空　性	说　　明
Sno	int	—	Not Null	学号，主键
Sname	varchar	8	Not Null	姓名
Ssex	char	2	—	性别，只能输入"男"和"女"
Sage	smallint	—	—	年龄
Sdept	varchar	4	—	所在系，默认为 CS

表 1-5　Course1 表

列　　名	数据类型	长度/字节	为　空　性	说　　明
Cno	int	—	Not Null	课程号，主键
Cname	varchar	50	Not Null	课程名
Cpno	int	—	—	先行课
Ccredit	smallint	—	—	学分

视频讲解

视频讲解

表 1-6 SC1 表

列 名	数据类型	长度/字节	为 空 性	说 明
Sno	int	—	Not Null	学号,联合主键,外键
Cno	int	—	Not Null	课程号,联合主键,外键
Grade	int	—		成绩

视频讲解

（3）增加、修改数据（在表名上右击,在弹出的快捷菜单中选择【编辑前 200 行】命令）。

录入正确的数据,同时也录入错误的数据检验主键、非空约束、默认值和外键的作用,看懂错误提示之后,修改为正确数据存入,数据如表 1-7～表 1-9 所示。

表 1-7 Student1 表数据

Sno	Sname	Ssex	Sage	Sdept	说 明
200215121	李勇	男	20	CS	正确数据
200215122	刘晨	女	19		正确数据,Sdept 默认为 CS
200215123	王敏	女	18	MA	正确数据
200515125	张立	男	19	IS	正确数据
200215126	萧山	F			错误数据,性别错
200215122	李世民	男			错误数据,学号重复

说明：CS 为计算机科学系,MA 为数学系,IS 为信息系。

表 1-8 Course1 表数据

Cno	Cname	Cpno	Ccredit	说 明
1	数据库	5	4	正确数据
2	数学		2	正确数据
3	信息系统	1	4	正确数据
4	操作系统	6	3	正确数据
5	数据结构	7	4	正确数据
6	数据处理		2	正确数据
7	PASCAL 语言	6	4	正确数据
8				错误数据,课程名不可以为空

表 1-9 SC1 表数据

Sno	Cno	Grade	说 明
200215121	1	92	正确数据
200215121	2		正确数据,成绩可以为空
200215121	3	90	正确数据
	2	80	错误数据,学号不可以为空
200215122			错误数据,课程号不可以为空
200215121	2	99	错误数据,主键冲突

（4）修改表结构。在 Student1 表增加一列保存班级信息 class char(20)。注意:修改表结构后一定要保存修改。

（5）查询数据（右击表名上,在弹出的快捷菜单中选择【选择前 1000 行】命令）,查看表结构变化。

(6) 分离数据库。

(7) 复制数据库文件到另外一个位置。

(8) 附加数据库。

习题

视频讲解

习题解析

一、选择题

1. ( )是存储在计算机内有结构的数据的集合。
   A. 数据库系统　　B. 数据库　　C. 数据库管理系统　　D. 数据结构

2. 在数据库中存储的是( )。
   A. 数据　　　　　　　　　　　　B. 数据模型
   C. 数据以及数据之间的联系　　　D. 信息

3. ( )可以减少相同数据重复存储的现象。
   A. 记录　　　　　B. 字段　　　　　C. 文件　　　　　D. 数据库

4. 数据库管理系统最主要的功能是( )。
   A. 修改数据库　　B. 定义数据库　　C. 应用数据库　　D. 保护数据库

5. 数据库管理系统的工作不包括( )。
   A. 定义数据库　　　　　　　　　　B. 对已定义的数据库进行管理
   C. 为定义的数据库提供操作系统　　D. 数据通信

6. 数据库系统的特点是( )、数据独立、减少数据冗余、避免数据不一致和加强数据保护。
   A. 数据共享　　　B. 数据存储　　　C. 数据应用　　　D. 数据保密

7. 数据库(DB)、数据库系统(DBS)和数据库管理系统(DBMS)三者之间的关系是( )。
   A. DBS 包括 DB 和 DBMS　　　　B. DBMS 包括 DB 和 DBS
   C. DB 包括 DBS 和 DBMS　　　　D. DBS 就是 DB,也就是 DBMS

8. 数据库的特点之一是数据的共享,严格地讲,这里的数据共享是指( )。
   A. 同一个应用中的多个程序共享一个数据集合
   B. 多个用户、同一种语言共享数据
   C. 多个用户共享一个数据文件
   D. 多种应用、多种语言、多个用户相互覆盖地使用数据集合

9. 在数据库设计中用关系模型来表示实体和实体之间的联系,关系模型的结构是( )。
   A. 层次结构　　　B. 二维表结构　　C. 网状结构　　　D. 封装结构

10. 对于"关系"的描述,正确的是( )。
    A. 同一关系中允许有完全相同的元组
    B. 同一关系中元组必须按照关键字升序存放
    C. 一个关系中必须将关键字作为该关系的第一个属性
    D. 同一关系中不能出现相同的属性名

11. 关系模型中,一个码( )。
    A. 可由多个任意属性组成
    B. 至多由一个属性组成
    C. 可由一个或多个其值能唯一标识该关系模式中任何元组的属性组成
    D. 以上都不是
12. 数据库系统的数据独立性是指( )。
    A. 不会因为数据的变化而影响应用程序
    B. 不会因为系统数据存储结构与数据逻辑结构的变化而影响应用程序
    C. 不会因为存储策略的变化而影响存储结构
    D. 不会因为某些存储结构的变化而影响其他的存储结构
13. 应用数据库的主要目的是( )。
    A. 解决保密问题   B. 解决数据完整性问题
    C. 共享数据   D. 解决数据量大的问题
14. 有关系模式:$R(A,B,C)$ 和 $S(D,E,A)$,若规定 S 中 A 的值必须属于 R 中 A 的有效值,则这种约束属于( )。
    A. 实体完整性规则   B. 用户定义完整性规则
    C. 参照完整性规则   D. 数据有效性规则
15. 违反了主键约束,可能的操作结果是( )。
    A. 拒绝执行   B. 级联操作   C. 设置为空   D. 没有反应
16. 性别列设置了检查约束,限制只能输入"男"或"女",如果你在性别列输入一个其他字符,可能的操作结果是( )。
    A. 拒绝执行   B. 级联操作   C. 设置为空   D. 没有反应
17. 约束"主码中的属性不能取空值",属于( )。
    A. 实体完整性   B. 参照完整性
    C. 用户定义完整性   D. 函数依赖
18. 在数据库系统中,通常用三级模式来描述数据库,其中模式是对数据整体的( )的描述。
    A. 层次结构   B. 物理结构   C. 内部结构   D. 逻辑结构
19. 在数据库系统中,通常用三级模式来描述数据库,内模式描述了数据的( )。
    A. 物理结构   B. 层次结构   C. 外部结构   D. 逻辑结构
20. 可以保证数据库的物理独立性的是( )。
    A. 内模式   B. 模式
    C. 外模式/模式映像   D. 模式/内模式映像

二、判断题

1. 建表时定义完整性约束后,需要用户在数据变化时自行检查数据是否符合约束要求。 ( )
2. 关系数据库的完整性约束有两类,分别是实体完整性和参照完整性。 ( )
3. 可以保证数据库逻辑独立性的是模式/内模式映像。 ( )

三、简答题

1. 字段设置为 Not Null 是什么意思？在录入数据时有什么影响？例如，Student 表中的学生姓名和性别设置为 Not Null，在录入数据时是否可以暂时不录入学生姓名和性别？

2. 举例说明主键约束有什么作用。

3. 举例说明外键约束有什么作用。

4. 如果不分离数据库，能否复制数据库文件？

第 2 章 基本SQL语句

关系数据库就是采用关系模型存储数据的数据库。关系模型是建立在严格的数学概念基础上的,由一组关系组成,每个关系的数据结构是一个规范的二维表。目前通用的结构化数据库几乎都是关系数据库。

关系模式与关系:关系模式是型,关系是值。关系模式通常可以简记为 $R(U)$ 或 $R(A_1, A_2, \cdots, A_n)$,仅是对结构的描述,没有数据,而关系是一张有数据的二维表。

SQL(Structured Query Language,结构化查询语言):是功能强大的关系数据库标准语言,它不仅包括数据查询功能,还包括数据定义、数据操纵、数据控制、事务处理等功能。国际通用的 SQL 标准有多个版本,大部分关系数据库管理系统(RDBMS)支持 SQL/92 标准中的大部分功能以及 SQL99、SQL2003 中的部分功能。许多 DBMS 厂商对 SQL 进行了扩充和修改,支持标准以外的一些功能特性。

SQL 的特点:综合统一,高度非过程化,面向集合的操作方式,以同一种语法结构提供多种使用方式,语言简洁,易学易用。

关系数据库三级模式:内模式、模式、外模式。支持 SQL 的关系数据库管理系统同样支持关系数据库三级模式结构。三级模式之间存在外模式/模式、模式/内模式两级映像,正是这两级映像保证了数据库系统中的数据能够具有较高的逻辑独立性和物理独立性。逻辑独立性是指用户的应用程序与数据库的逻辑结构是相互独立的,当数据的逻辑结构改变时,用户程序可以不变。物理独立性是指用户的应用程序与存储在磁盘上的数据库中数据是相互独立的。数据在磁盘上怎样存储由 DBMS 管理,用户程序不需要了解,应用程序要处理的只是数据的逻辑结构,这样当数据的物理存储改变时,应用程序不用改变。

2.1 数据定义

数据定义包括定义数据库、定义模式、定义表、定义索引、定义视图等,本章介绍常用的定义数据库、定义表和定义索引。

2.1.1 定义数据库

1. 创建数据库

1)创建数据库的语法

创建数据库的语法如下。

CREATE DATABASE <数据库名>

```
[[ON [Primary]]
    (
    [NAME = <数据文件逻辑文件名>]
    [，FILENAME = <'数据文件物理文件名'>]
    [，SIZE = <数据文件初始大小>]，
    [，MAXSIZE = <数据文件最大大小>]
    [，FILEGROWTH <数据文件增长比例>][，…n]
    )]
[LOG ON
    (
    [NAME = <日志文件逻辑文件名>]
    [，FILENAME = <'日志文件物理文件名'>]
    [，SIZE = <日志文件初始大小>]，
    [，MAXSIZE = <日志文件最大大小>]
    [，FILEGROWTH <日志文件增长比例>][，…n]
    )]
```

说明：在 SQL 语法中，方括号[ ]中包含的是可选参数，尖括号<>表明此处需要自定义。ON Primary 表示该数据文件在 Primary 主文件组，可省略，SQL Server 中可以设置默认文件组。LOG ON 表示开始定义日志文件。SQL 不区分大小写，本书将关键字大写是为了区分关键字和用户输入的信息，实际使用时大小写都可以。

2）创建数据库的例题

【例题 2-1】 以最简单的 SQL 语句创建 MyDB1 数据库。

代码：`CREATE DATABASE MyDB1`   -- 只给出数据库名称，其他用默认设置

说明：在 SSMS 中新建一个查询窗口，打开 master 数据库，执行上述语句即可创建 MyDB1 数据库。创建完成后在【对象资源管理器】窗口中右击【数据库】，在弹出的快捷菜单中选择【刷新】命令进行刷新，即可看到刚创建的 MyDB1 数据库。进入 MyDB1 数据库的【属性】窗口，可以看到数据库文件的存放路径为 SQL Server 的安装目录，如图 2-1 所示。

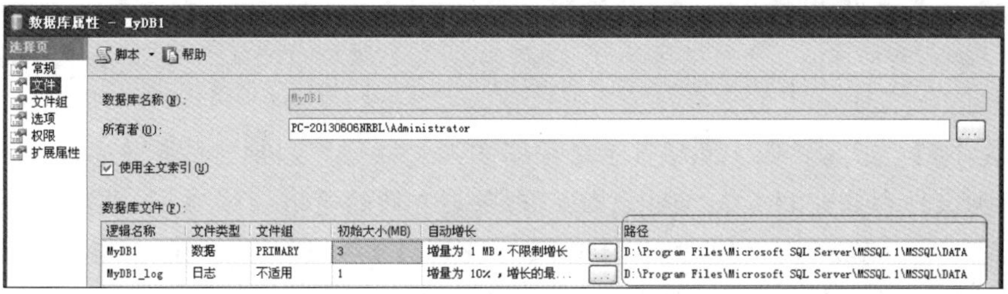

图 2-1　查看 MyDB1 数据库属性

【例题 2-2】 指定文件名和文件存储位置创建数据库（不指定大小/增长方式等）。创建数据库 MyDB2，数据文件的逻辑名称为 MyDB2_dat，物理文件名为 MyDB2.mdf，存储在 D:\DataBase 目录下。

```
代码：CREATE DATABASE MyDB2
      ON
      ( NAME = MyDB2_dat ,              -- NAME 用于指定数据文件的逻辑名称
        FILENAME = 'D:\DataBase\MyDB2.mdf' )  -- FILENAME 用于指定数据文件的物理文件名
                                        -- 需先创建 D:\DataBase 文件夹
```

说明：按照例题2-1"说明"中的步骤执行语句，并打开MyDB2数据库的【属性】窗口，看到数据库文件的存放路径为语句中指定的D:\DataBase（需事先创建文件夹），而不是SQL Server安装目录，数据文件的逻辑名和物理名是语句中定义的名字，而日志文件的逻辑名和物理名是系统默认的，文件初始大小和自动增长属性等也是系统默认的，如图2-2所示。

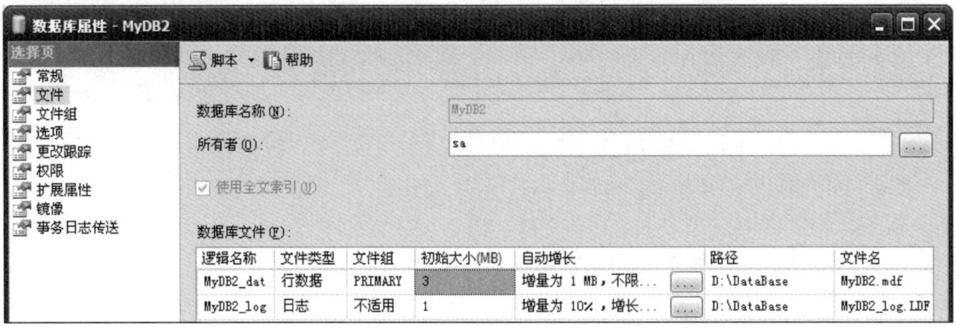

图2-2　查看MyDB2数据库属性

【例题2-3】　指定数据文件的属性创建数据库。创建数据库MyDB3，将该数据库的数据文件存储在D:\DataBase目录下，数据文件的逻辑名称为MyDB3_dat，物理文件名为MyDB3.mdf，初始大小为4MB，最大尺寸为10MB，增长速度为1MB。

代码：
```
CREATE DATABASE MyDB3
ON
( NAME = MyDB3_dat ,                    -- 指定数据文件的逻辑名称
  FILENAME = 'D:\DataBase\MyDB3.mdf',   -- 指定数据文件的存储路径和物理文件名
  SIZE = 4MB,                           -- 指定数据文件的初始大小为4MB
  MAXSIZE = 10MB,                       -- 指定数据文件的最大尺寸为10MB
  FILEGROWTH = 1 )                      -- 指定数据文件的增长速度为1MB
```

说明：按照例题2-1"说明"中的步骤执行语句，并打开MyDB3数据库【属性】窗口，可以看到数据库文件存放路径为语句中指定的D:\DataBase（需事先创建文件夹）目录下，数据文件的逻辑名、初始大小、自动增长属性、物理名都是按照语句中定义的，而日志文件属性是系统默认的。

【例题2-4】　指定数据文件和日志文件属性创建数据库。创建数据库MyDB4，将该数据库的数据文件存储在D:\DataBase目录下，数据文件的逻辑名称为MyDB4_data，物理文件名为MyDB4_data.mdf，初始大小为10MB，最大尺寸为无限大，增长速度为10%；该数据库的日志文件的逻辑名称为MyDB4_log，物理文件名为MyDB4_log.ldf，初始大小为3MB，最大尺寸为5MB，增长速度为1MB。

代码：
```
CREATE DATABASE MyDB4
    ON
    ( NAME = MyDB4_data ,                      -- 半角逗号分隔
      FILENAME = 'D:\DataBase\ MyDB4_data.mdf',-- 半角引号
      SIZE = 10MB ,
      MAXSIZE = UNLIMITED ,
      FILEGROWTH = 10% )                       -- 注意后面没有逗号
    LOG ON
    ( NAME = MyDB4_log ,                       -- 半角逗号分隔
```

```
    FILENAME = 'D:\DataBase\ MyDB4_log.ldf',    -- 半角引号
    SIZE = 3MB ,
    MAXSIZE = 5MB ,
    FILEGROWTH = 1MB )                          -- 注意后面没有逗号
```

【例题 2-5】 指定多个数据文件和日志文件创建数据库。创建多文件数据库 MyDB5，将该数据库的数据文件存储在 D:\DataBase 目录下，三个数据文件的逻辑名称分别为 MyDB5_1、MyDB5_2、MyDB5_3，物理文件名分别为 MyDB5dat1.mdf、MyDB5dat2.ndf、MyDB5dat3.ndf，初始大小统一设置为 100MB，最大尺寸为 200MB，增长速度为 20MB；该数据库含两个日志文件，逻辑名称分别为 MyDB5_log1、MyDB5_log2，文件名分别为 MyDB5log1.ldf、MyDB5log2.ldf，初始大小为 10MB，最大尺寸为 20MB，增长速度为 2MB。

```
代码：CREATE DATABASE MyDB5
    ON Primary                              -- Primary 为默认的文件组，可省略
        ( NAME = MyDB5_1 ,                  -- 第一个数据文件
        FILENAME = 'D:\DataBase\MyDB5dat1.mdf',
        SIZE = 100MB ,
        MAXSIZE = 200MB ,
        FILEGROWTH = 20MB) ,
        ( NAME = MyDB5_2 ,                  -- 第二个数据文件
        FILENAME = 'D:\DataBase\MyDB5dat2.ndf',
        SIZE = 100MB ,
        MAXSIZE = 200MB ,
        FILEGROWTH = 20MB ) ,
        ( NAME = MyDB5_3 ,                  -- 第三个数据文件
        FILENAME = 'D:\DataBase\MyDB5dat3.ndf',
        SIZE = 100MB ,
        MAXSIZE = 200MB ,
        FILEGROWTH = 20MB )
    LOG ON
        ( NAME = MyDB5_log1 ,               -- 第一个日志文件
        FILENAME = 'D:\DataBase\MyDB5log1.ldf',
        SIZE = 10MB ,
        MAXSIZE = 20MB ,
        FILEGROWTH = 2MB ) ,
        ( NAME = MyDB5_log2 ,               -- 第二个日志文件
        FILENAME = 'D:\DataBase\MyDB5log2.ldf',
        SIZE = 10MB ,
        MAXSIZE = 20MB ,
        FILEGROWTH = 2MB )
```

【例题 2-6】 使用自定义文件组创建数据库。创建多文件数据库 MyDB6，分三个文件组进行管理，每个文件组包含两个数据文件，存放在不同磁盘。其中，Primary 文件组和 MyDB6_Group1 文件组存放在 D:\DataBase 目录下，MyDB6_Group2 文件组存放在 E:\DataBase 目录下，日志文件存储在 D:\ DataBase 目录下。

```
代码：CREATE DATABASE MyDB6
    ON Primary                              -- 默认 Primary 文件组，可省略
    ( NAME = MyDB6_11_dat ,
        FILENAME = 'D:\DataBase\MyDB6_11.mdf',
        SIZE = 10MB ,
```

```
            MAXSIZE = 50MB ,
            FILEGROWTH = 15 % ) ,
        ( NAME = MyDB6_12_dat ,
            FILENAME = 'D:\DataBase\MyDB6_12.ndf' ,
            SIZE = 10MB ,
            MAXSIZE = 50MB ,
            FILEGROWTH = 15 % ) ,
        FILEGROUP MyDB6_Group1                    -- MyDB6_Group1 文件组,存放在 D 盘
        ( NAME = MyDB6_21_dat ,
            FILENAME = 'D:\DataBase\MyDB6_21.ndf' ,
            SIZE = 10MB ,
            MAXSIZE = 50MB ,
            FILEGROWTH = 5MB ) ,
        ( NAME = MyDB6_22_dat ,
            FILENAME = 'D:\DataBase\MyDB6_22.ndf' ,
            SIZE = 10MB ,
            MAXSIZE = 50MB ,
            FILEGROWTH = 5MB ) ,
        FILEGROUP MyDB6_Group2                    -- MyDB6_Group2 文件组,存放在 E 盘
        ( NAME = MyDB6_31_dat ,
            FILENAME = 'E:\DataBase\MyDB6_31.ndf' ,
            SIZE = 10MB ,
            MAXSIZE = 50MB ,
            FILEGROWTH = 5MB ) ,
        ( NAME = MyDB6_32_dat ,
            FILENAME = 'E:\DataBase\MyDB6_32.ndf' ,
            SIZE = 10MB ,
            MAXSIZE = 50MB ,
            FILEGROWTH = 5MB )
    LOG ON                                        -- 日志文件,存放在 D 盘
        ( NAME = 'MyDB6_log' ,
            FILENAME = 'D:\DataBase\MyDB6log.ldf' ,
            SIZE = 5MB ,
            MAXSIZE = 25MB ,
            FILEGROWTH = 5MB )
```

【例题 2-7】 判断数据库是否存在再创建。创建数据库 MyDB7 之前,先判断该数据库是否已经存在,如果已经存在则先删除再创建,否则直接创建。

```
代码: USE master                          -- 打开系统数据库 master,以便访问 sysdatabases 系统表
    GO                                    -- 多条语句以 GO 分割,可以进行批处理
    IF EXISTS ( SELECT * FROM sysdatabases WHERE name = 'MyDB7')
        DROP DATABASE MyDB7
    GO
    CREATE DATABASE MyDB7
    ON
    ( NAME = MyDB7_data ,                 -- 主数据文件的逻辑名
        FILENAME = 'D:\DataBase\MyDB7_data.mdf' ,  -- 主数据文件的物理名
        SIZE = 10 MB ,                    -- 主数据文件初始大小
        FILEGROWTH = 20 % )               -- 主数据文件的增长率
    LOG ON
    ( NAME = MyDB7_log ,
```

```
            FILENAME = 'D:\DataBase\MyDB7_log.ldf',
            SIZE = 3MB,
            MAXSIZE = 20MB,
            FILEGROWTH = 1MB )
        GO
```

说明：此代码可以多次执行，不管数据库是否存在，都能创建成功。例题 2-1～例题 2-6 的代码只能执行一次，再次执行会出错，因为数据库已经存在，不可以再创建同名数据库。

【例题 2-8】 使用 SQL 语句创建 bookDB 数据库，创建两个数据文件和两个日志文件，文件都保存在 D:\DataBase\bookDB 文件夹中。

代码：
```
USE master
GO
IF EXISTS ( SELECT * FROM sysdatabases WHERE name = bookDB )
    DROP DATABASE bookDB
GO
CREATE DATABASE bookDB
ON
(   NAME = bookDB_data1 ,                                    -- 主要数据文件逻辑名
    FILENAME = D:\DataBase\bookDB\bookDB_data1.mdf ),        -- 主要数据文件物理名
(   NAME = bookDB_data2 ,                                    -- 次要数据文件逻辑名
    FILENAME = 'D:\DataBase\bookDB\bookDB_data2.ndf' )       -- 次要数据文件物理名
LOG ON
( NAME = bookDB_log1 ,
    FILENAME = 'D:\DataBase\bookDB\bookDB_log1.ldf' ),
(   NAME = bookDB_log2 ,
    FILENAME = 'D:\DataBase\bookDB\bookDB_log2.ldf' )
GO
```

2. 修改数据库

1) 修改数据库的语法

修改数据库的语法如下。

```
ALTER DATABASE <数据库名>
{ ADD FILE <数据文件参数> [ , …n ]          /*增加数据文件*/
| ADD LOG FILE <日志文件参数> [ , …n ]      /*增加事务日志文件*/
| REMOVE FILE 数据文件逻辑名称              /*删除数据文件,文件必须为空*/
| ADD FILEGROUP 文件组名                    /*增加文件组*/
| REMOVE FILEGROUP 文件组名                 /*删除文件组,文件组必须为空*/
| MODIFY FILE <数据文件参数>                /*修改文件属性,一次只能修改一个属性*/
| MODIFY NAME = 新数据库名                  /*数据库更名*/
| SET < 参数>                               /*数据库参数设置*/
}
```

2) 修改数据库的例题

【例题 2-9】 增加数据文件。bookDB 数据库经过一段时间的使用后，数据量不断增大，致使数据文件过大，现需增加一个数据文件，存储在 D:\DataBase\bookDB 文件夹，数据文件的逻辑名称为 bookDB_data3，物理文件名为 bookDB_data3.ndf，初始大小为 10MB，最大尺寸为 2GB，增长速度为 10%。

代码：`ALTER DATABASE bookDB`

```
            ADD FILE
            (   NAME = bookDB_data3 ,
                FILENAME = 'D:\DataBase\bookDB\bookDB_data3.ndf' ,
                SIZE = 10MB ,
                MAXSIZE = 2GB ,
                FILEGROWTH = 10% )
```

【例题 2-10】 增加日志文件。bookDB 数据库原有两个日志文件，现为其再增加一个 5MB 的日志文件。

代码：
```
        ALTER DATABASE bookDB
            ADD LOG FILE
            (   NAME = bookDB_log3 ,
                FILENAME = 'D:\DataBase\bookDB\bookDB_log3.ldf ' ,
                SIZE = 5MB )
```

【例题 2-11】 删除数据文件。从 bookDB 数据库中删除一个名为 bookDB_data3 的数据文件。

代码：
```
        ALTER DATABASE bookDB
            REMOVE FILE bookDB_data3            /*删除数据文件,文件必须为空*/
```

说明：数据文件中没有表时才可以删除。系统自动控制，不会因为错误地删除了数据文件而造成数据丢失。

【例题 2-12】 删除日志文件。从 bookDB 数据库中删除一个名为 bookDB_log3 的日志文件。

代码：
```
        ALTER DATABASE bookDB
            REMOVE FILE bookDB_log3
```

【例题 2-13】 增加文件组。为 bookDB 数据库增加一个文件组 bookDB_Group1，增加两个数据文件放在该文件组中，并将该文件组设置为默认文件组。

代码：
```
        --   添加文件组
        ALTER DATABASE bookDB
        ADD FILEGROUP bookDB_Group1
        GO
        --   添加数据文件到文件组
        ALTER DATABASE bookDB
        ADD FILE
            (   NAME = bookDB_data4 ,
                FILENAME = 'D:\DataBase\bookDB\bookDB_data4.ndf',
                SIZE = 5MB ,
                MAXSIZE = 100MB ,
                FILEGROWTH = 5MB
            ),
            (   NAME = bookDB_data5 ,
                FILENAME = 'D:\DataBase\bookDB\bookDB_data5.ndf',
                SIZE = 5MB ,
                MAXSIZE = 100MB ,
                FILEGROWTH = 5MB
            )
        TO FILEGROUP bookDB_Group1
        GO
```

```
        --  指定默认文件组
    ALTER DATABASE bookDB
    MODIFY FILEGROUP bookDB_Group1 Default
    GO
```

【例题 2-14】 删除文件组。将 bookDB 数据库中的文件组 bookDB_Group1 删除。

代码：
```
ALTER DATABASE bookDB
    REMOVE FILEGROUP bookDB_Group1         -- 文件组为空,且不是默认文件组才可删除
GO
```

说明：删除文件组之前必须先删除该文件组中的数据文件。文件组为空且不是默认文件组才可删除。而改变默认文件组的操作要在删除文件组中全部数据文件之前完成。

改变默认文件组的代码如下。

```
ALTER DATABASE bookDB MODIFY FILEGROUP [Primary] Default
```

删除该文件组中数据文件的代码如下。

```
ALTER DATABASE bookDB REMOVE FILE bookDB_data4
ALTER DATABASE bookDB REMOVE FILE bookDB_data5
```

【例题 2-15】 修改数据文件。

(1) 修改数据库文件的初始大小。将 bookDB 数据库的 bookDB_data2 数据文件初始大小修改为 20MB。

代码：
```
ALTER DATABASE bookDB
    MODIFY FILE
    (   NAME = bookDB_data2 ,              -- 指定要修改的数据文件名
        SIZE = 20MB)                       -- 只能增大不可缩小,改小使用收缩功能
    GO
```

(2) 修改数据库数据文件的增长方式。将 bookDB 数据库的数据文件 bookDB_data2 的文件增长设置为每次增长 15%。

代码：
```
ALTER DATABASE bookDB
    MODIFY FILE
    (   NAME = bookDB_data2 ,
        FILEGROWTH = 15 % )
```

(3) 修改数据库的默认文件组。将 bookDB 数据库的 Primary 文件组设置为默认文件组。

代码：
```
ALTER DATABASE bookDB
    MODIFY FILEGROUP [Primary] Default
```

说明：设置 Primary 文件组为默认文件组时,需要用方括号把 Primary 括上。设置自定义文件组为默认文件组时则可省略方括号。自定义文件组设置为默认文件组时必须已经包含数据文件。

(4) 修改数据库参数。

① 将 bookDB 数据库设置为只有一个用户可访问。

代码：
```
ALTER DATABASE bookDB
    SET single_user
```

② 将 bookDB 数据库设置为多用户可访问。

代码：ALTER DATABASE bookDB
　　　　SET multi_user

③ 设置 bookDB 数据库可自动收缩。

代码：ALTER DATABASE bookDB
　　　　SET auto_shrink ON

【例题 2-16】 更改数据库名称。

① 使用 SQL 语句将 bookDB 数据库名称修改为 NewDB。

代码：ALTER DATABASE bookDB
　　　　MODIFY NAME = NewDB
　　　　GO

② 使用系统存储过程将 NewDB 数据库名称再改为 bookDB。

代码：sp_renamedb NewDB , bookDB
　　　　GO

3．删除数据库

1）删除数据库的语法

DROP DATABASE <数据库名>

2）删除数据库的例题

【例题 2-17】 删除单个数据库。

代码：DROP DATABASE MyDB1

【例题 2-18】 删除多个数据库。

代码：DROP DATABASE MyDB2 , MyDB3

【例题 2-19】 先判断数据库存在再将其删除。

代码：USE master　　　　　　　--设置当前数据库为 master,以便访问 sysdatabases 系统表
　　　　GO
　　　　IF EXISTS (SELECT * FROM sysdatabases WHERE name = 'MyDB4')
　　　　　DROP DATABASE MyDB4

说明：不能删除正在使用的数据库，删除数据库之前需要关闭所有使用该数据库的连接。

4．打开数据库

1）打开数据库的语法

USE　<数据库名>

2）打开数据库的例题

【例题 2-20】 打开 bookDB 数据库。

代码：USE bookDB

5．附加数据库

在 SSMS 管理平台上可以手动分离和附加数据库，也可以在使用 CREATE DATABASE 语句创建数据库时使用 FOR ATTACH 子句将已经存在的数据库附加上。

【例题 2-21】 bookDB 数据库文件存放在 D:\DataBase\bookDB 目录中，该数据库是分离状态，请使用 SQL 语句进行附加。

代码：CREATE DATABASE bookDB ON Primary
　　　　(FILENAME = 'D:\DataBase\bookDB\bookDB_data1.mdf')
　　　　FOR ATTACH

说明：可以事先将 bookDB 数据库分离，然后再使用此 SQL 语句附加。注意，这里只需要写主要数据文件的物理文件名。

6. 收缩数据库

为了节省空间，必要时可以对数据库进行收缩，减少数据库占用的空间。收缩数据库分为手工收缩和自动收缩两种方式。修改数据库参数，可以将数据库设置为自动收缩，也可以在需要时手动收缩。手动收缩时可以收缩整个数据库，也可以只收缩某个数据文件。

【例题 2-22】 设置 MyDB5 数据库为可自动收缩。

代码：ALTER database MyDB5
　　　　SET auto_shrink ON

【例题 2-23】 手工收缩整个数据库，收缩 MyDB5 数据库到 15MB。

代码：DBCC SHRINKDATABASE (MyDB5 , 15)

【例题 2-24】 手工收缩一个数据文件，将 MyDB5 数据库中的 MyDB5_2 数据文件收缩为 2MB。

代码：DBCC SHRINKFILE(MyDB5_2 , 2)

说明：SQL Server 2008 中的收缩数据文件最小可以到 2MB。

2.1.2 定义表

1. 创建表

1）创建表的语法

```
CREATE TABLE <表名>
 (<列名><数据类型>[ null | not null ][ identity [ ( seed , increment ) ] [{<列级约束>}]
[,…n] [{<表级约束>}]
)
```

说明：常用数据类型及其含义见附录 B。创建表语法中的[identity(seed,increment)]用于指定标识列，其中，seed 表示标识种子，increment 表示增量。

约束分为列级约束和表级约束，涉及一个列的约束可以定义为列级约束，也可以定义为表级约束；涉及多个列的约束必须定义为表级约束。列级约束直接写在列定义后面，和列定义之间用空格分隔。如果一个列上有多个约束，中间用空格分隔，一个列上的所有约束都定义完成之后，用逗号分隔并再定义下一个列。表级约束写在所有列定义完成之后，表级约束要写清是为哪些列定义的约束。定义约束的语句中[constraint <约束名>]是可选项，用于为定义的约束命名，省略此项则由系统自动命名。如果后期需要用 SQL 语句来修改或删除表的约束，最好使用 constraint 语句自己命名约束。关系数据库有三类完整性约束。

① 实体完整性：用于保证表中每行数据在表中是唯一的，并且不能为空值。实体完整性通过主键约束来实现。主键约束的定义格式如下。

定义列级约束：[constraint <约束名>] Primary key。

定义表级约束：[constraint <约束名>] Primary key(<列名> [,{<列名>}])。

② 参照完整性：用于保证表之间数据的一致性。当在表中更新、删除、插入数据时，通

过参照引用被参照表中的数据来检查数据操作是否正确。参照完整性是通过外键约束实现的。外键约束的定义格式如下。

定义列级约束：[constraint <约束名>] Foreign key references <被参照表>(<列名>)。

定义表级约束：[constraint <约束名>] Foreign key(<列名>) references <被参照表>(<列名>)。

③ 用户定义完整性：除了主键、外键之外的完整性约束都属于用户定义完整性。它反映了某一具体应用所涉及的数据必须满足的语义要求。例如，某个属性必须取唯一值，某个非主属性也不能取空值，某个属性的取值范围限定特定的范围等。常用的有 Not Null(非空)约束、Unique(唯一性)约束、Check(检查)约束、Default(默认值)约束等。非空约束和默认值约束一般定义为列级约束，直接在列定义后面加 Not Null 表示非空，加 Default (<默认值>)表示默认值约束。默认值约束如果用在修改表结构语句中，格式为：[constraint <约束名>] Default (<默认值>) for 列名；检查约束的列级约束和表级约束定义格式一样，格式为：[constraint <约束名>] Check (<条件>)；唯一性约束的定义格式如下。

定义列级约束：[constraint <约束名>] Unique。

定义表级约束：[constraint <约束名>] Unique (<列名> [,{<列名>}])。

2) 创建表的例题

【例题 2-25】 使用 SQL 语句在 stuDB 数据库创建三张表：Student(学生)表、Course(课程)表、SC(成绩)表，表结构见表 1-1~表 1-3。

创建 stuDB 数据库的代码如下。

```
USE master
GO
IF EXISTS (SELECT * FROM sysdatabases WHERE name = 'stuDB')
    DROP DATABASE stuDB                    -- 如果数据库已经存在,先删除
GO
CREATE DATABASE stuDB                      -- 创建数据库
ON
( NAME = 'stuDB',                          -- 数据文件逻辑名
FILENAME = 'D:\stuDB.mdf')                 -- 数据文件物理名,保存在 D 盘根目录
LOG ON
( NAME = 'stuDB_log',                      -- 日志文件逻辑名
FILENAME = 'D:\stuDB_log.ldf')             -- 日志文件物理名,保存在 D 盘根目录
GO
```

创建第一张表——Student 表的代码如下。

```
USE stuDB                                  -- 打开数据库
GO
IF EXISTS ( SELECT * FROM INFORMATION_SCHEMA.TABLES
         WHERE  TABLE_NAME = 'Student' )
    DROP TABLE Student                     -- 如果 Student 表已经存在,先删除
GO
CREATE TABLE Student                       -- 创建 Student 表
(
Sno int not null Primary key identity(1001 , 1) , -- 学号,主键,标识列(种子 , 增量)
Name varchar(8)not null ,                  -- 学生姓名
```

```
Sex char(2) not null Check( Sex = '男' or Sex = '女' ) ,    -- 性别,取值为"男"或"女"
Nation varchar(20) Default('汉族') ,                         -- 民族,默认为"汉族"
Birthday date                                               -- 出生日期
)
GO
```

说明：系统视图 INFORMATION_SCHEMA.tables 中存储所有表的信息,删除表之前在系统视图中查询该表是否存在,如果存在则先删除再创建。

Student 表中用到的约束有非空约束、主键约束、默认值约束、检查约束。Student 表建表语句中的约束都定义为列级约束,使用系统默认的约束名。一个列的多个约束之间用空格分隔。

数据类型 char 型与 varchar 型相比较,char 型是定长字符串,不管数据有多少位,都占固定空间,一般用于存储长度固定的数据,例如,【性别】的取值只有男或女,固定是一个汉字,就定义为 char(2); varchar 型是变长字符串,存几位就占几位的空间,一般用于存储长度不固定的数据。查找数据时 char 型比 varchar 型速度稍快些。

创建第二张表——Course 表的代码如下。

```
IF EXISTS ( SELECT * FROM INFORMATION_SCHEMA.TABLES
         WHERE  TABLE_NAME = 'Course' )
   DROP TABLE Course                          -- 如果 Course 表已经存在,先删除
GO
CREATE TABLE Course                           -- 创建 Course 表
(
Cno int not null Primary key identity(1,1) ,  -- 课程号,主键,标识列(种子,增量)
Cname varchar(50) not null Unique ,           -- 课程名,唯一键
hours smallint ,                              -- 学时,取值范围为 1~200
credit smallint ,                             -- 学分,取值范围为 1~4
Semester varchar(8) ,                         -- 开课学期
Check ( hours >= 1 and hours <= 200 ) ,
constraint CK_credit Check ( credit >= 1 and credit <= 4 )
)
GO
```

说明：Course 表建表语句中的约束有非空约束、主键约束、唯一性约束、检查约束,其中只有检查约束定义为表级约束。在 hours(学时)列上的检查约束没有使用 constraint 子句,由系统定义约束名,credit(学分)列上的检查约束使用 constraint 子句自命名为 CK_credit。创建完成后在【对象资源管理器】窗口中刷新表信息,可以看见创建的约束如图 2-3 所示。可以看到,只有自命名的 credit 列上的检查约束名字比较短,其他约束由系统默认随机生成较长的约束名,每次创建都会有不同的约束名。

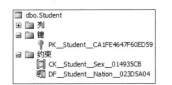

图 2-3 Student 表和 Course 表约束

创建第三张表——SC 表的代码如下。

```
IF EXISTS (SELECT * FROM INFORMATION_SCHEMA.TABLES
        WHERE  TABLE_NAME = 'SC')
    DROP TABLE SC                        -- 如果 SC 表已经存在,先删除
GO
CREATE TABLE SC                          -- 创建 SC 表
(
Cno int not null ,                       -- 课程号,联合主键,外键,关联 Course 表的课程号(Cno)
Sno int not null Foreign key references Student(Sno) ,
                                         -- 学号,联合主键,外键,关联 Student 表的学号(Sno)
Grade int ,                              -- 成绩
Primary key(Cno , Sno) ,                 -- 创建表级约束-联合主键
constraint fk_SC_Course Foreign key(Cno) references Course(Cno)  -- 创建表级外键约束
)
```

说明:SC 表上有主键约束和两个外键约束。该表的主键是联合主键,包括两个列,必须定义为表级约束。外键约束可以定义为列级,也可以定义为表级,这里将两个外键用两种方式定义,Sno(学号)列上的外键定义在列级,Cno(课程号)列上的外键定义在表级,并且使用 constraint 子句自定义了约束名。表创建完成后在【对象资源管理器】窗口看到约束效果如图 2-4 所示。可以看到,主键和 Sno(学号)列上的外键都是由系统随机命名的,不易记忆,如果需要在后期用 SQL 语句修改或删除表的约束,需要使用 constraint 子句自定义约束名。

图 2-4 SC 表主外键

【例题 2-26】 在 bookDB 数据库中创建三张表:readers(读者)表、books(图书)表、borrow(图书借阅)表,表结构如表 2-1~表 2-3 所示。

表 2-1 readers 表

列　　名	数据类型	长度/字节	是否允许为空	说　　明
ReaderID	int			读者编号,主键,标识列,种子1增量1
Grade	smallint		√	读者年级,例如 2016 级学生输入 2016
ReaderName	varchar	50		读者姓名
StudentNum	char	10	√	读者学号
Sex	char	2	√	读者性别,默认为"男"
TeleNum	char	20	√	读者电话
BorrowBookNum	int		√	借书数量,默认为 0

创建 bookDB 数据库的代码如下。

```
USE master
GO
IF EXISTS (SELECT * FROM sysdatabases WHERE name = 'bookDB')
    DROP DATABASE bookDB
GO
CREATE DATABASE bookDB
ON
( NAME = 'bookDB_data1',                       -- 主要数据文件逻辑名
```

```
    FILENAME = 'D:\DataBase\bookDB\bookDB_data1.mdf'),    -- 主要数据文件物理名
    ( NAME = 'bookDB_data2',                               -- 次要数据文件逻辑名
    FILENAME = 'D:\DataBase\bookDB\bookDB_data2.ndf')      -- 次要数据文件物理名
LOG ON
    ( NAME = 'bookDB_log1',
    FILENAME = 'D:\DataBase\bookDB\bookDB_log1.ldf'),
    ( NAME = 'bookDB_log2',
    FILENAME = 'D:\DataBase\bookDB\bookDB_log2.ldf')
GO
```

说明：将 bookDB 数据库文件存放在 D:\DataBase\bookDB 文件夹下，需要事先在【Windows 资源管理器】中创建文件夹。先创建数据库再创建表，不要将表创建在系统数据库中。

创建第一张表——readers 表的代码如下。

```
USE bookDB                                              -- 打开 bookDB 数据库
GO
IF EXISTS (SELECT * FROM INFORMATION_SCHEMA.TABLES
        WHERE TABLE_NAME = 'readers')
    DROP TABLE readers                                  -- 如果 readers 表已经存在,先删除
GO
CREATE TABLE readers                                    -- 创建 reader 表
(
ReaderID       int not null Primary key identity(1,1),  -- 读者编号,主键,标识列
Grade          smallint,                                -- 读者年级,如 2016 级学生填 2016
ReaderName     varchar(50)  not null,                   -- 读者姓名
StudentNum     char(10),                                -- 读者学号
Sex            char(2)  Default('男'),                  -- 读者性别,默认为"男"
TeleNum        char(20),                                -- 读者电话
BorrowBookNum  int Default(0)                           -- 借书数量,默认为 0
)
```

说明：如果未执行打开数据库的语句，有可能将表创建到 master 系统数据库中。

readers 表上的约束有非空约束、主键约束、默认值约束。读者编号（ReaderID）设置为标识列,初始值是 1,每次自动增加 1。SQL Server 中设置为标识列的字段必须是整型,设置为标识列后由系统自动生成值,不需要手工录入。

注意：如果增加数据时出错，也会占用标识列生成值，造成编号不连续。

表 2-2 books 表

列 名	数据类型	长度/字节	是否允许为空	说 明
BookID	int			图书编号,主键,标识列,种子 1 增量 1
BookName	varchar	50		图书书名
Author	varchar	100		图书作者
BookType	varchar	50	√	图书类型
KuCunLiang	int		√	图书库存量,默认为 5 本

创建第二张表——books 表的代码如下。

```
IF EXISTS (SELECT * FROM INFORMATION_SCHEMA.TABLES
          WHERE TABLE_NAME = 'books')
    DROP TABLE books                               -- 如果 books 表已经存在,先删除
GO
CREATE TABLE books                                 -- 创建 books 表
(
BookID      int not null Primary key identity(1,1) ,    -- 图书编号,主键,标识列
BookName    varchar(50) not null ,                 -- 图书书名
Author      varchar(100) not null ,                -- 图书作者
BookType    varchar(50) ,                          -- 图书类型
KuCunLiang   int Default(5)                        -- 图书库存量,默认为 5 本
)
```

说明:books 表中有非空约束、主键约束、默认值约束,都定义在列级,一个列中的多个约束用空格分隔。例如,books 表中图书编号(BookID)列,列定义及各个约束之间都用空格分隔,整个列定义完成后用逗号分隔,开始下一个列的定义。最后一个列定义完毕后,如果后面没有表级约束的定义,就不需要再写逗号。

表 2-3 borrow 表

列名	数据类型	长度/字节	是否允许为空	说明
BookID	int			图书编号,联合主键,外键
ReaderID	int			读者编号,联合主键,外键
Loan	char	4	√	状态,默认为"初借"
BorrowerDate	datetime		√	借阅时间

创建第三张表——borrow 表的代码如下。

```
IF EXISTS (SELECT * FROM  INFORMATION_SCHEMA.TABLES
          WHERE TABLE_NAME = 'borrow')
    DROP TABLE borrow                              -- 如果 borrow 表已经存在,先删除
GO
CREATE TABLE borrow                                -- 创建 borrow 表
(
BookID       int  not  null ,                      -- 图书编号,联合主键,外键
ReaderID     int  not  null ,                      -- 读者编号,联合主键,外键
Loan         char(4) Default('初借') ,             -- 借阅状态,默认为"初借"
BorrowerDate datetime ,                            -- 借阅时间
constraint pk_borrow Primary key ( BookID , ReaderID ) ,
constraint fk_borrow_books Foreign key( BookID ) references books( BookID )
    ON UPDATE cascade ON DELETE cascade,
constraint fk_borrow_readers Foreign key( ReaderID ) references readers( ReaderID )
    ON UPDATE cascade
)
```

说明:非空约束和默认值约束定义为列级约束,联合主键涉及多个列,必须定义为表级约束,外键约束因语句比较长,在此也定义为表级约束。

用户进行数据增、删、改操作时,DBMS 自动检查数据是否违反约束,违反实体完整性和用户定义完整性的操作都被拒绝执行的,只有违反参照完整性可以有三个选择。参照

完整性违约处理的策略默认是拒绝执行(no action),但还可以设置为级联操作(cascade)和设置为空值(SET null)。SC 表上的两个外键都是默认设置,违反了就拒绝执行,但 borrow 表中的两个外键都没有采用默认设置,第一个外键 BookID(图书编号)上的设置是 ON UPDATE cascade ON DELETE cascade,效果是:如果修改 books 表中的 BookID,同步自动修改 borrow 表中对应的 BookID;如果删除 books 表中的图书信息,自动级联删除 borrow 表中该书的借阅记录。第二个外键 ReaderID(读者编号)上的设置是 ON UPDATE cascade,效果是:如果修改 readers 表中的 ReaderID,同步自动修改 borrow 表中相应的 ReaderID;删除操作还是默认拒绝执行,效果是:删除 readers 表中的读者信息,如果该读者在 borrow 表中有借书记录,则不允许删除。如果外键采用设置为空值(SET null)的策略,必须符合现实语义,而且该列允许有空值才可以。

nvarchar 与 varchar、nchar 与 char 都表示字符型,前一组是变长字符串,后一组是定长字符串。nvarchar 和 nchar 这对带 n 的数据类型采用 Unicode 国际通用字符集,对所有字符都采用双字节存储。例如,nvarchar(4)存储英文字母最多可以存 4 个,存汉字也最多存 4 个汉字。而 varchar 和 char 这对数据类型存汉字占两字节,存英文字母和数字只占一字节。varchar(4)最多可以存储 4 个英文字母,或者 2 个汉字。设计数据库时一般使用 varchar 型和 char 型即可,可以节省空间。如果涉及跨平台使用数据库,或者多个数据库之间转换数据,最好都用 nvarchar 型和 nchar 型,避免因字符集不同造成乱码。

【例题 2-27】 对计算列使用表达式。

代码:CREATE TABLE salarys
   (姓名 varchar(10) ,
    基本工资 money ,
    奖金 money ,
    总计 AS 基本工资 + 奖金)

说明:salarys 表中的"总计"字段的值是由基本工资+奖金计算而来的,是计算列,不需要人工录入该列值,会自动根据公式计算存储。

【例题 2-28】 创建临时表。

代码:CREATE TABLE #students
   (学号 varchar(8) ,
    姓名 varchar(10) ,
    性别 varchar(2) ,
    班级 varchar(10)
)

说明:创建临时表与创建正式表的方法一样,只是临时表名称前面要加#或##,#表示是本地临时表,##表示是全局临时表。临时表在数据库关闭时自动删除,正式表建好后永久存在,除非人工删除。

2. 修改表

1) 修改表的语法

```
ALTER TABLE <表名>
[ ADD <列定义> [ , …n ] ]            -- 添加列
[ DROP COLUMN <列名>  [ , …n ] ]     -- 删除列
[ ALTER COLUMN  <列名><列属性>]      -- 修改列定义
[ ADD CONSTRAINT 约束名 约束类型 具体的约束说明 ]
```

[DROP CONSTRAINT 约束名]

说明：不可用 ALTER TABLE 语句修改表名和列名，可在管理平台上修改表名和列名，或者使用系统存储过程修改。

2) 修改表的例题

【例题 2-29】 在 bookDB 数据库的 borrow 表中增加一个还书时间字段 ReturnDate，为日期时间型，允许为空。

代码：USE bookDB
　　　GO
　　　ALTER TABLE borrow
　　　ADD ReturnDate datetime null　　　-- 还书时间

【例题 2-30】 在 stuDB 数据库的 Student 表中增加一个班级字段 class，为可变字符型，长度为 10，不允许为空。

代码：USE stuDB
　　　GO
　　　ALTER TABLE Student
　　　ADD class varchar(10) not null　　　-- 班级

【例题 2-31】 在 Student 表中删除刚增加的班级字段 class。

代码：ALTER TABLE Student
　　　DROP COLUMN class

【例题 2-32】 在 Course 表中将 Semester(开课学期)的数据类型由 varchar 型改为 smallint 型。

代码：ALTER TABLE Course
　　　ALTER COLUMN Semester smallint

说明：修改字段数据类型和长度有可能会造成数据丢失，要慎重。

【例题 2-33】 在 Course 表中，Cname(课程名称)字段长度原为 varchar(50)，实际课程名最长只有 20 个汉字，需 40 位，现请修改 Cname 字段长度为 varchar(40)，并且不允许为空。

代码：ALTER TABLE Course
　　　ALTER COLUMN Cname varchar(40) not null

说明：一定要确认表中该字段没有空数据才可以为其设置非空约束，否则会出错。如果该字段上建有其他约束，也可能会导致修改失败。如 Cname 列上有唯一性约束，将影响列定义的修改，可以先将该约束删除，修改完毕后再重建。

【例题 2-34】 bookDB 数据库中 borrow 表中有 BorrowerDate(借书时间)字段，读者借书时存储当前借书时间，每次手工输入比较麻烦。请修改表结构，为该字段增加默认值约束，默认是当前时间。

代码：USE bookDB
　　　GO
　　　ALTER TABLE borrow
　　　ADD CONSTRAINT DE_BorrowerDate Default(getdate( )) for BorrowerDate

说明：增加或删除约束都需要修改表结构。系统函数 getdate()能够读取出系统的当前时间。

【例题 2-35】 用 SQL 语句将 Course 表 Cname 列上的唯一性约束删除，再用 SQL 语句重新创建该唯一性约束，并命名为 UQ_Course_Cname。

代码：ALTER TABLE Course
　　　DROP CONSTRAINT UQ_Course_9F5E0299108B795B
　　　GO
　　　ALTER TABLE Course
　　　ADD CONSTRAINT UQ_Course_Cname Unique (Cname)
　　　GO

说明：系统随机生成的约束名很长，不易记忆，而且需要在 SSMS 上查看才知道约束名。对于需要使用 SQL 语句删除或修改的约束，最好使用 CONSTRAINT 子句自定义约束名。

【例题 2-36】 用 SQL 语句将 bookDB 数据库中 readers 表上的 StudentNum 列设置唯一键，限制一名学生只能注册一个读者身份，并命名为 UQ_readers_StudentNum。

代码：USE bookDB
　　　GO
　　　ALTER TABLE readers
　　　ADD CONSTRAINT UQ_readers_StudentNum Unique(StudentNum)
　　　GO

说明：本题使用 CONSTRAINT 子句自定义约束名 UQ_readers_StudentNum。

【例题 2-37】 为 Course 表的 Semester(开课学期)列定义检查约束，限制该列最小值为 1，最大值为 8，否则拒绝输入(Semester 列已经修改为 smallint 类型)。

代码：ALTER TABLE Course
　　　ADD CONSTRAINT CK_Semester Check(Semester >= 1 and Semester <= 8)

说明：本科 4 年共 8 个学期。增加检查约束，让系统自动控制输入数据的范围，避免人为输入错误数据。

【例题 2-38】 使用 SQL 语句删除 SC 表上受 Course 表制约的外键约束，然后再重新创建。

代码：ALTER TABLE SC
　　　DROP CONSTRAINT FK_SC_Course
　　　GO
　　　ALTER TABLE SC
　　　ADD CONSTRAINT FK_SC_Course Foreign KEY(Cno) REFERENCES Course(Cno)
　　　GO

说明：SC 表上有外键指向 Course 表，有可能造成删除 Course 表失败，如果要删除 Course 表再重新创建，就需要先删除 SC 表，或者删除 SC 表上指向 Course 表的外键，重建好 Course 表后再重新创建 SC 表上的相关外键。

【例题 2-39】 为 Course 表添加主键约束，限制课程号不允许为空，并且唯一。事先在 SSMS 的【对象资源管理器】窗口中将 Course 表的主键删除，然后执行如下代码。

代码：ALTER TABLE Course
　　　ADD CONSTRAINT PK_Course Primary KEY(Cno)

说明：在 SSMS 上删除 Course 表主键失败，原因是 SC 表上有外键关联到 Course 表，所以重新创建 Course 表主键的步骤是，第一步：删除 SC 表 Cno 列上的外键；第二步：删除 Course 表的主键；第三步：重新创建 Course 表主键；第四步：重新创建 SC 表外键。

删除不同的约束,代码都是一样的,按约束名删除即可,但增加约束的代码有所不同,本章对增加各种约束的操作都给出了例题。

3) 拓展

使用系统存储过程修改表列名:sp_rename '表名.原列名','新列名','COLUMN'。

使用系统存储过程修改表名:sp_rename 原表名,新表名。

【例题 2-40】 修改 Student 表,将学生姓名列名由 name 改为 Sname,然后再改回原名。

代码:
```
sp_rename 'Student.name' , 'Sname' , 'COLUMN'    -- 将学生姓名列名由 name 改为 Sname
sp_rename 'Student.Sname' , 'name' , 'COLUMN'    -- 将学生姓名列名由 Sname 改回 name
```

【例题 2-41】 将 Student 表的名字改为 newStudent,然后再改回 Student。

代码:
```
sp_rename Student , newStudent        -- 将表名由 Student 改为 newStudent
sp_rename newStudent , Student        -- 将表名由 newStudent 改回 Student
```

说明:在 SQL Server 中,使用 ALTER TABLE 语句不能修改表名和字段名,可以在 SSMS 平台上修改,或者用系统存储过程 sp_rename 修改。

3. 删除表

1) 删除表的语法

```
DROP TABLE <表名>
```

2) 删除表的例题

【例题 2-42】 删除 stuDB 数据库中的 Student 表。

代码 1:
```
USE stuDB
GO
DROP TABLE Student
GO
```

代码 2:`DROP TABLE stuDB.dbo.Student`

说明:受 SC 表上外键的制约,会导致 Student 表删除失败,需要先删除外键表 SC 表,再删除主键表 Student 表。或者先删除 SC 表上相关外键,然后再删除主键表。系统表不能使用 DROP TABLE 语句删除。

如果当前打开的不是 stuDB 数据库,可以使用完整的路径删除 Student 表,格式为:所在数据库名.模式名.表名,代码 2 就是这种方式。代码 1 中的 DROP TABLE Student 只能在已经打开 stuDB 数据库时执行。

2.1.3 定义索引

1. 创建索引

1) 创建索引的语法

```
CREATE [Unique] [CLUSTER] INDEX <索引名>
ON <表名> ( <列名> [ <次序> ] [ , <列名> [ <次序> ] ]… );
```

其中,Unique 表示唯一索引;CLUSTER 表示聚簇索引;<次序>用于指定索引值的排列顺序。升序为 ASC,降序为 DESC,默认为 ASC。

2）创建索引的例题

【例题 2-43】 books 表上 BookID 是主键，BookID 列上自动创建了唯一索引，但实际情况是经常需要按照图书名查询，为了提高查询速率，需要在 BookName 列上创建一个非唯一索引（图书名允许重复）。

代码：CREATE INDEX in_BookName
　　　　ON books (BookName);

2．删除索引

1）删除索引的语法

DROP INDEX <索引名>

2）删除索引的例题

【例题 2-44】 删除 books 表上的 in_BookName 索引，后期需要时再重新创建。

代码：DROP INDEX in_BookName

说明：只有用 CREATE INDEX 创建的索引才能用 DROP INDEX 删除。创建主键时自动创建的唯一索引在删除主键的同时自动删除，不能用 DROP INDEX 删除。

2.2 数据更新

数据更新又称为数据操纵，包括在表中插入数据、修改数据和删除数据三个操作。

视频讲解

2.2.1 插入数据

1）插入数据的语法

插入具体数值的插入数据的基本语法如下。

INSERT [INTO] 表名 [字段列表] VALUES (值1,值2,值3…)

插入查询结果的插入数据的基本语法如下。

INSERT [INTO] 表名 [字段列表] SELECT 字段列表 FROM 表 WHERE 筛选条件

2）导出参考脚本

如果不能按照语法熟练地写出插入数据语句，可以借助 SSMS 平台上的导出脚本功能，导出的脚本既有详细的语法格式，也有数据类型提示，还可以省去写表名、字段名的麻烦。

操作过程如图 2-5 所示，在 SSMS 平台【对象资源管理器】窗口中选择需要插入数据的表，如 bookDB 数据库中的 books 表，右击该表，在弹出的快捷菜单中选择【编写表脚本为】→【INSERT 到】→【新查询编辑器窗口】命令。

图 2-5 导出参考脚本

导出的 books 表插入数据脚本如表 2-4 所示。

表 2-4　导出的 books 表插入数据脚本

代　码	说　明
INSERT INTO [bookDB].[dbo].[books] 　　　　　([BookName] 　　　　　,[Author] 　　　　　,[BookType] 　　　　　,[KuCunLiang]) 　　　VALUES 　　　　　(< BookName , varchar(50) , > 　　　　　,< Author , varchar(100) , > 　　　　　,< BookType , varchar(50) , > 　　　　　,< KuCunLiang , int,>) GO	books 是表名 以下几行是字段列表,如果要为表中所有字段赋值,可省略字段列表 VALUES 后面给出具体要插入表中的数据,数值含义要与表中字段一一对应

说明：图书编号 BookID 列为标识列,由系统自动生成和插入数据,不可人工输入数据,所以导出的 INSERT 语句脚本中没有 BookID 列。

要求：在 books 表中存入如表 2-5 所示的图书信息。

表 2-5　图书信息

图书编号	图书书名	图书作者	图书类型	图书库存量
1	数据库系统概论	王珊	计算机类	10
2	细节决定成败	汪中求	综合类	2
3	C 语言程序设计	乌云高娃、沈翠新、杨淑萍等	计算机类	5
4	数据结构	李莹、孙承福等	计算机类	3

根据导出脚本中 VALUES 语句的提示,在相应位置输入具体数据。例如,< BookName,varchar(50),>表示此处输入图书书名,为可变长字符类型,最多可输入 50 个字符或 25 个汉字。把包括前后尖括号在内的所有内容替换为具体数据'数据库系统概论',字符型数据需要用半角单引号引上；< KuCunLiang,int,>表示此处输入图书库存量,为整型,替换为 10。数值型和货币(money)型数据直接写,不加引号,日期型和字符型数据加半角单引号。替换后的代码如表 2-6 所示。

表 2-6　替换后的代码

代　码	说　明
INSERT INTO [bookDB].[dbo].[books] 　　　　　([BookName] 　　　　　,[Author] 　　　　　,[BookType] 　　　　　,[KuCunLiang]) 　　　VALUES 　　　　　('数据库系统概论' 　　　　　,'王珊' 　　　　　,'计算机类' 　　　　　,10) GO	VALUES 后面改为具体的数据,注意根据提示的字段类型给出相应的值,数值型和 money 型不加引号,字符型、日期型加单引号,每个值之间都以逗号分隔

将代码合并,并将所有方括号[ ]都去掉,简化后的代码如下。

```
INSERT INTO books ( BookName , Author , BookType , KuCunLiang )
    VALUES ( '数据库系统概论' , '王珊' , '计算机类' , 10 )
```

对照表结构,可以看出此插入数据语句是按照表中字段定义的顺序为每个字段赋值的。在这种情况下,可以省略表名 books 后的字段名列表,语句可再次简化如下。

```
INSERT INTO books VALUES ( '数据库系统概论' , '王珊' , '计算机类' , 10 )
```

语句修改完毕后,单击工具栏上的 ✔ 按钮,分析该语句语法是否正确,分析通过后复制该条语句,修改为不同的数据,可以插入多条记录。

例如:

```
INSERT INTO books VALUES ( '数据库系统概论' , '王珊' , '计算机类' , 10 )
INSERT INTO books VALUES ( '细节决定成败' , '汪中求' , '综合类' , 2 )
INSERT INTO books VALUES ( 'C语言程序设计' , '乌云高娃、沈翠新、杨淑萍等' , '计算机类' , 5 )
INSERT INTO books VALUES ( '数据结构' , '李莹、孙承福等' , '计算机类' , 3 )
```

在 SQL Server 2005 以前的版本中,一条 INSERT INTO…VALUES 语句只能插入一行数据,但在 SQL Server 2008 以后的版本中,一条 INSERT INTO…VALUES 语句可插入多行数据。可以继续将语句简化如下。

```
INSERT INTO books VALUES ( '数据库系统概论' , '王珊' , '计算机类' , 10 ) , ( '细节决定成败' , '汪中求' , '综合类' , 2 ) , ( 'C语言程序设计' , '乌云高娃、沈翠新、杨淑萍等' , '计算机类' , 5 ) , ( '数据结构' , '李莹、孙承福等' , '计算机类' , 3 )
```

只用一条 INSERT INTO … VALUES 语句对应多组数据,每组数据之间以逗号分隔,实现批量插入数据,简化了插入数据的语句。

语句编写完毕后,再次单击工具栏上的 ✔ 按钮,分析该语句的语法是否正确,分析通过后单击工具栏上的 ❗执行(X) 按钮,执行 INSERT 语句,将数据存入 books 表中。在【对象资源管理器】窗口中选择 bookDB 数据库的 books 表,右击,在弹出的快捷菜单中选择【选择前 1000 行】命令,打开浏览窗口,查看表中已经存入的数据,如图 2-6 所示。

(a) 选择【选择前1000行】命令　　　　(b) 已经存入的数据

图 2-6　查询表中的数据

说明:执行此条 INSERT INTO 语句的前提是已经打开 books 表所在的 bookDB 数据库。如果未打开 bookDB 数据库,需要在表名前面加上"数据库名.模式名.",执行效果是一样的,修改语句如下。

```
INSERT INTO bookDB.dbo.books VALUES ( '数据库系统概论' , '王珊' , '计算机类' , 10 )
```

3）插入数据的例题

【例题 2-45】 给所有列插入数据。使用 SQL 语句在 readers 表中插入表 2-7 中的数据。

表 2-7 读者信息

读者编号	年 级	读 者 姓 名	学 号	性别	电 话	借 书 数 量
1	2015	田湘	2015111011	男	12345678901	0
2	2014	李亮	2014010001	女	56789012345	0
3	2013	周杰	2013030011	男	13579246801	0
4	2016	王海涛	2016070155	男	24680135792	0
5	2015	欧阳苗苗	2015091088	女	10101011100	0

方法一：在 SSMS 上找到 bookDB 数据库中的 readers 表，右击，在弹出的快捷菜单中选择【编写表脚本为】→【INSERT 到】→【新查询编辑器窗口】命令，导出插入数据脚本，修改为插入第一条数据的语句。单击工具栏上的 ✔ 按钮分析该语句的语法正确后，复制多条进行修改，编写好的代码如下。

```
INSERT INTO [bookDB].[dbo].[readers]
([Grade], [ReaderName], [StudentNum], [Sex], [TeleNum], [BorrowBookNum])
     VALUES ( 2015 , '田湘', '2015111011', '男', '12345678901', 0 ),
            ( 2014 , '李亮', '2014010001', '女', '56789012345', 0 ),
            ( 2013 , '周杰', '2013030011', '男', '13579246801', 0 ),
            ( 2016 , '王海涛', '2016070155', '男', '24680135792', 0 ),
            ( 2015 , '欧阳苗苗', '2015091088', '男', '10101011100', 0 )
```

语句执行完毕后，查询表中的数据如图 2-7 所示。

	ReaderID	Grade	ReaderName	StudentNum	Sex	TeleNum	BorrowBookNum
1	1	2015	田湘	2015111011	男	12345678901	0
2	2	2014	李亮	2014010001	女	56789012345	0
3	3	2013	周杰	2013030011	男	13579246801	0
4	4	2016	王海涛	2016070155	男	24680135792	0
5	5	2015	欧阳苗苗	2015091088	男	101010111000	0

图 2-7 readers 表中的数据

方法二：对照 readers 表的表结构发现，题目中给出的数据顺序与表中字段的定义顺序完全一致，而且给出了所有字段的值，此时可以省略表名后面的字段列表，简化后的代码如下。

```
INSERT INTO readers VALUES ( 2015 , '田湘', '2015111011', '男', '12345678901', 0 )
INSERT INTO readers VALUES ( 2014 , '李亮', '2014010001', '女', '56789012345', 0 )
INSERT INTO readers VALUES ( 2013 , '周杰', '2013030011', '男', '13579246801', 0 )
INSERT INTO readers VALUES ( 2016 , '王海涛', '2016070155', '男', '24680135792', 0 )
INSERT INTO readers VALUES ( 2015 , '欧阳苗苗', '2015091088', '男', '10101011100', 0 )
```

说明：readers 表中读者编号是标识列，自动生成值，所以导出的 INSERT 脚本中没有该列。使用此方法可以省去写列名的麻烦，但是建议尽量不要这样写，因为有可能影响数据逻辑的独立性，表结构有变化就需要修改程序。

方法三：借助 SQL Server 2008 的新功能，一条 INSERT INTO 语句可插入多行数据，继续将语句简化，每组数据之间用半角逗号分隔，简化后的代码如下。

```
INSERT INTO readers VALUES( 2015 , '田湘' , '2015111011' , '男' , '12345678901' , 0 ),
                        ( 2014 , '李亮' , '2014010001' , '女' , '56789012345' , 0 ),
                        ( 2013 , '周杰' , '2013030011' , '男' , '13579246801' , 0 ),
                        ( 2016 , '王海涛' , '2016070155' , '男' , '24680135792' , 0 ),
                        ( 2015 , '欧阳苗苗' , '2015091088' , '男' , '10101011100' , 0 )
```

说明：再次强调，插入数据语句"INSERT INTO 表名（字段名列表） VALUES（值列表）"中，如果 VALUES 子句给出了表中所有字段的值，而且值的顺序与表中定义字段的顺序一致，则表名后面的"（字段名列表）"可以省略，否则不可省略。

但是，建议读者尽量不要省略表名后面的字段名列表，采用"INSERT INTO 表名（字段名列表）"的形式，一方面可以灵活设置输入数据的个数和顺序；另一方面还可以保证数据逻辑独立性。例如，表中增加字段，如果程序中用"INSERT INTO 表名（字段名列表）"的形式，则增加多少字段都不会影响程序的执行；如果程序中用省略表名后面字段名列表的形式，哪怕只增加一个字段，也会造成程序执行错误，因为字段数与后面的值不匹配。

【**例题 2-46**】 给部分列插入数据。使用 SQL 语句在 readers 表中插入表 2-8 中的数据。

表 2-8 读者信息

读者姓名	学 号	性 别	电 话
古天	2015111012	男	11111111111
东方明珠	2014010002	女	33333333333
杨海霞	2013030012	女	55555555555

方法一：在 SSMS 上找到 bookDB 数据库中的 readers 表，右击，在弹出的快捷菜单中选择【编写表脚本为】→【INSERT 到】→【新查询编辑器窗口】命令，导出插入数据脚本，删除不需要的字段信息，修改为插入第一条数据的语句，单击工具栏上的 ✓ 按钮，分析该语句的语法正确后，复制多条进行修改，编写好的代码如下。

```
INSERT INTO [bookDB].[dbo].[readers]( [ReaderName] , [StudentNum] , [Sex] , [TeleNum] )
       VALUES ( '古天' , '2015111012' , '男' , '11111111111' )
INSERT INTO [bookDB].[dbo].[readers]( [ReaderName] , [StudentNum] , [Sex] , [TeleNum] )
       VALUES ( '东方明珠' , '2014010002' , '女' , '33333333333' )
INSERT INTO [bookDB].[dbo].[readers]( [ReaderName] , [StudentNum] , [Sex] , [TeleNum] )
       VALUES ( '杨海霞' , '2013030012' , '女' , '55555555555' )
```

语句执行完毕后，查询表中的数据如图 2-8 所示。

	ReaderID	Grade	ReaderName	StudentNum	Sex	TeleNum	BorrowBookNum
1	1	2015	田湘	2015111011	男	12345678901	0
2	2	2014	李亮	2014010001	女	56789012345	0
3	3	2013	周杰	2013030011	男	13579246801	0
4	4	2016	王海涛	2016070155	男	24680135792	0
5	5	2015	欧阳苗苗	2015091088	男	10101011100	0
6	6	NULL	古天	2015111012	男	11111111111	0
7	7	NULL	东方明珠	2014010002	女	33333333333	0
8	8	NULL	杨海霞	2013030012	女	55555555555	0

图 2-8 readers 表中的数据

说明：① 本例的题目中只给出读者的部分信息，没有年级、借书数量信息，所以此条 INSERT 语句表名后面不可以省略字段名列表，需要将要输入数据的字段名依次列出。VALUES 语句后面给出的值必须与表名后面字段名列表一一对应，如需颠倒顺序，字段名和 VALUES 语句后面的值必须同时颠倒，执行效果是一样的。例如，改为学号在前、读者姓名在后，修改后的代码如下。

```
INSERT INTO [bookDB].[dbo].[readers]( [StudentNum], [ReaderName], [Sex],[TeleNum])
    VALUES ('2015111012', '古天', '男', '11111111111')
```

② 使用 INSERT 语句给表中部分列输入数据，前提条件是没有给出数据的列允许为空值，或者设置了 NOT NULL 约束但是可以自动赋值。如图 2-8 所示，readers 表中没有给出数据的三列是：readerID 是标识列，自动生成读者编号；年级 Grade 列允许空值；借书数量 BorrowBookNum 列设置了默认值，自动赋值 0。

方法二：用一条 INSERT INTO 语句插入多行数据。

```
INSERT INTO readers(ReaderName,StudentNum,Sex,TeleNum)
    VALUES  ('古天', '2015111012', '男', '11111111111'),
            ('东方明珠', '2014010002', '女', '33333333333'),
            ('杨海霞', '2013030012', '女', '55555555555')
```

【例题 2-47】 批量插入从另一个表中查询出来的全部数据。创建一个读者信息备份表 readers_bak，表结构与 readers 表一致，然后将 readers 表的数据备份到 readers_bak 表中。

先建表，后插入数据，建表的代码如下。

```
USE bookDB                                  -- 打开 bookDB 数据库
GO
DROP TABLE readers_bak
GO
CREATE TABLE readers_bak                    -- 创建 readers 表备份
(
ReaderID        int   not null   Primary key,   -- 读者编号,主键
Grade           smallint ,                      -- 年级
ReaderName      varchar(50) not null ,          -- 读者姓名
StudentNum      char(10) ,                      -- 学号
Sex             char(2) ,                       -- 性别
TeleNum         char(20) ,                      -- 电话
BorrowBookNum   int                             -- 借书数量
)
GO
```

建表成功后插入数据，数据来源不是用 VALUES 给出具体的值，而是来源于一个 SELECT 查询语句的查询结果。

代码：`INSERT INTO readers_bak SELECT * FROM readers`

说明：创建 readers_bak 表，表结构与 readers 表完全一致，但是将标识列和默认值去掉。因为 readers_bak 表只负责备份存储 readers 表中的数据，不需要自己生成数据，标识

列是自动生成数据的,不可以手工插入数据,定义为标识列则无法完整备份 readers 表中的数据。

【例题 2-48】 批量插入从另一个表中查询出来的部分数据。创建一个读者信息备份表 readers_bak2,包含 readers 表中的读者编号、读者姓名、读者电话三列。

先建表,后插入数据,建表的代码如下。

```
USE bookDB                              -- 打开 bookDB 数据库
GO
CREATE TABLE readers_bak2               -- 创建 readers_bak2 表
(
ReaderID int not null Primary key ,     -- 读者编号,主键
ReaderName varchar(50)   not null ,     -- 读者姓名
TeleNum char(20)                        -- 电话
)
GO
```

插入数据,表名后面给出涉及的字段,数据来源是一条 SELECT 查询语句的查询结果。

方法一:SELECT 语句后面的字段顺序与 readers_bak2 表中的字段顺序一致,表名 readers_bak2 后面可以不写字段列表。

代码:`INSERT INTO readers_bak2 SELECT ReaderID , ReaderName , TeleNum FROM readers`

方法二:SELECT 语句后面的字段顺序与 readers_bak2 表中字段顺序不一致,表名 readers_bak2 后面需要写字段列表,字段顺序随意,只要前后对应即可。

代码:`INSERT INTO readers_bak2( ReaderName , TeleNum , ReaderID )`
　　　`SELECT ReaderName , TeleNum , ReaderID FROM readers`

说明:再次提示,尽量不要省略字段名列表,以免影响数据的逻辑独立性。

【例题 2-49】 在 bookDB 数据库的 borrow 表中插入三条记录,记录读者的借阅信息,数据如表 2-9 所示。

表 2-9 借阅信息

读者编号	图书编号	借阅状态	借阅时间
1	1	默认值:初借	当前时间
2	5	默认值:初借	当前时间
10	4	默认值:初借	当前时间

插入第一条记录的代码如下。

`INSERT INTO bookDB.dbo.borrow( ReaderID , BookID ) VALUES ( 1 , 1 )`

说明:borrow 表上有两个外键,一个是读者编号关联到 readers 表的读者编号,另一个是图书编号关联到 books 表的图书编号,所以在 borrow 表中插入数据操作能否成功要受 readers 表和 books 表中数据的影响。目前 readers 表中有读者编号(ReaderID)从 1~8 共 8 位读者,books 表中有图书编号(BookID)从 1~4 共 4 本图书,数据如图 2-9 所示。

借阅状态 Loan 字段的默认值是"初借",借阅时间 BorrowerDate 字段的默认值是系统当前日期,这两个字段不需要手工赋值,只需将 ReaderID 和 BookID 插入表中即可。第一条数据的读者编号为 1 的读者在 readers 表中存在,图书编号为 1 的图书在 books 表中也存在,数据插入

	ReaderID	Grade	ReaderName
1	1	2015	田湘
2	2	2014	李亮
3	3	2013	周杰
4	4	2016	王海涛
5	5	2015	欧阳苗苗
6	6	NULL	古天
7	7	NULL	东方明珠
8	8	NULL	杨海霞

	BookID	BookName
1	1	数据库系统概论
2	2	细节决定成败
3	3	C语言程序设计
4	4	数据结构

图 2-9　readers 表和 books 表中的数据

操作能够执行成功。执行后的 borrow 表中数据为

	BookID	ReaderID	Loan	BorrowerDate	ReturnDate
1	1	1	初借	2022-05-31 17:52:51.470	NULL

。从表中数据可以看出,借阅状态(Loan)和借阅时间(BorrowerDate)字段都存入了默认值,还书时间(ReturnDate)没有默认值,存为空值。

插入第二条记录的代码如下。

```
INSERT INTO bookDB.dbo.borrow( ReaderID , BookID ) VALUES ( 2 , 5 )
```

说明:本条语句语法正确,但执行时会出错,错误信息是"INSERT 语句与 Foreign KEY 约束"fk_borrow_books"冲突。该冲突发生于数据库"bookDB",表"dbo. books", column 'BookID'。语句已终止。",表明指向 books 表的外键在发挥作用,限制了不合法的操作。图书编号为 5 号的图书在 books 表中并不存在,所以无法借阅。

插入第三条记录的代码如下。

```
INSERT INTO bookDB.dbo.borrow( ReaderID , BookID ) VALUES ( 10 , 4 )
```

说明:本条语句语法依旧正确,但执行时也会出错,错误信息是"INSERT 语句与 Foreign KEY 约束"fk_borrow_readers"冲突。该冲突发生于数据库"bookDB",表"dbo. readers", column 'ReaderID'。语句已终止。",表明外键在发挥作用,但与上一条语句的错误不同,这次是指向 readers 表的外键在发挥作用。读者编号为 10 的读者在 readers 表中不存在,所以不可以插入该读者的借阅信息。

视频讲解

2.2.2 修改数据

1) 修改数据的语法

```
UPDATE 表名 SET 字段名 = 值或表达式 [,…] [ WHERE 条件 ]
```

2) 导出参考脚本

借助 SSMS 平台上导出脚本的功能,导出修改数据的脚本,省去写表名、字段名的麻烦。

操作过程为:在 SSMS 平台【对象资源管理器】窗口选择需要修改数据的数据库表(如 bookDB 数据库中的 readers 表),右击,在弹出的快捷菜单中选择【编写表脚本为】→【UPDATE 到】→【新查询编辑器窗口】命令,如图 2-10 所示。

导出的修改数据的脚本如下。

```
        UPDATE {bookDB}.[dbo].[readers]————表名
            SET [Grade]=<Grade, smallint,>———这里输入字段新值
字段名      ,[ReaderName] = <ReaderName, varchar(50),>
            ,[StudentNum] = <StudentNum, char(10),>
            ,[Sex] = <Sex, char(2),>
            ,[TeleNum] = <TeleNum, char(20),>
            ,[BorrowBookNum] = <BorrowBookNum,int,>
        WHERE <搜索条件,>———筛选条件
        GO
```

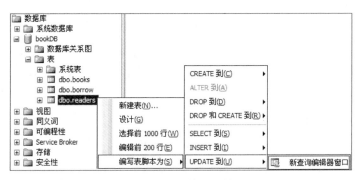

图 2-10　导出需要修改的数据脚本

导出的脚本中列出了 readers 表中的所有字段，只需留下需要修改的字段，删除其他无用信息。例如，要修改借书数量（BorrowBookNum）字段，读者"欧阳苗苗"的借书数量修改为 2，简化脚本如下。

```
UPDATE [ bookDB ].[ dbo ].[ readers ]
    SET [ BorrowBookNum ] = < BorrowBookNum , int, >
 WHERE <搜索条件,>
GO
```

替换尖括号部分内容，"< BorrowBookNum，int,>"替换为 2，"<搜索条件,>"替换为"ReaderName='欧阳苗苗'"

替换后的代码如下。

```
UPDATE [ bookDB ].[ dbo ].[ readers ]
    SET [BorrowBookNum] = 2
WHERE ReaderName = '欧阳苗苗'
GO
```

如果当前已经打开 bookDB 数据库，该代码还可以简化为：

```
UPDATE readers SET BorrowBookNum = 2 WHERE ReaderName = '欧阳苗苗'
```

如果需要同时修改多个字段，例如，将读者"东方明珠"的借书数量增加 3，同时将她的年级改为 2016，修改数据的代码为：

```
USE bookDB                              -- 打开数据库
GO
UPDATE readers SET Grade = 2016 , BorrowBookNum = BorrowBookNum + 3
WHERE ReaderName = '东方明珠'
```

说明：导出的脚本中方括号[ ]都是可以省略的。如果同时修改多个字段，字段之间以半角逗号分隔。

3) 修改数据的例题

【例题2-50】 某学校的招生规模扩大，因此其图书馆的图书也要大批量增加。现对每种图书都追加两本库存，请使用SQL语句将bookDB数据库中books表中所有图书的库存量(KuCunLiang)都增加两本。

代码：UPDATE bookDB.Dbo.books
　　　　SET KuCunLiang = KuCunLiang + 2

说明：使用UPDATE语句修改表中数据，如果没有使用WHERE子句，就会将表中所有行的数据都进行修改；如果只想修改部分数据，不要忘记WHERE条件。

【例题2-51】 某学校计算机类专业的招生规模扩大，因此其图书馆也要大批量增加计算机类图书的数量。现对所有计算机类图书都追加3本库存，请使用SQL语句将bookDB数据库中books表中的所有计算机类图书的库存量(KuCunLiang)都增加3。

代码：UPDATE bookDB.Dbo.books
　　　　SET KuCunLiang = KuCunLiang + 3
　　　　WHERE bookType = '计算机类'

说明：如果当前已经打开bookDB数据库，可以省略"bookDB.Dbo."，直接写"UPDATE books…"。

【例题2-52】 1号读者来归还借阅的1号图书，请使用SQL语句修改borrow表，将借阅状态(Loan)改为"归还"，还书日期(ReturnDate)字段赋值为当前系统日期。

代码：UPDATE bookDB.Dbo.borrow
　　　　SET Loan = '归还', ReturnDate = GETDATE( )
　　　　WHERE ReaderID = 1 and BookID = 1

说明：在UPDATE语句中使用WHERE子句，只修改满足条件的记录行。WHERE子句中的条件可以有一个，也可以有多个，多个条件之间要用and或者or连接。

【例题2-53】 readers表中的前5名读者都是毕业班学生，他们办理毕业手续时一起将所借图书全部归还，请用SQL语句将readers表中前5名读者的借书数量(BorrowBookNum)字段值统一赋值为0。

代码：UPDATE top(5) readers
　　　　SET BorrowBookNum = 0

说明："UPDATE top(n) 表名 SET 字段名 = 新值"表示修改表中的前n条记录。

【例题2-54】 读者借阅图书的过程实际在数据库中涉及多个操作，分别为①在borrow表中插入一条初借图书的记录；②修改readers表中该读者的借书数量(BorrowBookNum)字段，将其数量加1；③修改books表中该图书的图书库存量(KuCunLiang)字段，将其数量减1。现有6号读者来借阅4号图书，请用SQL语句完成数据库中的操作。

第一步：在borrow表中插入一条初借图书的记录。

代码：INSERT INTO bookDB.dbo.borrow(ReaderID , BookID) VALUES (6 , 4)

说明：6号读者在readers表中已存在，4号图书在books表中也存在，语句可以执行成功。但要注意将VALUES子句中值的顺序与字段列表中字段的顺序保持对应。如果写成如下的代码，执行就会出错或者存入错误的数据。

```
INSERT INTO bookDB.dbo.borrow( ReaderID , BookID ) VALUES ( 4 , 6 )
INSERT INTO bookDB.dbo.borrow( BookID , ReaderID) VALUES ( 6 , 4 )
```

第二步：修改 readers 表中的借书数量(BorrowBookNum)字段，将其数量加 1。

代码：
```
UPDATE readers
    SET BorrowBookNum = BorrowBookNum + 1 WHERE ReaderID = 6
```

说明：不要漏掉 WHERE 条件，只需修改 6 号读者的借书数量，不要误操作为修改所有读者信息。

第三步：修改 books 表中的图书库存量(KuCunLiang)字段，将其数量减 1。

代码：
```
UPDATE books
    SET KuCunLiang = KuCunLiang - 1 WHERE BookID = 4
```

说明：此语句中同样不要漏掉 WHERE 条件，只需修改 4 号图书的库存数量。

2.2.3 删除数据

视频讲解

1）删除数据的语法

DELETE 语句语法如下。

```
DELETE [ FROM ] 表名 [ WHERE 条件 ]
```

TRUNCATE 语句语法如下。

```
TRUNCATE TABLE 表名
```

2）导出参考脚本

同样可以在 SSMS 平台导出删除数据的脚本，不用自己写删除命令。

操作过程为：在 SSMS 平台【对象资源管理器】窗口选择需要删除数据的数据库表，如 bookDB 数据库中的 readers 表，右击，在弹出的快捷菜单中选择【编写表脚本为】→【DELETE 到】→【新查询编辑器窗口】命令，如图 2-11 所示。

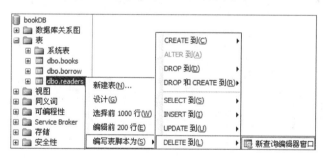

图 2-11　导出要删除的数据脚本

导出的删除数据的脚本如下。

```
DELETE FROM [ bookDB ].[ dbo ].[ readers ]
      WHERE < 搜索条件,, >
GO
```

如果要删除 readers 表中的 8 号读者信息，只需修改一处，将 WHERE 关键字后面的内容"<搜索条件,,>"替换为 ReaderID =8 即可，修改后的代码如下。

```
DELETE FROM [ bookDB ].[ dbo ].[ readers ]
    WHERE ReaderID = 8
GO
```

如果已经打开 bookDB 数据库,bookDB 数据库就是当前数据库,语句中的"表名.模式名"可以去掉,代码简化为

```
DELETE FROM readers WHERE ReaderID = 8
```

3) 删除数据的例题

【例题 2-55】 删除表中部分数据。borrow 表中只需保留近 5 年的借书信息即可,陈旧的信息没有意义,不仅占用空间,还影响数据的查询速度。请在 borrow 表中将借书时间在 5 年之前的数据全部删除。

代码:`DELETE FROM borrow WHERE year( getdate( ) ) - year( BorrowerDate ) > 5`

说明:DELETE 删除语句中加上 WHERE 子句表示删除指定条件的记录。计算 5 年前的时间用到日期函数 getdate( )获取系统当前时间,year( )函数用于获取日期中的年份,两个年份相减就是间隔的年数。

【例题 2-56】 删除表中部分数据。学生"欧阳苗苗"毕业了,请在 bookDB 数据库的 readers 表中将该学生信息删除。

代码:`DELETE FROM readers WHERE ReaderName = '欧阳苗苗'`

说明:删除数据会受外键影响。如果该同学没有借书记录,删除操作可以顺利进行,否则有可能被拒绝。创建外键表时可以设置外键的违约处理规则,外键违约处理的默认规则是拒绝操作,还可以设置为级联操作或者设置为空值。如果是默认的拒绝操作,可以让该学生将借书全部归还后,先在 borrow 表中删除其全部借书记录,再删除 readers 表中该生的信息。

【例题 2-57】 删除表中部分数据。bookDB 数据库的 books 表中编号为 4 的图书已经全部破损,需要报废,请在 books 表中将该书信息删除,同时将 borrow 表中借阅该书的记录一同删除。

代码:
```
DELETE FROM books WHERE bookID = 4
DELETE FROM borrow WHERE bookID = 4
```

说明:此删除操作也会受外键影响。正确的执行顺序是:先删除 borrow 表中该书的借阅记录,后删除 books 表中该书信息。也就是先删外键表数据,后删主键表数据。

【例题 2-58】 删除表中全部数据。bookDB 数据库中的 readers_bak2 表是 readers 表的数据备份,因为读者数据不停更新,readers_bak2 表中的数据已经陈旧,需要全部删除。

代码:`DELETE FROM readers_bak2`

或者使用 TRUNCATE 语句删除数据。

代码:`TRUNCATE TABLE readers_bak2`

说明:DELETE 语句可以省略 FROM,直接写成"DELETE 表名"。但经常有读者写成"DELETE * FROM 表名",多了" * "号是因为和 SELECT 语句混淆,也是因为使用 DELETE 语句不够熟练。

DELETE 和 TRUNCATE 语句都可以删除表中数据,但有区别。第一个区别是能否有条件删除部分数据。DELETE 语句可以加 WHERE 子句,删除满足条件的数据,如果不

加 WHERE 子句则删除表中全部数据。TRUNCATE 语句不能加 WHERE 子句,只能删除表中全部数据。第二个区别是是否写日志。DELETE 语句每删一条记录都可以记录在日志中,出故障时可以根据日志恢复数据。而 TRUNCATE 语句不写日志,直接删除,删除数据后不可恢复,要慎用。第三个区别是执行速度不同。DELETE 语句因为要写日志,所以执行速度慢些。TRUNCATE 语句不写日志,所以执行速度快。

如果表中数据受外键制约,有可能会造成删除数据失败,具体情况具体分析。

2.3 数据查询

对数据的增(INSERT)、删(DELETE)、改(UPDATE)、查(SELECT)四种操作中使用频率最高的是 SELECT 语句。SELECT 语句的功能强大,但连接查询、嵌套查询语句较复杂,需要耐心理解和多多练习。

1) 查询语句的语法

```
SELECT [ ALL | DISTINCT ] [ TOP n | PERCENT ]  <输出列表>] …
[ INTO <新表名> ]
FROM 数据源列表
[ WHERE <条件表达式> ]
[ GROUP BY <分组表达式> [ HAVING <条件表达式> ] ]
[ ORDER BY <排序表达式> [ ASC | DESC ] ]
```

参数说明如下。

查询语句中 SELECT 和 FROM 两个子句是必需的,其他子句是可选项,写在方括号[ ]里面的是可选项,在需要时选用即可。

[ALL | DISTINCT]:默认是 ALL,可以省略,表示输出满足条件的所有行。如果希望查询结果中去掉重复行,需要加上 DISTINCT。

[TOP n | PERCENT]:TOP n 表示输出满足条件的前 n 行,TOP n PERCENT 表示输出满足条件的前 n% 行,省略该子句表示输出满足条件的所有行。

<输出列表>:是 SELECT 子句的一部分,可以是字段名、常量,也可以是表达式等。如果想把表中的所有字段都显示出来,可以将字段名一个一个列出来,用逗号分隔,也可以只写一个"*"号。"SELECT * FROM 表名"是一个常用的查询语句。

[INTO <新表名>]:将查询的结果存入一个新的表中。

数据源列表:指明数据的来源,是 FROM 子句的一部分,可以是单个表,也可以是多个表。数据源是单个表的查询又称为单表查询;数据源是多个表的查询是连接查询。这里的表是广义的,包括基本表、视图表、查询表(又称为派生表)。基本表是用 CREATE TABLE 语句创建的,在数据库中长期存在,是保存数据的物理表;视图表是指在基本表基础上创建的视图,数据库中只存储视图的定义,不存储视图的数据,视图的数据来自基本表;查询表是指另一个 SELECT 查询的结果,是虚表,只存在内存中。

[WHERE <条件表达式>]:选择的条件,只选择满足条件的行。

[GROUP BY <分组表达式> [HAVING <条件表达式>]]:GROUP BY 子句是将查询结果分组,一般在查询输出列表中有聚合函数时使用 GROUP BY 子句。使用 GROUP

BY 子句时，SELECT 子句输出列表中所有单列项都要放在 GROUP BY 子句中。HAVING 子句只能用在 GROUP BY 后面，如果需要对分组统计的结果再进行条件筛选，需要用 HAVING 子句。

[ORDER BY <排序表达式>［ ASC｜DESC ］]：ORDER BY 是排序子句，将查询结果进行重排序，可以按一个列进行排序，也可以按多个列进行排序。ASC 表示升序，DESC 表示降序，默认是升序，可以省略 ASC。

2）导出查询语句脚本

从 SSMS 平台上导出查询语句脚本可以省去写关键字和字段名的麻烦。

操作过程为：在 SSMS 平台【对象资源管理器】窗口中选择需要查询数据的数据库表，如 bookDB 数据库中的 books 表，右击，在弹出的快捷菜单中选择【编写表脚本为】→【SELECT 到】→【新查询编辑器窗口】命令，如图 2-12 所示。

图 2-12 导出查询语句脚本

导出的查询语句脚本如表 2-10 所示。

表 2-10 导出的查询语句脚本

代　码	说　明

SELECT [BookID]
    ,[BookName]
    ,[Author]
    ,[BookType]
    ,[KuCunLiang]
  FROM [bookDB].[dbo].[books]
GO
	SELECT 后面列出需要查询的字段，如果要查询的是表中所有字段内容，也可以用 * 代替所有列，写成 SELECT *
	
	FROM 后面为查询数据的来源，此语句数据来源于 bookDB 数据库中的 books 表

如果已经打开 bookDB 数据库，想查询所有图书的信息，代码可以简化为：

SELECT * FROM books

如果当前打开的不是 bookDB 数据库，表名前面需要加上"数据库名.模式名."，代码为：

SELECT * FROM bookDB.dbo.books

3）查询语句的例题

（1）数据准备。

本节例题基于销售管理数据库 CompanySales。CompanySales 是一家贸易公司的销售管理数据库,该公司从供应商处采购商品,然后将商品销售给客户,每笔采购信息记载在采购订单表中,每笔销售信息记载在销售订单表中,采购订单和销售订单都有员工专门负责。CompanySales 数据库包括 7 张表,体现表之间关系的实体联系图如图 2-13 所示。

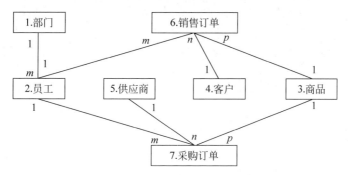

图 2-13　CompanySales 数据库中的实体联系图

7 张表的表结构如表 2-11～表 2-17 所示。

表 2-11　Department(部门)表

字 段 名 称	类 型 宽 度	约　　束	字 段 说 明
DepartmentID	int	Not Null,主键	部门编号
DepartmentName	varchar(30)	Not Null	部门名称
Manager	char(8)		部门主管
Depart_Description	varchar(50)		备注

表 2-12　Employee(员工)表

字 段 名 称	类 型 宽 度	约　　束	字 段 说 明
EmployeeID	int	Not Null,主键	员工号
EmployeeName	varchar(50)	Not Null	员工姓名
Sex	char(2)	Not Null,约束为"男"或"女"	性别
BirthDate	smalldatetime		出生日期
HireDate	smalldatetime		聘任日期
Salary	money		工资
DepartmentID	int	Not Null,来自"部门表"的外键	部门编号

表 2-13　Product(商品)表

字 段 名 称	类 型 宽 度	约　　束	字 段 说 明
ProductID	int	Not Null,主键	商品编号
ProductName	varchar(50)	Not Null	商品名称
Price	Decimal(8,2)		单价
ProductStockNumber	int		现有库存量
ProductSellNumber	int		已销售数量

表 2-14 Customer(客户)表

字段名称	类型宽度	约束	字段说明
CustomerID	int	Not Null,主键	客户编号
CompanyName	varchar(50)	Not Null	客户名称
ContactName	char(8)	Not Null	联系人姓名
Phone	varchar(20)		联系电话
Address	varchar(100)		客户地址
EmailAddress	varchar(50)		客户电子邮箱地址

表 2-15 Provider(供应商)表

字段名称	类型宽度	约束	字段说明
ProviderID	int	Not Null,主键	供应商编号
ProviderName	varchar(50)	Not Null	供应商名称
ContactName	char(8)	Not Null	联系人姓名
ProviderAddress	varchar(100)		供应商地址
ProviderPhone	varchar(15)		供应商联系电话
ProviderEmail	varchar(20)		供应商电子邮箱地址

表 2-16 Sell_Order(销售订单)表

字段名称	类型宽度	约束	字段说明
SellOrderID	int	Not Null,主键	销售订单编号
ProductID	int	来自 Product 表的外键	商品编号
EmployeeID	int	来自 Employee 表的外键	员工号
CustomerID	int	来自 Customer 表的外键	客户编号
SellOrderNumber	int		订购数量
SellOrderDate	smalldatetime		销售订单签订日期

表 2-17 Purchase_Order(采购订单)表

字段名称	类型宽度	约束	字段说明
PurchaseOrderID	int	Not Null,主键	采购订单编号
ProductID	int	来自 Product 表的外键	商品编号
EmployeeID	int	来自 Employee 表的外键	员工号
ProviderID	int	来自 Provider 表的外键	供应商编号
PurchaseOrderNumber	int		采购数量
PurchaseOrderDate	smalldatetime		采购订单签订日期

(2)单表查询。

视频讲解

【例题 2-59】 从 CompanySales 数据库的 Customer 表中查询所有客户的信息。
代码：USE CompanySales
    GO
    SELECT * FROM Customer

执行结果如图 2-14 所示。

说明：最简单的查询语句"SELECT * FROM 表名"的执行结果是将该表中所有行、

图 2-14　例 2-59 的执行结果

所有列都显示出来，列的显示顺序与表中定义的顺序一致。从结果中可看出，此 Customer 表中共有 6 列、37 行，也就是 6 个字段、37 条记录。

执行查询语句需要登录 SSMS，并新建一个查询窗口。执行第一条查询语句之前需要执行 USE CompanySales 命令打开 CompanySales 数据库，之后如果没有切换数据库，就不用重复执行打开数据库的命令。

【例题 2-60】　从 CompanySales 数据库的 Customer 表中检索所有客户的客户名称（CompanyName）、联系人姓名（ContactName）和客户地址（Address）。

代码：SELECT CompanyName , ContactName , Address
　　　FROM Customer

执行结果如图 2-15 所示。

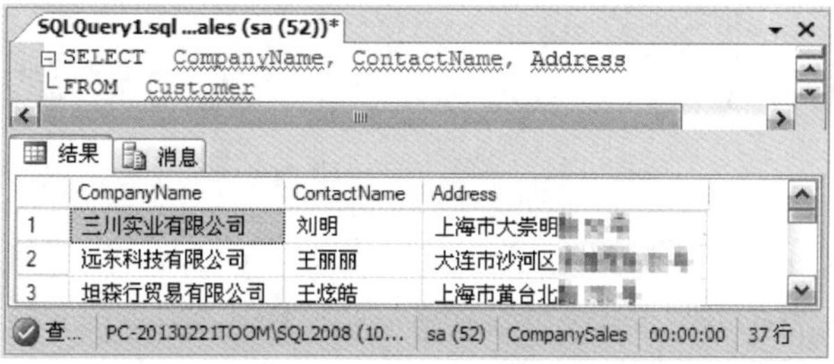

图 2-15　例题 2-60 的执行结果

说明："SELECT *" 用于查询所有列，如果只想查询部分列就需要在 SELECT 子句的 <输出列表> 位置输入想查询的列名，多个列名之间用半角逗号分隔，输入的列名必须与表中定义的一致，但列名的顺序不受表中定义的顺序制约。

因为读者对表结构不熟悉，所以题目中同时给出了字段的英文和中文含义。实际工作中需要先熟悉表结构，了解每个表存储什么数据，了解表中各个字段的类型、含义，然后再写查询语句。

【例题 2-61】　检索 Customer 表中前 5 位客户的客户名称（CompanyName）、联系人姓名（ContactName）和客户地址（Address）。

代码：SELECT TOP 5 CompanyName, ContactName, Address
　　　FROM Customer

执行结果如图 2-16 所示。

图 2-16　例题 2-61 的执行结果

说明：TOP 5 选项限制只输出查询结果中的前 5 行，此为 SQL Server 中查询前几行的特有语法，其他 DBMS 有自己的语法。

【例题 2-62】　从 Customer 表中检索所有客户的客户名称(CompanyName)、联系人姓名(ContactName)和客户地址(Address)。只要求显示前 5% 的客户信息。

代码：SELECT TOP 5 percent CompanyName, ContactName, Address
　　　FROM Customer

执行结果如图 2-17 所示。

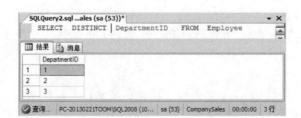

图 2-17　例题 2-62 的执行结果

说明：TOP 5 percent 限制为只输出查询结果中的前 5% 行。从前面例题的查询结果中看出，Customer 表共有 37 行，37 行×5% 四舍五入后为 2 行。

【例题 2-63】　从 Employee 表中查询所有员工的部门编号(DepartmentID)，并删除重复记录。

代码：SELECT DISTINCT DepartmentID FROM Employee

执行结果如图 2-18 所示。

图 2-18　例题 2-63 的执行结果

说明：加入 DISTINCT 关键字可以去除重复行，将相同的查询结果只显示一遍。因为员工分布在三个部门，所以有三个不同的部门编号，一个部门又有多名员工，如果不加 DISTINCT 关键字，同一个部门编号将会显示多遍，49 名员工就显示 49 行，如图 2-19 所示。

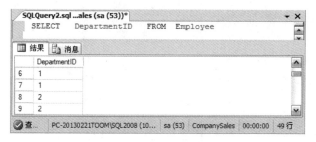

图 2-19 重复显示的查询结果

【例题 2-64】 从 Employee 表中查询每名员工的姓名（EmployeeName）和性别（Sex），并在每人的姓名标题上显示"员工姓名"。

代码：SELECT 员工姓名 = EmployeeName , Sex FROM Employee

执行结果如图 2-20 所示。

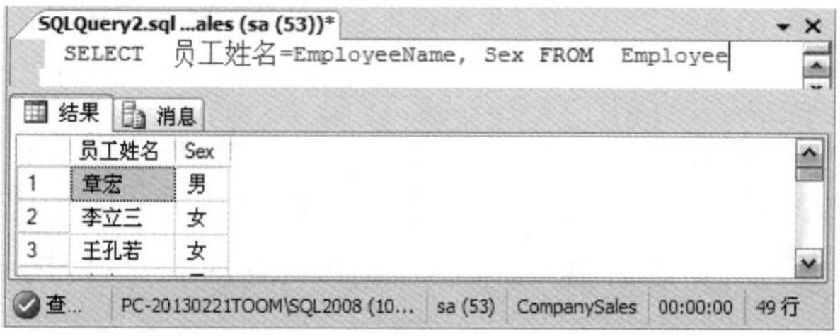

图 2-20 例题 2-64 的执行结果

说明：从表中查询数据，查询结果窗口的表头默认为表中字段的名字。例如，本题中查询性别（Sex），查询结果窗口就显示 Sex 为表头。可以将表头另外起一个名字，称为给列定义别名。定义列别名有三种方法，第一种方法是：别名＝列名，将新定义的别名写在前面，用等号（＝）连上字段名字，本例题就是用这种方法。第二种方法是：列名 as 别名，将新定义的别名写在后面，中间加 as 关键字连接（关键字前后要有空格）。第三种方法是：省略 as 关键字，直接写为：列名　别名，用空格分隔，表示列名后面是别名，多个列名之间是用逗号分隔的。

常见错误：使用第三种方法时，却在"列名"和"别名"之间加了逗号，造成语句出错。因为加了逗号，系统就会把后面的"别名"也当作列名，但在表中又找不到这个名字的列。

【例题 2-65】 从 Employee 表中查询每名员工的姓名（EmployeeName）和性别（Sex），并在查询结果窗口的表头显示"员工姓名"和"性别"。

代码：SELECT 员工姓名 = EmployeeName , Sex 性别
　　　FROM Employee

或

SELECT EmployeeName as 员工姓名 , Sex as 性别

FROM Employee

执行结果如图 2-21 所示。

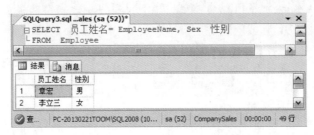

图 2-21　例题 2-65 的执行结果

说明：本例题将查询出的两列都重新定义别名，员工姓名列不是显示默认的列名 EmployeeName，而是重定义为中文名"员工姓名"，性别列也不是显示列名 Sex，而是重定义为中文名"性别"，三种定义别名的方法效果一样。

【例题 2-66】 从 Employee 表中查询所有员工的工资（Salary）在提高 10% 后的金额，将提高后的工资列标题命名为"提高后工资"。

代码：SELECT 员工姓名 = EmployeeName，Salary 原工资，Salary * 1.1 提高后工资
　　　FROM Employee

执行结果如图 2-22 所示。

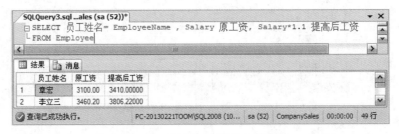

图 2-22　例题 2-66 的执行结果

说明：SELECT 语句后面可以直接写表中的列名，也可以是一个表达式。本例题中 Salary * 1.1 就是一个表达式，是通过 Salary 列的值计算而来的，并给这个计算列定义了别名"提高后工资"。换句话说，SELECT 语句可以直接查询表中存储的数据，也可以查询表中没有直接存储，但可以通过表中存储的数据计算而来的数据。

【例题 2-67】 统计公司有多少名员工。

代码：SELECT count(*) FROM Employee

执行结果如图 2-23 所示。

说明：公司员工信息都保存在 Employee 表中，Employee 表中有多少行就表示公司有多少名员工。count() 函数是 SQL 语句中经常用到的聚合函数，功能是统计记录数。SQL 语句中常用的聚合函数还有求最大值函数 max()、求最小值函数 min()、求平均数函数 avg()、求总和函数 sum()，使用聚合查询的结果通常没有列标题，可以自行定义列别名。如图 2-23(a)所示，如果没有定义列别名，显示的列标题是"无列名"；图 2-23(b)中语句定义别名为"人数"。

(a) 未定义列别名的统计结果　　　　(b) 定义别名的统计结果

图 2-23　例题 2-67 的执行结果

【例题 2-68】　从 Employee 表中查询所有员工的最高和最低工资信息。

代码：SELECT max(salary) 最高工资, min(salary) 最低工资
　　　　FROM Employee

执行结果如图 2-24 所示。

图 2-24　例题 2-68 的执行结果

说明：员工工资保存在 salary 字段中，所有员工工资的最大值就是最高工资，所有员工工资的最小值就是最低工资。"最高工资"和"最低工资"是定义的列别名，在查询结果窗口显示。

【例题 2-69】　使用 INTO 子句创建一个包含员工姓名和工资的新表，并命名为 new_employee。

代码：SELECT EmployeeName, Salary
　　　　INTO new_employee
　　　　FROM Employee

执行结果如图 2-25 所示。

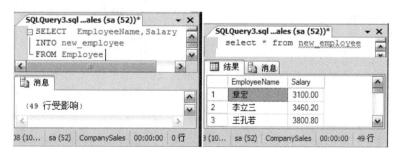

图 2-25　例题 2-69 的执行结果

说明：员工姓名和工资保存在 Employee 表中，对应列是员工姓名(EmployeeName)、员工工资(Salary)。题目要求把查询结果存入一个名为 new_employee 的新表中，而不是显示在屏幕上，需要用到"INTO 新表名"子句。执行结果只显示受影响的行数，不显示具体查

询结果，要想看查询结果，可以执行 SELECT * FROM new_employee 语句。

【例题 2-70】 从 Employee 表中查询员工"童金星"的工资。

代码：SELECT Salary 工资 FROM Employee
　　　WHERE EmployeeName = '童金星'

执行结果如图 2-26 所示。

图 2-26　例题 2-70 的执行结果

说明：本例题中给出了员工姓名，要求查询该员工的工资。我们知道，员工姓名保存在 Employee 表的 EmployeeName 字段中，员工工资保存在 Employee 表的 Salary 字段中，本例题是从 Employee 表中查询满足条件的记录，而不是查询所有记录，需要用到 WHERE 子句，WHERE 后面加查询条件的最简单的格式是：字段名＝给出的条件值。本例题给出的条件就是"童金星"，对应字段是 EmployeeName，EmployeeName 的字段类型为字符型，需要用引号引上给出的值，要查询的只有 Salary 字段，语句中给该字段起了别名"工资"。

【例题 2-71】 在 CompanySales 数据库的 Employee 表中，查询工资大于 3000 元的员工信息。

代码：SELECT * FROM Employee WHERE Salary > 3000

执行结果如图 2-27 所示。

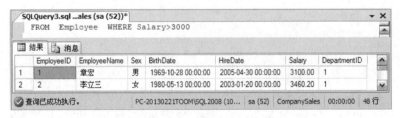

图 2-27　例题 2-71 的执行结果

说明：本例题是有条件的查询，需要用到 WHERE 子句。题目中要求查询出员工的信息，但没有说明具体查询什么信息，这种情况下就要查询所有信息，可用最简单的语句"SELECT *"。查询条件是工资大于 3000 元，而工资保存在 Salary 字段中，所以 WHERE 后面的查询条件是 Salary > 3000。查询结果中只包含工资大于 3000 元的员工，共查出 48 行。如果事先没有打开 CompanySales 数据库，语句可以改写为：

SELECT * FROM CompanySales.dbo.Employee WHERE Salary > 3000

此语句可以在任意数据库下执行，而上面的代码只能在 CompanySales 数据库下执行。

【例题 2-72】 在 CompanySales 数据库的 Employee 表中，查询工资在 3400 元以下的

女性员工的姓名和工资信息。

代码：SELECT EmployeeName 姓名，Salary 工资
　　　FROM Employee
　　　WHERE Sex = '女' and Salary < 3400

执行结果如图 2-28 所示。

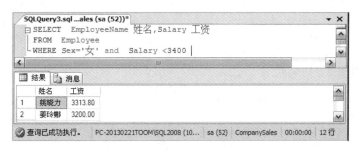

图 2-28　例题 2-72 的执行结果

说明：本例题是有条件的查询，需要用到 WHERE 子句。题目中给出两个条件，一个是"工资在 3400 元以下"，因为工资保存在 Salary 字段中，所以此条件表示为 Salary < 3400；另一个条件是"女性员工"，员工的性别保存在 Sex 字段中，查看表中数据可以知道 Sex 字段保存的是"男"或"女"，所以此条件写为：Sex = '女'。两个条件需要同时满足，所以两个条件之间用 and 连接。

题目只要求查询员工姓名和工资，所以 SELECT 关键字后面只要写出员工姓名和工资两个字段名即可，分别为 EmployeeName 和 Salary。为了便于查看，SQL 语句中为两个字段定义了汉字的别名。

【例题 2-73】　查询 CompanySales 数据库的 Employee 表中工资为 5000～7000 元的员工信息。

代码：SELECT * FROM Employee
　　　WHERE Salary between 5000 and 7000

执行结果如图 2-29 所示。

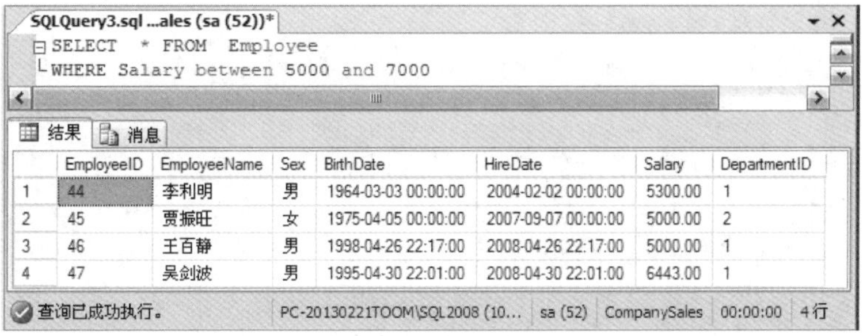

图 2-29　例题 2-73 的执行结果

说明：本例题的查询条件是"工资为 5000～7000 元"，WHERE 关键字后面用到了 between…and 语句。between…and 语句的用法是"字段名 between 值 1 and 值 2"，该语句等价于"字段名 >= 值 1 and 字段名 <= 值 2"，值范围包括值 1 和值 2 的两个边界。此语句在当前的数据库中只查出 4 条满足条件的记录。

题目仅要求查询满足条件的员工"信息",未说明具体查询哪些信息就表示查询所有信息,用"SELECT *"即可。该语句还可以写为:

SELECT * FROM Employee WHERE Salary >= 5000 and Salary <= 7000

【例题 2-74】 在 CompanySales 数据库的 Product 表中查询库存量为 1000~3000 件的商品信息。

代码:SELECT * FROM Product
      WHERE ProductStockNumber between 1000 and 3000

执行结果如图 2-30 所示。

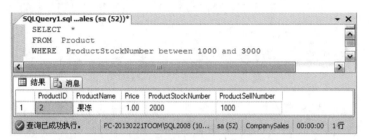

图 2-30 例题 2-74 的执行结果

说明:库存量对应的字段名是 ProductStockNumber,此题目与上一例题类似。WHERE 关键字后面的条件可以改为 ProductStockNumber >= 1000 and ProductStockNumber <= 3000,此语句在当前的数据库中只查询出一条满足条件的记录。

【例题 2-75】 在 CompanySales 数据库的 Sell_Order 表(销售订单)中查询员工编号为 1、5 和 7 的员工接收的订单信息。

代码:SELECT * FROM Sell_Order
      WHERE EmployeeID IN (1 , 5 , 7)

执行结果如图 2-31 所示。

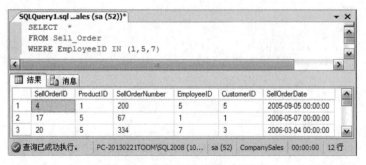

图 2-31 例题 2-75 的执行结果

说明:本例题要求查询订单信息,未指明具体查询什么信息即表示查询所有订单信息,可用最简单的语句"SELECT * FROM Sell_Order"实现。查询条件是"员工编号为 1、5 和 7",如果只查询员工编号为 1 的,条件可写为 EmployeeID = 1,本例题的要求是查询三个员工的订单,条件可以写成 EmployeeID = 1 or EmployeeID = 3 or EmployeeID = 5,用 or 连接多个条件表示只要满足其中任何一个条件即可。这样写条件是正确的,符合题目要求,但语句有点长,用 IN 语句可以简化这个条件。"字段名 IN(值 1,值 2,值 3,…)"等价于"字段名 ＝ 值 1 or 字段名 ＝ 值 2 or 字段名 ＝ 值 3,…",括号中的多个值用半角逗号分隔,如果值是数值型,直接写;如果是字符型,需要逐个用单引号括上。本例题中员工编号是 int 型。

【例题 2-76】 在 CompanySales 数据库的 Sell_Order 表中,查询不是员工编号为 1、5 和 7 的员工接收的订单信息。

代码:SELECT * FROM Sell_Order
　　　　WHERE EmployeeID NOT IN (1 , 5 , 7)

执行结果如图 2-32 所示。

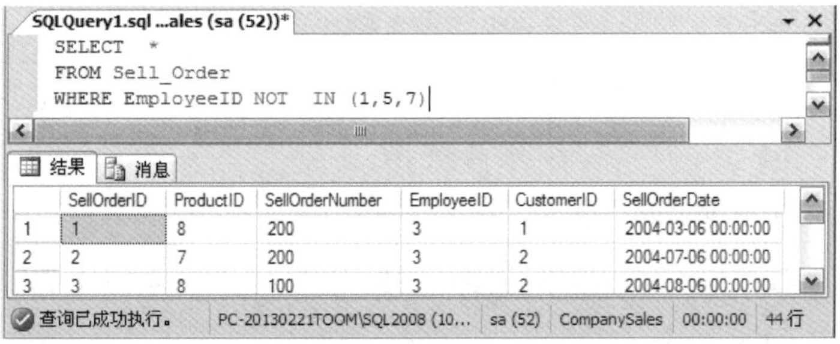

图 2-32　例题 2-76 的执行结果

说明:本例题与例题 2-75 类似,区别是例题 2-75 查询 3 个员工的订单,本例题查询除了这 3 个员工之外其他员工的订单,是需要把这 3 名员工的订单信息去掉。查询条件可以写为 EmployeeID <> 1 and EmployeeID <> 3 and EmployeeID <> 5,用 and 连接多个不等于的条件,表示不等于其中的任何一个,用 NOT IN 语句可以简化这个条件。"字段名 NOT IN（值 1,值 2,值 3,…）"等价于"字段名<>值 1 and 字段名<>值 2 and 字段名<>值 3,…"。

【例题 2-77】 在 CompanySales 数据库 Employee 表中找出所有姓"章"的员工信息。

代码:SELECT * FROM Employee
　　　　WHERE EmployeeName LIKE '章％'

执行结果如图 2-33 所示。

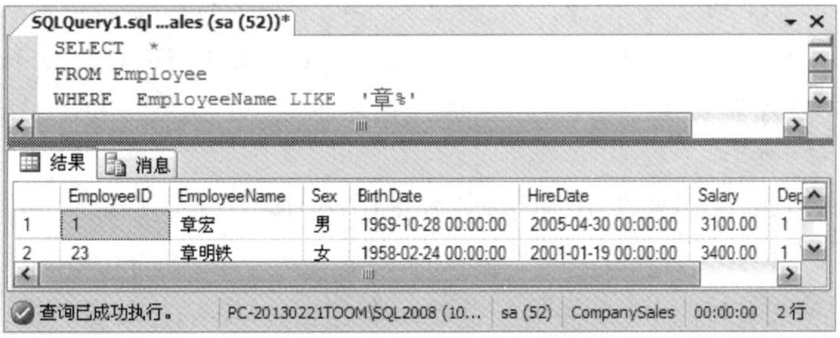

视频讲解

图 2-33　例题 2-77 的执行结果

说明:本例题查询姓"章"的员工信息,即查找名字中第一个字为"章"的员工。这是模糊查询,需要用到两个通配符,即百分号"％"或下画线"_"。"％"代表该位置可以有任意多个字符,"_"代表该位置只能有一个字符。使用通配符进行模糊查询需要用 LIKE 关键字,而不能用等号。语句"EmployeeName LIKE '章%'"表示查找 EmployeeName 字段值中第一个字是"章"、后面任意多个字的所有记录。本例题的查询结果有两条,有姓章两字名的,也有姓章三字名的。

【例题 2-78】 在 CompanySales 数据库的 Employee 表中找出所有姓"李"和姓"章"的员工信息。

代码:

SELECT * FROM Employee WHERE EmployeeName LIKE '[李,章]%'

或

SELECT * FROM Employee WHERE substring(EmployeeName , 1 , 1) IN ('李' , '章')

或

SELECT * FROM Employee WHERE left(EmployeeName , 1) IN ('李' , '章')

执行结果如图 2-34 所示。

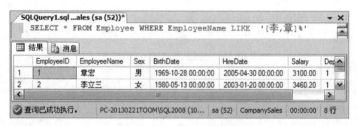

图 2-34 例题 2-78 的执行结果

说明:一个功能的语句有多种写法,"LIKE '[A,B,C]%'"表示第一个字符是 A 或 B 或 C 中的任意一个,后面字符任意。方法一:使用条件"EmployeeName LIKE '[李,章]%'"将姓"李"和姓"章"的员工都找出来,语句等价于"EmployeeName LIKE '李%' or EmployeeName LIKE '章%'"。

方法二:使用 substring(expression , start , length)取子串函数,该函数有三个参数,第一个参数是要取子串的字符串,第二个参数表示从字符串的第几位开始取子串,第三个参数表示子串取多少位。substring(EmployeeName,1,1)表示从 EmployeeName 字段中第一位开始取,取出一个字符或者一个汉字,只取出名字中的"姓",然后用到 IN 子句,判断"姓"等于"李"或者等于"章"。

方法三:使用 left()函数。substring()函数可以从任意位置开始取子串,而 left()函数只能从左侧取。还有一个 right()函数是从右侧取子串。left(EmployeeName,1)表示从 EmployeeName 字段左侧,也就是从第一位开始取,取出一个字符或者一个汉字。

SQL Server 中常用函数的用法见附录 A。

【例题 2-79】 在 CompanySales 数据库的 Employee 表中找出所有姓"李"的、名为一个汉字的员工信息。

代码:SELECT * FROM Employee WHERE EmployeeName LIKE '李_'

执行结果如图 2-35 所示。

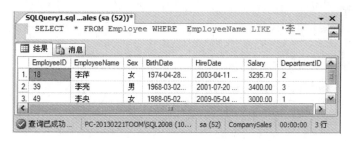

图 2-35　例题 2-79 的执行结果

说明：通配符下画线"_"代表该位置只能有一个字符，而且必须有一个字符。本题要求查询"所有姓'李'的、名为一个汉字的员工信息"，需要用"_"通配符查询出姓名中第一个字是"李"，第二字为任意字的姓名为两个字的员工。需要注意的是，如果数据中存在空格，可能会造成查询结果不准确，所以此语句最好配合去空格函数一起使用，写为"SELECT * FROM Employee WHERE ltrim（rtrim(EmployeeName)）LIKE '李_'"。其中 ltrim（）函数是去除字符串前面的空格，rtrim（）函数是去除字符串后面的空格。

【例题 2-80】　在 CompanySales 数据库的 Employee 表中找出所有不姓"李"的员工信息。

代码：

SELECT * FROM Employee WHERE EmployeeName NOT LIKE '李%'

或

SELECT * FROM Employee WHERE EmployeeName LIKE '[^李]%'

或

SELECT * FROM Employee WHERE left(EmployeeName , 1) <> '李'

执行结果如图 2-36 所示。

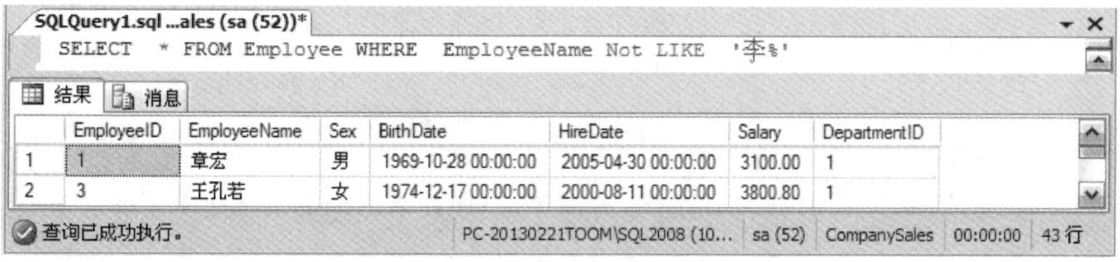

图 2-36　例题 2-80 的执行结果

说明：查找姓"李"的员工信息，条件可以写为"EmployeeName LIKE '李%'"，本例题要求查找"不姓'李'的员工信息"。方法一：在 LIKE 前面加 NOT，条件写为"EmployeeName NOT LIKE '李%'"；方法二：使用条件"EmployeeName LIKE '[^李]%'"，这里的"^"符号表示否定，否定方括号中的所有项，如"LIKE '[^李,张,王]%'"表示既不姓李，也不姓张和王；方法三：可以用取子串函数取出员工的姓，然后和"李"比较。

【例题 2-81】　在 CompanySales 数据库 Department 表中，查找出目前有哪些主管位置不为空。

代码：SELECT DepartmentName , Manager
　　　FROM Department
　　　WHERE Manager IS NOT NULL

执行结果如图 2-37 所示。

图 2-37　例题 2-81 的执行结果

说明："空"是数据库中一种特殊的值，不表示 0，也不表示空格，不能用"等于"或"不等于"来判断。判断字段内容为空，应该写为"字段名 IS NULL"；判断字段内容不为空，应该写为"字段名 IS NOT NULL"。关于"空"值是很多读者一时难以理解的，需多加练习。

【例题 2-82】　在 CompanySales 数据库的 Employee 表中，按工资降序显示员工信息，工资相同时按姓名升序排序。

代码：SELECT * FROM Employee
　　　ORDER BY Salary DESC , EmployeeName ASC

执行结果如图 2-38 所示。

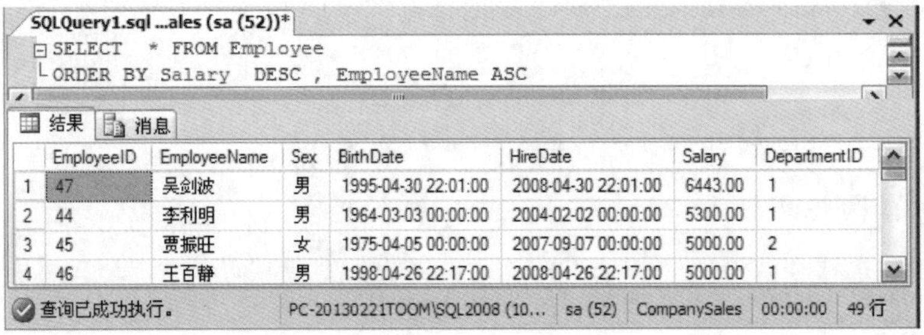

图 2-38　例题 2-82 的执行结果

说明：将查询结果进行重新排序需要用到 ORDER BY 子句，后面的<排序表达式>可以是一个或多个字段名。如果按多个字段排序，表示先按第一个字段排，第一个字段值相同的再按第二个字段排，以此类推。排序方式有升序和降序两种，升序的关键字是 ASC，降序的关键字是 DESC，默认是升序，可以省略 ASC。

【例题 2-83】　在 CompanySales 数据库的 Employee 表中查询男女员工的平均工资。

代码：SELECT Sex 性别 , AVG(Salary) 平均工资
　　　FROM Employee
　　　GROUP BY Sex

执行结果如图 2-39 所示。

说明：查询男女员工的平均工资就是将员工按照性别分为两组，再分别求每组的平均

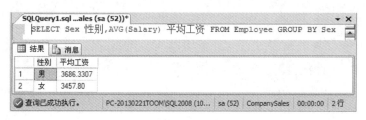

图 2-39　例题 2-83 的执行结果

工资。分组需要用到 GROUP BY 子句,后面的<分组表达式>可以是一个或多个字段名。如果是多个字段名,表示按照这些字段值的不同组合来分组。求平均工资用到求平均数的聚合函数 AVG( )。使用 GROUP BY 子句后,SELECT 后面的<输出列表>中所有未用到聚合函数的列都要放在 GROUP BY 子句后作为分组条件。为了方便查看,语句中将查询结果 Sex 和 AVG(Salary)分别定义了汉字别名。

【例题 2-84】　在 Sell_Order 表中,统计目前各种商品的订单总数。

代码：SELECT ProductID 商品编号 , SUM(SellOrderNumber) 订单总数
　　　FROM Sell_Order
　　　GROUP BY ProductID

执行结果如图 2-40 所示。

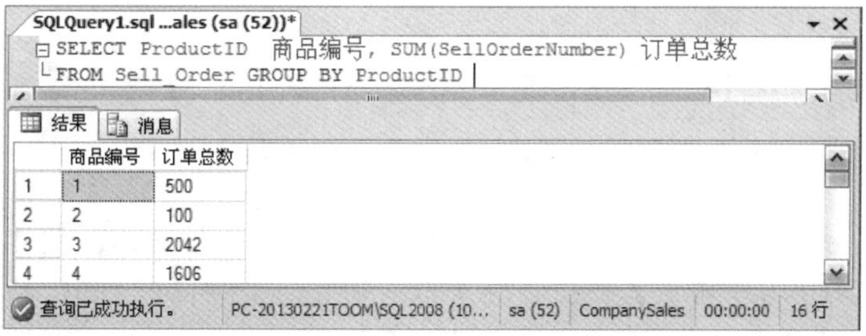

图 2-40　例题 2-84 的执行结果

说明：统计目前各种商品的订单总数就是按照各种商品进行分组,分别统计每组的订单数量之和。分组需要用到 GROUP BY 子句,求订单总数需要用到求和的聚合函数 SUM()。Sell_Order 表中表示商品的字段是商品编号(ProductID),标识销售的是哪种商品。根据题目要求,需要按照 ProductID 分组,计算每组销售数量(SellOrderNumber)的总和。为了方便查看,语句中将查询结果分别定义了汉字别名。

【例题 2-85】　在 Sell_Order 表中查询订单总数超过 1000 的商品订单信息。

代码：SELECT ProductID 商品编号 , SUM(SellOrderNumber) 订单总数
　　　FROM Sell_Order
　　　GROUP BY ProductID HAVING SUM(SellOrderNumber) > 1000

执行结果如图 2-41 所示。

说明：本例题是在例题 2-84 查询结果的基础上进一步筛选,只显示"订单总数超过1000"的商品订单信息。对用聚合函数计算后的结果再进行筛选需要用 HAVING 子句,而不能使用 WHERE 子句。HAVING 必须与 GROUP BY 子句配合使用,不可单独使用。

【例题 2-86】　在 Sell_Order 表中查询订购两种以上商品的客户编号。

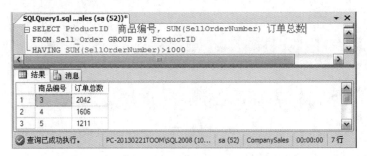

图 2-41　例题 2-85 的执行结果

代码：SELECT CustomerID 客户编号, count(DISTINCT ProductID) 订购商品种类
　　　FROM Sell_Order
　　　GROUP BY CustomerID HAVING count(DISTINCT ProductID) > 2

执行结果如图 2-42 所示。

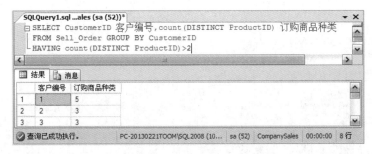

图 2-42　例题 2-86 的执行结果

　　说明：查询每个客户编号订购的商品数量需要对客户编号（CustomerID）进行分组，再分别计算每组订购了多少种商品。统计数量用到计数的聚合函数 COUNT( )，COUNT( )函数是聚合函数中唯一一个可以用星号（*）作参数的函数，表示统计满足条件的行数。COUNT(*)表示统计所有满足条件的行数，用字段名作参数表示统计该字段不为空的行数，在字段名前面加 DISTINCT 关键字的作用是去掉重复值。题目要求"查询订购两种以上商品的客户编号"就是对统计出来的每个客户订购的商品种数再进行条件筛选，只显示两种以上的。对聚合函数的计算结果进行筛选需要用 HAVING 子句，而不能用 WHERE 子句。再次提示，HAVING 必须与 GROUP BY 子句配合使用，不可单独使用。

　　（3）连接查询。

　　连接查询涉及多张表的查询，并将多张表的表名都写在 FROM 关键字后面。连接查询分为内连接查询和外连接查询，实际工作中，90％以上的连接查询都是内连接查询。内连接查询是只查询两个表关联字段值相匹配的信息，内连接查询有两种写法，第一种是 FROM 关键字后面多个表名之间用半角逗号分隔，表之间的关联条件写在 WHERE 关键字后面；第二种是 FROM 关键字后面多个表名之间用 INNER JOIN 连接符连接，关联条件写在 ON 关键字后面。外连接查询是将两个表关联字段值不匹配的信息也显示，外连接查询又分为左外连接（LEFT [OUTER] JOIN 查询)、右外连接（RIGHT [OUTER] JOIN)查询和全外连接（FULL [OUTER] JOIN)查询，外连接查询的关联条件写在 ON 关键字后面。

　　【例题 2-87】　查询已被订购商品的客户名称、联系人姓名、所订商品编号和订购数量。

代码：

```
SELECT CompanyName , Contactname , ProductID , SellOrderNumber
FROM Customer , Sell_Order
WHERE Customer.CustomerID = Sell_Order.CustomerID
```

或

```
SELECT CompanyName , ContactName , ProductID , SellOrderNumber
FROM Customer INNER JOIN Sell_Order
ON Customer.CustomerID = Sell_Order.CustomerID
```

执行结果如图 2-43 所示。

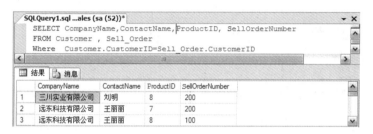

图 2-43　例题 2-87 的执行结果

说明：本例题涉及两个表，是两个表的连接查询。"客户名称""联系人姓名"在 Customer 表中，"所订商品编号""订购数量"在 Sell_Order 表中，两个表名写在 FROM 关键字后面。WHERE 关键字后面写上表之间的关联条件。本题的关联条件是：Customer 表中的客户编号和 Sell_Order 表中的客户编号相等。

语句中涉及的列名，如果只在一个表中存在，可以直接写列名，如 SELECT 语句中的客户名称（CompanyName）、联系人姓名（ContactName）、商品编号（ProductID）、订购数量（SellOrderNumber）；如果列名在两个及以上表中存在同名列，使用时必须在列名前面加上"表名."，如 CustomerID 列在两个表中都存在，必须冠上表名再使用，否则会出错，出错信息如图 2-44 所示。

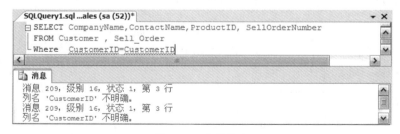

图 2-44　出错信息

【**例题 2-88**】　查询"国皓科技有限公司"的订单信息。
代码：

```
SELECT Customer.CompanyName , Sell_Order.*
FROM Customer , Sell_Order
WHERE Customer.CustomerID = Sell_Order.CustomerID
```

```
AND Customer.CompanyName = '国皓科技有限公司'
```

或

```
SELECT Customer.CompanyName , Sell_Order.*
FROM Customer INNER JOIN Sell_Order
ON      Customer.CustomerID = Sell_Order.CustomerID
WHERE Customer.CompanyName = '国皓科技有限公司'
```

执行结果如图 2-45 所示。

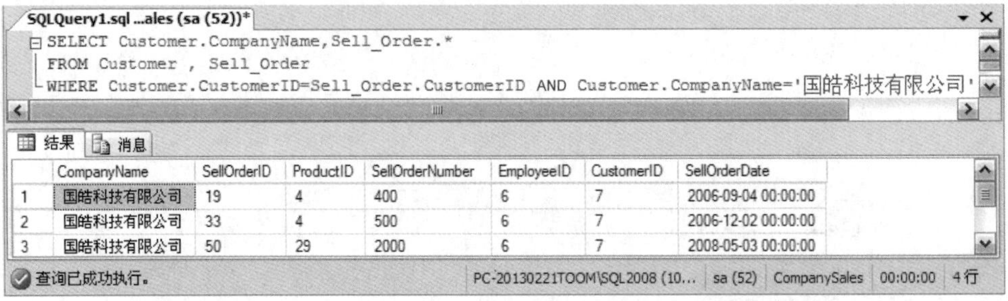

图 2-45 例题 2-88 的执行结果

说明:"国皓科技有限公司"是指客户名称,存储在 Customer 表的 CompanyName 字段,订单信息存储在 Sell_Order 表中,本例题是涉及两个表的连接查询,两个表的关联字段是客户编号(CustomerID)。

【例题 2-89】 查询"国皓科技有限公司"订购的商品信息,包括商品名称、商品价格和订购数量。

代码:

```
SELECT Product.ProductName , Product.Price , Sell_Order.SellOrderNumber
FROM Customer , Sell_Order , Product
WHERE Customer.CustomerID = Sell_Order.CustomerID
    AND   Sell_Order.ProductID = Product.ProductID
    AND Customer.CompanyName = '国皓科技有限公司'
```

或

```
SELECT ProductName , Price , SellOrderNumber
FROM Customer INNER JOIN Sell_Order
ON Customer.CustomerID = Sell_Order.CustomerID
INNER JOIN Product ON Sell_Order.ProductID = Product.ProductID
WHERE Customer.CompanyName = '国皓科技有限公司'
```

执行结果如图 2-46 所示。

说明:本例题涉及三个表,FROM 关键字后面需要写三个表名。"国皓科技有限公司"是指客户的名称,存储在 Customer 表中的 CompanyName 字段,"商品名称""商品价格"分别存储在 Product 表中的 ProductName 和 Price 字段,"订购数量"存储在 Sell_Order 表中的 SellOrderNumber 字段,三个表通过 Sell_Order 表两两关联,Sell_Order 表的客户编号(CustomerID)和 Customer 表中的 CustomerID 字段关联,Sell_Order 表的商品编号

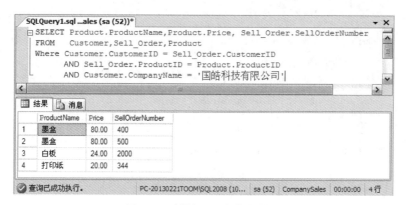

图 2-46 例题 2-89 的执行结果

(ProductID)和 Product 表中的 ProductID 字段关联。WHERE 关键字后面一定要写上表之间的关联条件,然后再写其他数据筛选条件,若要使多个条件同时满足,需在各条件之间加 AND 连接。

语句中涉及的列名如果在两个表或多个表中都存在,必须在列名前面加上"表名."前缀,只在一个表中存在的列名可以省略"表名."。本例题中的第一种写法将所有列都加了表名前缀。

【例题 2-90】 查询是否所有的员工均接收了销售订单,显示员工的姓名和订单信息。

代码:SELECT Employee.EmployeeName , Sell_Order. *
　　　FROM Employee LEFT JOIN Sell_Order
　　　ON Employee.EmployeeID = Sell_Order.EmployeeID

执行结果如图 2-47 所示。

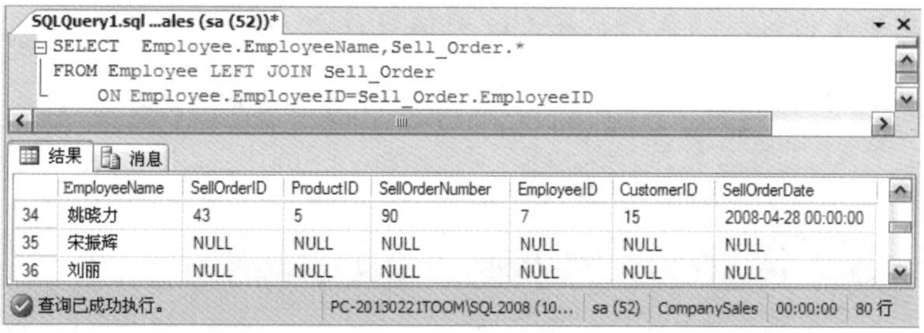

图 2-47 例题 2-90 的执行结果

说明:查询所有员工的信息必须以 Employee 表为主做外连接查询,内连接查询只能查询出有订单的员工信息,具体用左外连接查询还是右外连接查询取决于员工表在哪一侧。本例题如果再加上筛选条件 WHERE SellOrderID IS NULL 就只显示没有订单的员工信息,执行结果如图 2-48 所示。

【例题 2-91】 查询是否所有的商品都有订单。

代码:SELECT ProductName , Sell_Order. *
　　　FROM Product LEFT JOIN Sell_Order
　　　ON Product.ProductID = Sell_Order.ProductID

视频讲解

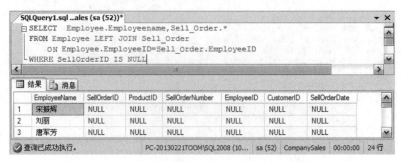

图 2-48 加上筛选条件后的执行结果

执行结果如图 2-49 所示。

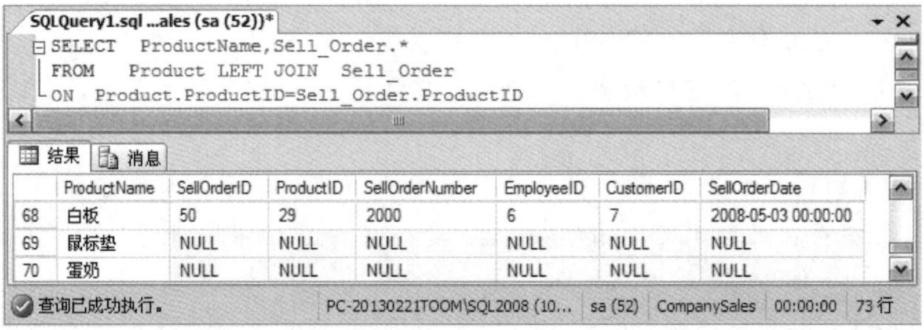

图 2-49 例题 2-91 的执行结果

说明：本例题也是典型的外连接查询的应用，是以 Product 表为主的外连接查询。内连接查询只能查询出有订单的商品信息，使用外连接查询才能把没有订单的商品信息也显示出来，找不到匹配信息就显示为空。图 2-50 所示的查询结果是只显示没有订单的产品信息。注意，外连接查询的连接条件写在 ON 关键字后面，其他条件写在 WHERE 关键字后面。

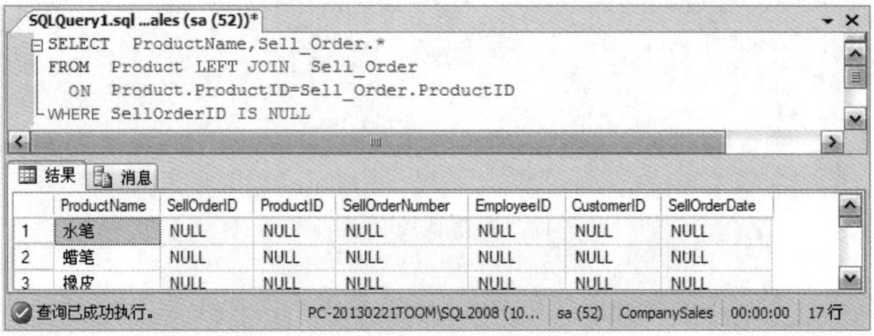

图 2-50 只显示没有订单的查询结果

【**例题 2-92**】 查询商品的订购信息，包括客户名称、联系人姓名、订购的商品名称、订购数量和订购日期。

代码：
```
SELECT C.CompanyName , C.ContactName , P.ProductName ,
       S.SellOrderNumber , S.SellOrderDate
FROM Customer C , Sell_Order S , Product P
WHERE C.CustomerID = S.CustomerID AND P.ProductID = S.ProductID
```

执行结果如图 2-51 所示。

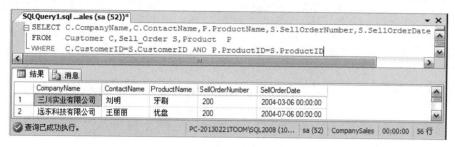

图 2-51 例题 2-92 的执行结果

说明：先分析题目中的数据都涉及哪几张表，表之间的关联是什么，然后把所有用到的表都放在 FROM 关键字后面，在 WHERE 关键字后面写出表之间的所有联系。注意要把所有表连接上，不要让任何一个表孤立，否则会出现笛卡儿乘积（请读者自行搜索含义和效果）的效果。为了简化语句，本例题中的三个表都起了别名。

还有一种连接查询是自身连接查询，就是一个表自己和自己做连接查询，这种情况只需将该表分别起不同的别名，当作两张表对待即可。这样的两张表中所有列名都同名，需要都写为表的"别名.列名"，还要分清哪个表取什么数据，以及两个表的关联条件是什么。

(4) 嵌套查询。

一个 SELECT…FROM 语句称为一个查询块。连接查询只使用一个查询块，并将所有用到的表都写在 FROM 关键字后面，用关联条件连接起来。而嵌套查询使用两个或多个查询块，将一个 SELECT…FROM 查询块嵌套在另一个查询块的 WHERE 或 HAVING 子句中，被嵌套的语句块称为内层查询或子查询，外层查询又称为父查询。

嵌套查询又分为不相关子查询和相关子查询两种。不相关子查询的子查询不依赖于父查询，可独立执行，由里向外逐层处理。先执行子查询，子查询的结果用于建立其父查询的查询条件，以下例题多数都是不相关子查询。相关子查询的子查询的查询条件依赖于父查询，需要经过外→里→外的过程，反复多次执行。先取外层查询结果中的第一个元组，相关的属性值传入内层查询，若内层查询 WHERE 子句返回值为真，则此元组放入结果表，再取外层查询中的下一个元组，重复这一过程，直至外层结果全部检查完为止。

【例题 2-93】 查找员工"安娜"所在的部门名称。

代码：SELECT DepartmentName 部门名称 FROM Department
　　　WHERE DepartmentID =
　　　(SELECT DepartmentID FROM Employee WHERE EmployeeName = '安娜')

改为连接查询。

代码：SELECT DepartmentName 部门名称
　　　FROM Department d , Employee e
　　　WHERE d.DepartmentID = e.DepartmentID AND EmployeeName = '安娜'

执行结果如图 2-52 所示。

说明：很多嵌套查询也可以用连接查询实现，嵌套查询同样是通过两个表的关联字段将两个表关联起来，只是写法不同。SQL 查询语句经常有多种写法，实际工作中要注重查询语句的优化，选择执行速度快的写法。

视频讲解

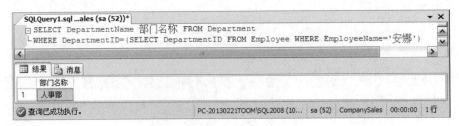

图 2-52　例题 2-93 的执行结果

【例题 2-94】　查找年龄最小员工的姓名、性别和工资。

代码：SELECT EmployeeName 姓名，Sex 性别，BirthDate 出生年月，Salary 工资
　　　FROM Employee
　　　WHERE BirthDate =（SELECT MAX（BirthDate）FROM Employee）

改为连接查询。

代码：SELECT EmployeeName 姓名，Sex 性别，BirthDate 出生年月，Salary 工资
　　　FROM Employee，（SELECT MAX（BirthDate）Birth FROM Employee）m
　　　WHERE BirthDate = Birth

执行结果如图 2-53 所示。

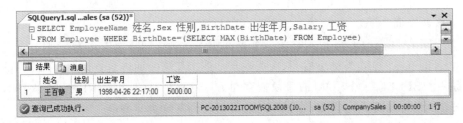

图 2-53　例题 2-94 的执行结果

说明：此例题用到了基于派生表（查询表）的连接查询，将取最大出生日期的查询语句结果作为数据源，给它起一个表名 m，与 Employee 表进行连接查询。FROM 关键字后面可以是三种表：基本表、查询表和视图表，前面各例题都是只基于基本表的查询。

视频讲解

【例题 2-95】　查询比平均工资高的员工的姓名和工资。

代码：SELECT EmployeeName 姓名，Salary 工资
　　　FROM Employee
　　　WHERE Salary >（SELECT AVG（Salary）FROM Employee）

改为连接查询。

代码：SELECT EmployeeName 姓名，Salary 工资
　　　FROM Employee，（SELECT AVG（Salary）sa FROM Employee）ss
　　　WHERE Salary > sa

执行结果如图 2-54 所示。

说明：此例题再次用到了基本表和派生表一起做连接查询，派生表命名为 ss。

【例题 2-96】　查询已经接收销售订单的员工姓名和工资信息。

代码：SELECT EmployeeName 姓名，Salary 工资
　　　FROM Employee
　　　WHERE EmployeeID IN（SELECT EmployeeID FROM Sell_Order）

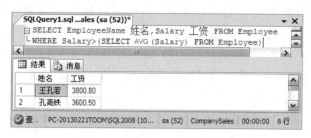

图 2-54 例题 2-95 的执行结果

【例题 2-97】 查询目前没有接收销售订单的员工姓名和工资信息。

代码：SELECT EmployeeName 姓名, Salary 工资
　　　FROM Employee
　　　WHERE EmployeeID NOT IN (SELECT EmployeeID FROM Sell_Order)

【例题 2-98】 查询订购牛奶的客户的名称和联系地址。

代码：SELECT CompanyName 公司名称, Address 地址
　　　FROM Customer
　　　WHERE CustomerID IN (SELECT CustomerID FROM Sell_Order
　　　　　　　　　　　　　WHERE ProductID = (SELECT ProductID FROM Product
　　　　　　　　　　　　　　　　　　　　　　WHERE ProductName = '牛奶'))

说明：例题 2-96～例题 2-98 同样可以有多种写法，读者们可以自己尝试。

【例题 2-99】 利用相关子查询，查询已经接收销售订单的员工姓名和工资信息。

代码：

SELECT EmployeeName , Salary
FROM Employee
WHERE exists (SELECT * FROM Sell_Order
　　　　　　　WHERE Sell_Order.EmployeeID = Employee.EmployeeID)

或

SELECT EmployeeName , Salary
FROM Employee
WHERE EmployeeID IN (SELECT EmployeeID FROM Sell_Order)

视频讲解

或

SELECT DISTINCT EmployeeName , Salary
FROM Employee , Sell_Order
WHERE Sell_Order.EmployeeID = Employee.EmployeeID

说明：三种写法分别是嵌套查询的相关子查询、不相关子查询和连接查询。第一种相关子查询的写法中用到了 exists 谓词，由 exists 引出的子查询的目标列表达式通常都用"*"，因为带 exists 的子查询只返回逻辑真值 true 或逻辑假值 false，给出列名无实际意义。若内层结果为非空，则外层 WHERE 子句为真；若内层结果为空，则外层 WHERE 子句为假。

(5) 集合查询。

集合操作的种类有并操作(UNION)、交操作(INTERSECT)、差操作(EXCEPT)。参

加集合操作的各查询结果的列数必须相同，对应项的数据类型也必须相同。并操作有 UNION 和 UNION ALL 两种，UNION 是将多个查询结果合并起来时，自动去掉重复行。UNION ALL 是将多个查询结果合并起来时，保留重复行。

【例题 2-100】 查询哪些客户同时购买了"墨盒"和"打印纸"，显示出公司名称。

视频讲解

代码：
```
SELECT DISTINCT CompanyName
    FROM Customer c , Product p , Sell_Order s
    WHERE c.CustomerID = s.CustomerID AND p.ProductID = s.ProductID
        AND ProductName = '墨盒'
INTERSECT                        -- 交操作
SELECT DISTINCT CompanyName
    FROM Customer c , Product p , Sell_Order s
    WHERE c.CustomerID = s.CustomerID AND p.ProductID = s.ProductID
        AND ProductName = '打印纸'
```

执行结果如图 2-55 所示。

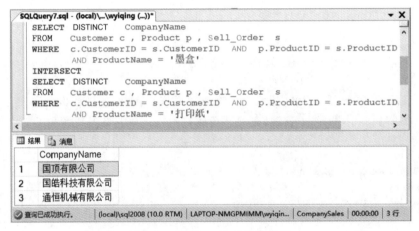

图 2-55 例题 2-100 的执行结果

【例题 2-101】 查询哪些客户只购买了"墨盒"，没有购买"打印纸"，显示出公司名称和联系电话。

代码：
```
SELECT DISTINCT CompanyName 公司名称 , Phone 电话
    FROM Customer c , Product p , Sell_Order s
    WHERE c.CustomerID = s.CustomerID AND p.ProductID = s.ProductID
        AND ProductName = '墨盒'
EXCEPT                           -- 差操作
SELECT DISTINCT CompanyName 公司名称 , Phone 电话
    FROM   Customer c , Product p , Sell_Order s
    WHERE c.CustomerID = s.CustomerID AND p.ProductID = s.ProductID
        AND ProductName = '打印纸'
```

执行结果如图 2-56 所示。

【例题 2-102】 查询哪些客户购买了"墨盒"，或者购买了"打印纸"，显示出公司名称和联系电话。

代码：
```
SELECT DISTINCT CompanyName 公司名称 , Phone 电话
    FROM Customer c , Product p , Sell_Order s
```

图 2-56　例题 2-101 的执行结果

```
WHERE c.CustomerID = s.CustomerID AND p.ProductID = s.ProductID
      AND ProductName = '墨盒'
UNION                                    --并操作
SELECT DISTINCT CompanyName 公司名称, Phone 电话
FROM Customer c, Product p, Sell_Order s
WHERE c.CustomerID = s.CustomerID AND p.ProductID = s.ProductID
      AND ProductName = '打印纸'
```

执行结果如图 2-57 所示。

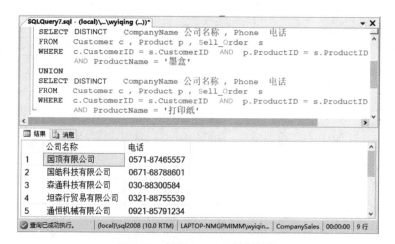

图 2-57　例题 2-102 的执行结果

说明：例题 2-100～例题 2-102 示例了三种集合查询的用法，请读者考虑能否使用连接查询或嵌套查询解答这些题目。

实验 2　数据定义

一、实验目的

（1）能够熟练使用 SQL 语句创建、修改和删除数据库。
（2）能够熟练使用 SQL 语句创建、修改和删除表。

(3) 能够熟练使用 SQL 语句创建和维护表中的约束。

二、实验内容

（1）使用 SQL 语句创建一个银行储蓄数据库，数据库名字为 bank＋你的姓名简拼，保存在 D:\bank 目录下，数据文件初始大小为 10MB，增长率为 10%。

（2）使用 USE 命令打开刚创建的数据库。

（3）使用 SQL 语句在刚创建的数据库中创建三个表，并增加约束，表结构如表 2-18～表 2-20 所示。

表 2-18　customerInfo（客户信息）表

字段名称	类型	字段说明	约束
customerID	int	客户编号	非空，主键
customerName	varchar(8)	客户姓名	非空
cardType	varchar(10)	证件类型	非空，默认为"身份证"
cardID	varchar(18)	证件号码	非空，唯一性约束
phone	varchar(11)	电话	非空
address	varchar(100)	地址、邮编	

表 2-19　accountInfo（账户信息）表

字段名称	类型	字段说明	约束
accountID	char(19)	账号	非空，主键
savingType	varchar(8)	存款类型	非空，活期/定期/定活两便，默认为"活期"
moneyType	varchar(10)	货币类型	非空，默认为"人民币"
openDate	datetime	开户时间	非空，默认为系统日期
openMoney	decimal(20,2)	开户金额	非空，不低于 1 元
accountMoney	decimal(20,2)	账户余额	非空，不低于 1 元
password	char(6)	密码	非空，初始化为 6 个 6
accountState	char(4)	账户状态	非空，正常/挂失/销户，默认为"正常"
customerID	int	客户编号	非空，外键，一位客户可以有多个账户

表 2-20　transInfo（交易信息）表

字段名称	类型	字段说明	约束
transID	int	交易流水号	非空，主键，标识列，初值为 1，增量为 1
transDate	datetime	交易时间	非空，默认为系统日期
accountID	char(19)	账号	非空，外键
transType	char(4)	交易类型	非空，存入/支取
transMoney	decimal(20,2)	交易金额	非空，大于 0

（4）数据文件的初始大小 10MB 不够用，请用 SQL 语句将其修改为 20MB。

（5）交易信息表 transInfo 需要增加一项备注，定义为 bz varchar(200)，请用 SQL 语句增加列。

（6）请用 SQL 语句删除交易信息表 transInfo 的主键。

（7）请用 SQL 语句为交易信息表 transInfo 增加主键，定义 transID 为主键。

实验 3　数据更新

一、实验目的
(1) 熟练使用 SQL 语句进行数据的增、删、改操作。
(2) 通过不同的数据检验约束的效果,进一步理解完整性约束的作用。

二、实验内容
继续使用实验 2 创建的银行储蓄数据库,客户信息(customerInfo)表、账户信息(accountInfo)表、交易信息(transInfo)表三个表的表结构见表 2-18~表 2-20。

请使用 SQL 语句完成开户、存取款、转账、修改密码、挂失等业务。

(1) 为你和你的几位好友开设新账户,每人必须录入的信息包括:客户姓名、身份证号、电话、地址、邮编、开户金额、存款类型、账号。

提示:用户初次开户要在三个表中都插入数据,该用户如果下次再开其他账户,不需要在客户信息表中重复插入记录。

(2) 妈妈给生活费了,用 SQL 语句给自己的账户进行一次存款操作。

(3) 班级收班费,每人 20 元,用 SQL 语句从你自己的账户取款 20 元。

提示:存、取款操作都涉及两张表,向交易信息表中插入一条交易记录,在账户信息表中修改账户余额。

(4) 月底钱花光了,找好友借 100 元应急,请用 SQL 语句进行转账操作。

提示:转账操作实际上是对两个账号同时操作,一个进行取款,另一个进行等金额存款,还要更新账户信息表中两个账户的账户余额,所以需要四步操作。

(5) 为了安全起见,密码应该定期修改,请用 SQL 语句修改你的账户密码。

(6) 你不小心将银行卡丢失了,请用 SQL 语句进行挂失操作。在账户信息表中的 accountState(账户状态)字段标记该账户为"挂失",办业务时会判断账户标记,正常账户才可办理业务。

(7) 你补办了新卡,请用 SQL 语句在账户信息表中插入新卡的信息,如果还用原来的卡号是否可以?请试一试。

(8) 挂失的卡不再需要了,请用 SQL 语句将该卡信息删除,并查看删除操作是否成功,分析如果不成功是为什么。

实验 4　单表查询

视频讲解

一、实验目的
(1) 熟练使用 SQL 语句编写单表查询语句。
(2) 熟悉常见聚合函数的使用方法。

二、实验内容
继续使用实验 2 创建的银行储蓄数据库,客户信息(customerInfo)表、账户信息(accountInfo)表和交易信息(transInfo)表三个表的表结构见表 2-18~表 2-20。

请使用 SQL 语句完成如下查询操作,每个查询只涉及一张表中的数据。

(1) 用 SQL 语句查询所有客户的信息。

(2) 用 SQL 语句查询所有"芜湖"客户的客户编号、客户姓名、电话,按照姓名字段升序排序。

(3) 用 SQL 语句查询哪些客户没有填写地址和邮编。

(4) 用 SQL 语句查询姓名第二个字是"亮"的客户,显示客户名称和电话的汉字列名。

(5) 用 SQL 语句查询存款的货币类型(不显示重复值)。

(6) 用 SQL 语句查询你的某一位好友在本银行是否有注册信息(按姓名查询)。

(7) 用 SQL 语句查询账户余额为 100~300 元的账号和余额。

(8) 用 SQL 语句查询账户余额最高的前两个账户的账号和余额。

(9) 用 SQL 语句查询目前的存款总额,也就是所有账户余额之和。

(10) 用 SQL 语句查询某一天的取款总金额,具体哪一天自己指定。

(11) 用 SQL 语句查询每个月的存款总金额,并按存款总金额降序排序。

(12) 用 SQL 语句查询哪些客户编号有多张银行卡。

实验 5 连接查询

一、实验目的

熟练使用 SQL 语句编写各种多表连接查询语句。

二、实验内容

继续使用实验 2 创建的银行储蓄数据库,客户信息(customerInfo)表、账户信息(accountInfo)表和交易信息(transInfo)表三个表的表结构见表 2-18~表 2-20。

请使用 SQL 语句完成如下连接查询操作。

(1) 查询所有客户的账户信息,包括客户编号、客户姓名、电话、账号、存款类型、货币类型、开户时间、账户余额、账户状态。

(2) 查询所有交易信息,包括客户姓名、电话、账号、交易类型、交易金额、交易时间。并按照客户姓名、交易时间排序。

(3) 查询所有"芜湖"客户的客户编号、客户姓名、电话、账号、存款类型、账户余额、账户状态,按照姓名排序。

提示:在客户信息表中修改数据,验证查询效果。

(4) 查询你的某一位好友在本银行的账户信息,包括客户姓名、电话、账号、存款类型、账户余额(按姓名查询)。

(5) 查询账户余额为 100~300 元的账户的信息,包括客户姓名、账号、账户余额。

(6) 查询账户余额最高的前十个账户的客户编号、客户姓名、电话、账号、账户余额。

(7) 查询单笔存款金额大于 500 元的账户的信息,显示客户姓名、电话、账号、存款金额。

提示:在交易信息表中修改原有数据的存款金额,验证查询效果。

(8) 查询客户的银行卡情况,显示客户姓名、银行卡数量、账户总余额,并给出汉字列名。

(9) 查询存、取款次数超过两次的账户信息,显示账号、货币类型、存取款次数。

(10) 查询存、取款次数超过两次的客户信息,显示客户姓名、账号、存取款次数,并按姓名升序排序,同一客户的多个账号按次数降序排列。

实验 6　多种方式多表查询

一、实验目的

熟练使用 SQL 语句以多种方式编写多表查询语句,包括连接查询(内连接查询、外连接查询)、嵌套查询、集合查询、基于派生表查询等。

二、实验内容

继续使用实验 2 创建的银行储蓄数据库,客户信息(customerInfo)表、账户信息(accountInfo)表和交易信息(transInfo)表三个表的表结构见表 2-18～表 2-20。

请使用 SQL 语句完成如下多表查询操作,每个查询至少用两种方式实现。

(1) 查询账户余额低于 100 元的客户的客户编号、客户姓名、电话、地址、邮编(连接查询、嵌套查询)。

提示:在交易信息表中修改数据,验证查询效果。

(2) 查询本月存款超过三次的账号所属客户的详细信息,包括客户编号、客户姓名、证件类型、证件号码、电话、地址、邮编(连接查询、嵌套查询)。

(3) 查询哪些客户既有存款操作,也有取款操作,显示客户姓名、电话、账号(嵌套查询、集合查询)。

(4) 查询哪些客户在今年只有存款操作,没有取款操作,显示客户姓名(嵌套查询、集合查询)。

(5) 查询存款余额最低的账户的客户信息,显示客户编号、客户姓名、电话(嵌套查询、基于派生表查询)。

(6) 查询单笔存款金额最大的客户的客户编号、客户姓名、电话(嵌套查询、基于派生表查询)。

(7) 查询哪些客户从未取款,显示客户编号、客户姓名、电话(嵌套查询、外连接查询、集合查询)。

(8) 统计日营业额,显示日期、存款金额、取款金额、余额(存款金额－取款金额),查询结果按照日期降序排序(外连接查询、基于派生表查询)。

习题

习题解析

一、选择题

1. SQL 是(　　)语言。

　　A. 层次数据库　　　B. 网络数据库　　　C. 关系数据库　　　D. 非数据库

2. SQL 具有(　　)的功能。

　　A. 关系规范化、数据操纵、数据控制　　　B. 数据定义、数据操纵、数据控制

　　C. 数据定义、关系规范化、数据控制　　　D. 数据定义、关系规范化、数据操纵

3. SQL 具有两种使用方式,分别称为交互式 SQL 和(　　)。

    A. 提示式 SQL   B. 多用户 SQL   C. 嵌入式 SQL   D. 解释式 SQL

4. SQL 的数据操纵语句包括 SELECT、INSERT、UPDATE 和 DELETE 等,其中使用最频繁的是(　　)。

    A. SELECT   B. INSERT   C. UPDATE   D. DELETE

5. 现有如下关系:患者(患者编号,患者姓名,性别,出生日期,所在单位)、医疗(患者编号,医生编号,医生姓名,诊断日期,诊断结果)。其中,医疗关系中的外键是(　　)。

    A. 患者编号   B. 患者姓名
    C. 患者编号和患者姓名   D. 医生编号和患者编号

6. 要创建一个员工信息表,其中员工的薪水、医疗保险和养老保险分别采用三个字段来存储,但该公司规定:任何一位员工的医疗保险和养老保险之和不能大于其薪水的 1/3。这项规定可以在创建表时采用(　　)来实现。

    A. 检查约束   B. 主键约束   C. 默认值约束   D. 外键约束

7. 现有两个表:user 表和 department 表,user 表中有 userid、username、salary、deptid、email 字段,department 表中有 deptid、deptname 字段,下面应该使用检查约束来实现的是(　　)。

    A. 如果 department 表中不存在 deptid 为 2 的记录,则不允许在 user 表中插入 deptid 为 2 的数据行
    B. 如果 user 表中已经存在 userid 为 10 的记录,则不允许在 user 表中再次插入 userid 为 10 的数据行
    C. user 表中的 salary(薪水)值必须在 1000 以上
    D. 若 user 表中 email 列允许为空,则向 user 表中插入数据时,可以不输入 email 的值

8. 关于主关键字叙述,正确的是(　　)。

    A. 一个表可以没有主关键字
    B. 只能将一个字段定义为主关键字
    C. 如果一个表只有一条记录,则主关键字字段可以为空值
    D. 以上选项都正确

9. 使用 CREATE TABLE 语句创建数据表时(　　)。

    A. 必须在数据表名称前指定表所属的数据库
    B. 必须指明数据表的所有者
    C. 指定的所有者和表名称结合起来在数据库中必须唯一
    D. 省略数据表名称时,则自动创建一个本地临时表

10. 若用如下 SQL 语句创建一个 student 表:

CREATE TABLE student
(NO C(4) NOT NULL,   NAME C(8) NOT NULL,   SEX C(2),   AGE N(2))

可以插入 student 表中的是(　　)。

    A. ('1031','曾华',男,23)   B. ('1031','曾华',NULL,NULL)
    C. (NULL,'曾华','男','23')   D. ('1031',NULL,'男',23)

11. 若要删除 book 表中的所有数据,以下语句正确的是(　　)。

A. delete table book B. delete * from book
C. drop book D. delete from book

12. 数据库中,用户对数据库中的数据进行的每次更新操作都会被记录在(　　)中。
A. 控制文件　　B. 数据字典　　C. 参数文件　　D. 日志文件

13. 有学生表：S(学号,姓名,性别,专业),查询"英语专业所有女同学姓名"的 SQL 语句是(　　)。
A. SELECT * FROM S
B. SELECT * WHERE S FROM 专业＝英语
C. SELECT 姓名 WHERE S FROM 专业＝英语 AND 性别＝女
D. SELECT 姓名 FROM S WHERE 专业＝'英语' AND 性别＝'女'

14. 查询 stock 表中每个交易所的平均单价的 SQL 语句是(　　)。
A. SELECT 交易所,AVG(单价)FROM stock GROUP BY 单价
B. SELECT 交易所,AVG(单价)FROM stock ORDER BY 单价
C. SELECT 交易所,AVG(单价)FROM stock GROUP BY 交易所
D. SELECT 交易所,AVG(单价)FROM stock ORDER BY 交易所

15. 使用 SQL 语句进行分组检索,为了去掉不满足条件的分组,应当(　　)。
A. 使用 WHERE 子句
B. 先使用 WHERE 子句,再使用 HAVING 子句
C. 先使用 HAVING 子句,再使用 WHERE 子句
D. 先使用 GROUP BY 子句,再使用 HAVING 子句

16. 关于查询语句中 ORDER BY 子句使用正确的是(　　)。
A. 如果未指定排序字段,则默认按递增排序
B. 如果降序排列,必须使用 ASC 关键字
C. 连接查询不允许使用 ORDER BY 子句
D. ORDER BY 子句后面可以是一个字段,也可以是多个字段

习题解析

17. 查询员工工资信息时,结果按工资降序排列,正确的是(　　)。
A. ORDER BY 工资 B. ORDER BY 工资 desc
C. ORDER BY 工资 asc D. ORDER BY 工资 distinct

18. 模糊查询 like '_a％',可能的结果是(　　)。
A. Aili B. bai C. bba D. cca

19. SQL 语言中,条件年龄 BETWEEN 15 AND 35 表示年龄为 15~35 岁,且(　　)。
A. 包括 15 岁和 35 岁 B. 不包括 15 岁和 35 岁
C. 包括 15 岁但不包括 35 岁 D. 包括 35 岁但不包括 15 岁

20. 现有 book 表,包含字段：价格 price (float),类别 type(char)。现在查询各个类别的最高价格、类别名称,以下语句中正确的是(　　)。
A. select max(price),type from book group by type
B. select max(price),type from book group by price
C. select avg(price),type from book group by price
D. select min(price),type from book group by type

21. 若要从 Persons 表中选取 FirstName 列以 a 开头的所有记录,以下语句中正确的是( )。

    A. SELECT * FROM Persons WHERE FirstName LIKE 'a%'

    B. SELECT * FROM Persons WHERE FirstName='a'

    C. SELECT * FROM Persons WHERE FirstName LIKE '%a'

    D. SELECT * FROM Persons WHERE FirstName='%a%'

22. 若要从表 TABLE_NAME 中提取前 10 条记录,以下语句中正确的是( )。

    A. select * from TABLE_NAME where rowcount=10

    B. select TOP 10 * from TABLE_NAME

    C. select TOP percent 10 * from TABLE_NAME

    D. select * from TABLE_NAME where rowcount<=10

23. 若要查找 student 表中所有电话号码(列名:telephone)的第一位为 8 或 6、第三位为 0 的电话号码,以下语句中正确的是( )。

    A. SELECT telephone FROM student WHERE telephone LIKE '[8,6]%0*'

    B. SELECT telephone FROM student WHERE telephone LIKE '(8,6)*0%'

    C. SELECT telephone FROM student WHERE telephone LIKE '[8,6]_0%'

    D. SELECT telephone FROM student WHERE telephone LIKE '[8,6]_0*'

24. 若要从 Persons 表中选取所有的列,以下语句中正确的是( )。

    A. SELECT [all] FROM Persons   B. SELECT Persons

    C. SELECT * FROM Persons   D. SELECT *.Persons

25. 若要从 Persons 表中选取 FirstName 列等于 Peter 的所有记录,以下语句中正确的是( )。

    A. SELECT [all] FROM Persons WHERE FirstName='Peter'

    B. SELECT * FROM Persons WHERE FirstName LIKE 'Peter'

    C. SELECT [all] FROM Persons WHERE FirstName LIKE 'Peter'

    D. SELECT * FROM Persons WHERE FirstName='Peter'

26. 查询 Persons 表中记录数的 SQL 语句是( )。

    A. SELECT COLUMNS(*) FROM Persons

    B. SELECT COLUMNS() FROM Persons

    C. SELECT COUNT() FROM Persons

    D. SELECT COUNT(*) FROM Persons

27. 查询至少参加两个项目的职工编号及参与项目数的 SQL 语句是:select 职工编号,count(项目编号)from 职工项目 group by 职工编号( )。

    A. having sum(项目编号)>=2   B. having sum(项目编号)<=2

    C. having count(项目编号)>=2   D. having count(项目编号)<=2

28. SC 表有学号(Sno)、课程号(Cno)、成绩(Grade)属性,实现"查询学号为 1001 的学生所选课程的课程号和成绩,按成绩降序排列"的 SELECT 语句为( )。

    A. SELECT Cno,Grade FROM SC ORDER BY Grade WHERE Sno='1001'

    B. SELECT Cno,Grade FROM SC ORDER BY Grade WHERE Sno='1001'

C. SELECT Cno,Grade FROM SC WHERE Sno = ' 1001 ' ORDER BY Grade DESC

D. SELECT Cno,Grade FROM SC WHERE Sno= '1001' ORDER BY Grade

29. Course 表中有先行课(Cpno)属性,实现"查询先行课为 6 的课程总数"的 SELECT 语句为(　　)。

　　A. SELECT COUNT(*) FROM Course WHERE Cpno='6'

　　B. SELECT AVG(*) FROM Course WHERE Cpno='6'

　　C. SELECT MIN(*) FROM Course WHERE Cpno='6'

　　D. SELECT SUM(*) FROM Course WHERE Cpno='6'

30. SC 表有学号(Sno)、课程号(Cno)、成绩(Grade)属性,实现"查询已有学生选修的课程的课程总数"的 SELECT 语句为(　　)。

　　A. SELECT SUM(DISTINCT Cno) FROM SC

　　B. SELECT SUM(Cno) FROM SC

　　C. SELECT COUNT(DISTINCT Cno) FROM SC

　　D. SELECT COUNT(Cno) FROM SC

31. SC 表有学号(Sno)、课程号(Cno)、成绩(Grade)属性,实现"查询每名学生的选课总数"的 SELECT 语句为(　　)。

　　A. SELECT Sno,SUM(Cno) FROM SC ORDER BY Sno

　　B. SELECT Sno,COUNT(Cno) FROM SC ORDER BY Sno

　　C. SELECT Sno,SUM(Cno) FROM SC GROUP BY Sno

　　D. SELECT Sno,COUNT(Cno) FROM SC GROUP BY Sno

习题解析

32. SC 表有学号(Sno)、课程号(Cno)、成绩(Grade)属性,实现"查询选课总数超过两门的学生的学号及选课总数"的 SELECT 语句为(　　)。

　　A. SELECT Sno,SUM(Cno) FROM SC ORDER BY Sno HAVING COUNT(Cno)>2

　　B. SELECT Sno,COUNT(Cno) FROM SC ORDER BY Sno HAVING COUNT(Cno)>2

　　C. SELECT Sno,COUNT(Cno) FROM SC GROUP BY Sno HAVING COUNT(Cno)>2

　　D. SELECT Sno,SUM(Cno) FROM SC GROUP BY Sno HAVING COUNT(Cno)>2

33. 有关系模式 stu(学号,姓名,性别,类别,身份证号)、tea(教师号,姓名,性别,身份证号,工资),查询在读研究生教师的平均工资、最高与最低工资之间差值的 SQL 语句是: select(　　) from stu,tea where stu.身份证号=tea.身份证号 AND 类别='研究生'。

　　A. AVG(工资) AS 平均工资 ,MAX(工资)－ MIN(工资)　 AS 差值

　　B. 平均工资 AS AVG(工资),差值 AS MAX(工资)－ MIN(工资)

　　C. AVG(工资) ANY 平均工资 ,MAX(工资)－ MIN(工资)　 ANY 差值

　　D. 平均工资 ANY AVG(工资),差值 ANY MAX(工资)－ MIN(工资)

34. 假定学生关系是 S(S♯,SNAME,SEX,AGE),课程关系是 C(C♯,CNAME,TEACHER),学生选课关系是 SC(S♯,C♯,GRADE)。要查找选修 COMPUTER 课程的"女"学生姓名,将涉及关系(   )。

    A. S   B. SC,C   C. S,SC   D. S,C,SC

35. 有学生表 S(S♯,SN,SEX,AGE,DEPT)和选课表 SC(S♯,C♯,GRADE),其中:S♯为学号,SN 为姓名,SEX 为性别,AGE 为年龄,DEPT 为系别,C♯为课程号,GRADE 为成绩。若要检索学生姓名及其所选修课程的课程号和成绩,正确的 SELECT 语句是(   )。

    A. SELECT S.SN,SC.C♯,SC.GRADE FROM S WHERE S.S♯=SC.S♯
    B. SELECT S.SN,SC.C♯,SC.GRADE FROM SC WHERE S.S♯=SC.GRADE
    C. SELECT S.SN,SC.C♯,SC.GRADE FROM S,SC WHERE S.S♯=SC.S♯
    D. SELECT S.SN,SC.C♯,SC.GRADE FROM S,SC

36. 在学生表 S 和选课表 SC 中,Sno 为学号,实现"查询学生及其选课情况(基于左外连接查询)"的 SELECT 语句为(   )。

    A. SELECT S.*,SC.* FROM Student S JOIN SC ON S.Sno=SC.Sno
    B. SELECT S.*,SC.* FROM Student S,SC WHERE S.Sno=SC.Sno
    C. SELECT S.*,SC.* FROM Student S LEFT JOIN SC ON S.Sno=SC.Sno
    D. SELECT S.*,SC.* FROM Student S OUTER JOIN SC ON S.Sno=SC.Sno

37. 在学生表 S 和选课表 SC 中,Sno 为学号,Cno 为课程号,实现"查询所有女生的选课情况,显示姓名、课程号(基于连接查询)"的 SELECT 语句为(   )。

    A. SELECT Sname,Cno FROM Student S,SC WHERE S.Sno=SC.Sno OR Ssex='女'
    B. SELECT Sname,Cno FROM Student S,SC WHERE Ssex='女'
    C. SELECT Sname,Cno FROM Student S JOIN SC ON Ssex='女'
    D. SELECT Sname,Cno FROM Student S JOIN SC ON S.Sno=SC.Sno WHERE Ssex='女'

38. Student 为学生表,SC 为选课表,实现"查询学生表和选课表的笛卡儿积"的 SELECT 语句为(   )。

    A. SELECT * FROM Student S,SC WHERE S.Sno=SC.Sno
    B. SELECT * FROM Student CLASS JOIN SC
    C. SELECT * FROM Student CROSS JOIN IN SC
    D. SELECT * FROM Student,SC

39. 现有 book 表,包含字段:price(float)。现要查询书价最高的书目的详细信息,以下语句中正确的是(   )。

    A. select top 1 * from book order by price asc
    B. select top 1 * from book order by price desc
    C. select * from book where price= max(price)
    D. select top 1 * from book where price= max(price)

40. 有学生表 S(S#,SN,SEX,AGE,DEPT),其中:S# 为学号,SN 为姓名,SEX 为性别,AGE 为年龄,DEPT 为系别。检索所有比"王华"年龄大的学生姓名、年龄和性别,正确的 SELECT 语句是(   )。

    A. SELECT SN,AGE,SEX FROM S WHERE AGE>(SELECT AGE FROM S WHERE SN="王华")

    B. SELECT SN,AGE,SEX FROM S WHERE SN='王华'

    C. SELECT SN,AGE,SEX FROM S WHERE AGE>(SELECT AGE WHERE SN='王华')

    D. SELECT SN,AGE,SEX FROM S WHERE AGE>王华.AGE

41. 在 SQL 语言中,子查询是(   )。

    A. 选取单表中字段子集的查询语句   B. 返回单表中数据子集的查询语句

    C. 嵌入另一条查询语句中的查询语句   D. 返回多表中字段子集的查询语句

42. 在 Student 表中查询与刘晨同系的学生信息(基于带 EXISTS 的查询)的语句是:SELECT * FROM Student s WHERE (   )。

    A. EXISTS (SELECT * FROM Student t WHERE t.Sname='刘晨' AND t.Sdept=s.Sdept)

    B. NOT EXISTS (SELECT * FROM Student t WHERE t.Sname='刘晨' OR t.Sdept=s.Sdept)

    C. EXISTS (SELECT * FROM Student t WHERE t.Sname='刘晨' OR t.Sdept=s.Sdept)

    D. NOT EXISTS (SELECT * FROM Student t WHERE t.Sname='刘晨' AND t.Sdept=s.Sdept)

43. 在 Student 表中查询年龄比刘晨小的学生的信息(基于嵌套查询)的语句是:SELECT * FROM Student WHERE (   )。

    A. Sage>刘晨.Sage

    B. Sage<刘晨.Sage

    C. Sage>(SELECT Sage FROM Student WHERE Sname='刘晨')

    D. Sage<(SELECT Sage FROM Student WHERE Sname='刘晨')

44. 在 Student 表中查询每名学生比刘晨大多少岁(基于嵌套查询)的语句是:SELECT Sname,(   ) FROM Student。

    A. Sage-(SELECT Sage FROM Student WHERE Sname='刘晨')

    B. Sage-刘晨.Sage

    C. Sage+(SELECT Sage FROM Student WHERE Sname='刘晨')

    D. Sage+刘晨.Sage

45. 在 Student 表中查询与刘晨同系的学生信息(基于嵌套查询)的语句是:SELECT * FROM Student (   )。

习题解析

    A. WHERE Sname IN (SELECT Sdept FROM Student WHERE Sname='刘晨')

    B. WHERE Sdept IN (SELECT Sdept FROM Student WHERE Sname='刘晨')

    C. WHERE Sdept > (SELECT Sdept FROM Student WHERE Sname='刘晨')

    D. WHERE Sdept IN (SELECT Sname FROM Student WHERE Sname='刘晨')

46. 在 Student 表中查询年龄比 IS 系所有学生都大的学生信息(基于嵌套查询)的语句是：SELECT * FROM Student WHERE (　　)。

　　A. Sage＞ALL(SELECT Sage FROM Student WHERE Sdept＝'IS')

　　B. Sage＞ANY IS. Sage

　　C. Sage＞ANY(SELECT Sage FROM Student WHERE Sdept＝'IS')

　　D. Sage＞ALL IS. Sage

47. 在 Student 表中查询 IS 系年龄不大于 19 岁的学生(基于集合查询)的语句是：SELECT * FROM Student WHERE Sdept＝'IS'(　　) SELECT * FROM Student WHERE Sage！＞19。

　　A. EXCEPT　　　　B. INTERSECT　　　C. ALL　　　　D. UNION

48. SC 表有学号(Sno)、课程号(Cno)、成绩(Grade)属性，实现"查询选修了 1 号课程但没有选修 2 号课程的学生学号(基于集合查询)"的语句是：SELECT Sno FROM SC WHERE Cno＝'1'(　　) SELECT Sno FROM SC WHERE Cno＝'2'。

　　A. EXCEPT　　　　B. ALL　　　　　　C. INTERSECT　　D. UNION

49. Student 表和 SC 表中，Sno 为学号。查询 CS 系的学生学号或选修了 1 号课程的学生学号(基于集合查询)的语句是：SELECT Sno FROM Student WHERE Sdept＝'CS'(　　) SELECT Sno FROM SC WHERE Cno＝'1'。

　　A. EXCEPT　　　　B. UNION　　　　　C. INTERSECT　　D. ALL

50. 在 SQL 中，UNION 操作后的 ALL 关键字的作用为(　　)。

　　A. 将两个子查询的目标列合并在一起

　　B. 不消除结果表中的重复行

　　C. 将两个子查询的所有相关信息混合显示

　　D. 将两个子查询的所有行混合显示

二、判断题

1. 参与集合操作的两个子查询须满足：目标列总数相同，并按顺序一一对应；对应列的数据类型和长度相同。(　　)

2. 集合查询指用集合操作将多个子查询的结果集合并为一个。(　　)

3. 打开数据库的命令是"USE DATABASE 数据库名"。(　　)

4. 若要删除数据库中已经存在的表 A，可用语句 DELETE TABLE A。(　　)

5. 一个数据库可以包含多个数据库文件，但只能包含一个事务日志文件。(　　)

6. 主键列上可以再创建唯一性约束。(　　)

7. 关于外键和相应的主键之间的关系，要求外键列一定要与相应的主键同名，并且唯一。(　　)

8. 关于主键与外键之间的关系，在定义外键时，应该首先定义外键约束，然后定义主键表的主键约束。(　　)

9. 按照用途来分，表可以分为系统表和用户表两大类。(　　)

10. 若要删除表中的数据，如果该数据存在，只要删除语句正确，就一定能删除成功。(　　)

第3章 视图

视图是一种常用的数据库对象,是由一个或几个基本表(或视图)导出的一个虚拟表,数据库中只存储视图的定义,并不存储视图对应的数据,数据都存储在基本表中。在使用视图时,DBMS自动进行"视图消解",将对视图的一切操作(增、删、改、查)最终转换为对相应基本表的操作。当基本表中的数据发生变化时,通过视图查询的数据也随之改变;当修改视图中的数据时,基本表中的数据也随之变化。视图为查看和存取数据提供了另外一种途径。

行列子集视图:若一个视图是从单个基本表导出的,并且只是去掉了基本表的某些行或某些列,但保留了主码,称这类视图为行列子集视图。一般RDBMS都允许对行列子集视图进行更新,对其他类型视图的更新,不同系统有不同限制。

视图的主要作用:①简化操作;②提高数据安全性;③屏蔽数据库的复杂性;④使用户能以多种角度看待同一数据;⑤对重构数据库提供了一定程度的逻辑独立性。

3.1 创建视图

视频讲解

1) 创建视图的语法

```
CREATE VIEW 视图名 [ ( 列名 [ , …n ] ) ] [ WITH ENCRYPTION ]
AS
select_statement [ WITH CHECK OPTION ]
```

参数说明如下。

列名:表示视图中的列名,需要全部指定或者全部省略。

WITH ENCRYPTION:对语句文本加密。

AS:关键字,后面接视图定义的语句。

select_statement:定义视图的SELECT语句,也就是外模式到模式的映射。

WITH CHECK OPTION:强制针对视图执行的所有数据修改语句都必须符合在select_statement中设置的条件。

说明:定义视图时,组成视图的列名或者全部省略或者全部指定。如果全部省略,则由SELECT目标列中的列名作为视图列;如果SELECT某目标列是聚集函数或表达式,并且没有给出别名,则视图的列名不可省略。

2) 创建视图的例题

【例题3-1】 建立所有少数民族学生的信息视图v_Student_ssmz。

代码:USE stuDB

```
GO
CREATE VIEW v_Student_ssmz
AS
SELECT * FROM Student WHERE nation <> '汉族'
```

说明：本章的例题都是基于 stuDB 数据库中的 Student 表、Course 表、SC 表，表结构如表 1-1～表 1-3 所示。

【例题 3-2】 建立所有少数民族学生的信息视图 v_Student_ssmz，并要求进行修改和插入操作时仍需保证该视图只有少数民族的学生。

代码：
```
DROP VIEW v_Student_ssmz
GO
CREATE VIEW v_Student_ssmz
AS
SELECT * FROM Student WHERE nation <> '汉族'
WITH CHECK OPTION
```

说明：创建视图时加入 WITH CHECK OPTION 选项，在通过视图插入、修改数据时会自动检查数据是否符合定义视图的条件：nation <> '汉族'，不符合则拒绝操作。

可以通过查询系统视图的方式来判断视图是否存在，存在则先删除后创建，将删除视图的代码改为：

```
IF exists ( SELECT * FROM INFORMATION_SCHEMA.VIEWS
        WHERE table_name = 'v_Student_ssmz' )
DROP VIEW v_Student_ssmz
```

【例题 3-3】 基于多个基表的视图。建立学生的成绩视图（包括学号、姓名、民族、课程名、成绩）。

代码：
```
CREATE VIEW v_grade
AS
SELECT SC.Sno as 学号, name as 姓名, nation as 民族,
        Cname as 课程名, Grade as 成绩
FROM Student, Course, SC
WHERE Student.Sno = SC.Sno and Course.Cno = SC.Cno
```

【例题 3-4】 基于视图的视图。建立少数民族学生的成绩视图（包括学号、姓名、课程名、成绩）。

代码：
```
CREATE VIEW v_grade_ssmz
AS
SELECT 学号, 姓名, 课程名, 成绩
FROM v_grade
WHERE 民族 <>'汉族'
```

说明：例题 3-3 已经创建了全体学生成绩情况的视图，本例题的视图内容是例题 3-3 视图的子集，视图上还可以再建视图。

【例题 3-5】 带表达式的视图。定义一个反映学生年龄的视图。

代码：
```
CREATE VIEW v_studentNL( Sno, name, Sex, Nation, nl )
AS
SELECT Sno, name, Sex, Nation, year(GETDATE( )) - year(Birthday) FROM Student
GO
```

说明：前面例题中都没有给出视图中的列名，表示用 SELECT 查询语句中的列名作为了视图的列名。本例题的 SELECT 语句中有一个计算学生年龄的计算列，而且没有给计算列别名，因此必须在视图名字后面给出视图的列名。

【例题 3-6】 分组视图。将学生的学号及其平均成绩定义为一个视图。

代码：CREATE VIEW v_G
　　　　AS
　　　　SELECT Sno , AVG(Grade) as Gavg FROM SC GROUP BY Sno

说明：本例题的 SELECT 语句中用聚合函数计算平均成绩，在语句中给出了列的别名，此时视图可以省略列名，表示使用 SELECT 语句中的列名作为视图列名。

【例题 3-7】 不指定属性列。将 Student 表中的所有女生记录定义为一个视图。

代码：CREATE VIEW v_Student(Sno , name , sex , nation , birthday)
　　　　AS
　　　　SELECT * FROM Student WHERE sex = '女'

说明：本例题给出了视图的列名，但 SELECT 语句中没有写具体列名，用 * 号查询表中的所有列，这样写语句会影响数据逻辑独立性。因为如果 Student 表需要增加列，Student 表与视图 v_Student 的列就不再对应，映象关系被破坏，导致该视图错误，也影响相关应用程序。所以提醒读者，定义视图时不应该写 SELECT *，应该把列名一个个写上。

3.2 修改视图

1）修改视图的语法

```
ALTER VIEW 视图名 [ ( 列名 [,…n] ) ] [WITH ENCRYPTION]
AS
select_statement [ WITH CHECK OPTION ]
```

说明：修改视图需要给出视图的完整定义，此操作可以用先删除视图，然后再重新创建的操作替代。视图中不保存数据，数据都保存在基本表中，删除视图不会造成数据丢失。

2）修改视图的例题

【例题 3-8】 修改视图 v_Student_ssmz，改为查询所有汉族的学生。

代码：ALTER VIEW v_Student_ssmz
　　　　AS
　　　　SELECT * FROM Student WHERE nation = '汉族'
　　　　WITH CHECK OPTION

3.3 删除视图

1）删除视图的语法

DROP VIEW 视图名[,…n]

说明：该语句为从数据字典中删除指定视图的定义，不会删除数据。删除基本表时，由该表导出的所有视图依旧存在，只是不可用，该表重新建好后，视图继续可用。

2) 删除视图的例题

【例题 3-9】 删除视图 v_Student_ssmz。

代码：DROP VIEW v_Student_ssmz

3.4 使用视图

1) 使用视图查询数据的例题

【例题 3-10】 在 V_G 视图中查询平均成绩在 90 分以上的学生学号和平均成绩。

代码：SELECT * FROM v_G WHERE Gavg >= 90

说明：FROM 后面的数据源可以是三种表：基本表、查询表和视图表。使用视图可以简化查询操作。

如果事先没有创建 V_G 视图，查询平均成绩在 90 分以上的学生学号和平均成绩的操作可以用如下代码完成。

代码：SELECT Sno , AVG(Grade) AS Gavg FROM SC
　　　　GROUP BY Sno having AVG(Grade) >= 90

2) 使用视图更新数据的例题

【例题 3-11】 利用少数民族学生的信息视图 v_Student_ssmz 修改学生数据，将学号为 1003 的学生姓名改为"晴空万里"。

代码：UPDATE v_Student_ssmz
　　　　SET name = '晴空万里'
　　　　WHERE Sno = 1003

说明：视图并不存储数据，修改视图中的数据，实际上是修改视图对应的基本表中的数据。执行语句时系统自动根据视图的定义将语句转换为对基本表数据的修改，此转换过程称为"视图消解"，转换后的语句如表 3-1 所示。

表 3-1 视图消解后的语句

转换后的语句	视图定义语句
UPDATE Student SET name = '晴空万里' WHERE Sno = 1003 and nation <> '汉族'	CREATE VIEW v_Student_ssmz AS SELECT * FROM Student WHERE nation <> '汉族' WITH CHECK OPTION

【例题 3-12】 向少数民族学生信息视图 v_Student_ssmz 中插入一条新的学生记录：张亮，男，鄂伦春族，生日为 1997.10.10。

代码：USE stuDB
　　　　GO
　　　　INSERT INTO v_Student_ssmz
　　　　VALUES('张亮','男','鄂伦春族','1997.10.10')

说明：Student 表中学号(Sno)是标识列，自动赋值，所以不需要给值。只要除 Sno 之外的列的数量和顺序与 VALUES 语句中值的数量和顺序一致，视图名后面就可以省略列名。

【例题 3-13】 向少数民族学生信息视图 v_Student_ssmz 中插入一条新的学生记录：赵凯，男，汉族。

代码：INSERT INTO v_Student_ssmz(name , Sex , Nation)
　　　VALUES('赵凯' , '男' , '汉族')

说明：同样都是插入数据的语句，例题 3-12 的语句执行成功，例题 3-13 的语句就执行失败。因为视图创建语句中有 WITH CHECK OPTION 选项，限制只能插入民族不是"汉族"的数据。

【例题 3-14】 删除少数民族学生信息视图 v_Student_ssmz 中学号为 1001 的学生信息。

代码：DELETE FROM v_Student_ssmz
　　　WHERE Sno = 1001

说明：此语句能够正确执行，但学号为 1001 的学生是汉族，并未删除。因为删除语句由系统自动转换为对基本表数据的删除语句：DELETE FROM Student WHERE Sno = 1001 AND nation <> '汉族'。

【例题 3-15】 通过视图 v_G 修改学号为 1001 学生的平均成绩为 90 分。

代码：UPDATE V_G SET Gavg = 90 WHERE Sno = 1001

说明：此语句执行失败，因为该语句无法通过视图的定义转换为对基本表数据修改的语句。不是所有的视图都是可更新的，一般 DBMS 只允许对行列子集视图进行更新，视图 v_Student_ssmz 是行列子集视图。

实验 7　视图的使用

一、实验目的

（1）了解视图的用途。
（2）熟悉视图的定义和使用方法。

二、实验内容

继续使用实验 2 创建的银行储蓄数据库，客户信息（customerInfo）表、账户信息（accountInfo）表和交易信息（transInfo）表 3 个表的表结构见表 2-18～表 2-20。

请使用 SQL 语句完成如下实验内容。

（1）创建视图 v_1，包含客户编号、客户姓名、证件号码、电话，以便限制一些用户只能访问这一部分信息。

（2）创建联合客户信息表和账户信息表两个表的视图 v_2，显示客户编号、客户姓名、证件类型、证件号码、账号、存款类型、账户余额、账户状态，要求都显示汉字名称。

（3）创建日统计视图 v_3，每天显示一条，显示内容为日期、日存入金额、日支取金额、日合计金额（日存入金额－日支取金额）。

（4）创建月统计视图 v_4，显示内容为年月、月存入金额、月支取金额、月合计金额（月存入金额－月支取金额）。

（5）通过视图 v_1 查询客户编号、客户姓名、证件号码、电话。

（6）通过视图 v_1 增加一个客户信息。

(7) 通过视图 v_2 查询存款总额小于 1 万元的客户姓名、账号、账户余额。

(8) 通过视图 v_2 查询每种存款类型有多少个客户。

(9) 通过视图 v_3 删除一条信息，检验是否能删除。

(10) 通过视图 v_4 查询某一个月的存入和支取情况。

实验 8　SQL 综合练习

一、实验目的

(1) 熟练使用 SQL 语句完成各种操作，包括 DDL 语句(建库、建表)、DML 语句(数据增、删、改)、DQL 语句(数据查询)。

(2) 熟练进行视图的创建、使用和删除等基本操作。

二、实验内容

(1) 使用 SQL 语句创建一个数据库，数据库名称为自己姓名的全拼，如 zhangsan。

(2) 使用 USE 命令打开刚创建的数据库。

(3) 使用 SQL 语句在刚创建的数据库中创建学生表、课程表和成绩表 3 张表，表名都加上自己姓名的全拼，表结构如表 3-2～表 3-4 所示。

表 3-2　S＋姓名全拼

列　　名	数据类型	长度/字节	为　空　性	说　　明
sid	int	—	Not Null	学号，主键
class	varchar	10	Not Null	班级
name	varchar	8	Not Null	姓名
sex	char	2	—	性别，只可以为"男"或"女"
nation	varchar	20	—	民族
pid	char	18	—	身份证号，唯一
birthday	smalldatetime	—	—	出生日期

表 3-3　C＋姓名全拼

列　　名	数据类型	长度/字节	为　空　性	说　　明
cid	int	—	Not Null	课程号，主键
cname	varchar	30	Not Null	课程名
semester	char	1	—	开课学期
hour	int	—	—	学时

表 3-4　G＋姓名全拼

列　　名	数据类型	长度/字节	为　空　性	说　　明
ID	int	—	Not Null	主键，标识列(1,1)
sid	int	—	Not Null	来自学生表关系的外部关键字
cid	int	—	Not Null	来自课程表关系的外部关键字
grade	int	—	—	—

（4）使用 SQL 语句增加数据。

① 在"学生"表中插入记录。

第一条为你个人的信息（如果无法录入完整的学号，录入最后两位短学号），继续插入小组其他成员的信息，至少录入两位同组成员的信息。

② 在课程表中插入记录。

课程号	课程名	开课学期	学时
101	数据库	2	64
102	C 语言	1	80

③ 在成绩表中插入记录。

为你和你小组成员录入选课信息及成绩。

（5）使用 SQL 语句修改数据。

按照姓名将某一位同学的民族改为"满族"，出生日期改为 1999-12-24。

（6）使用 SQL 语句查询数据。

① 从"课程"表中查询课程的课程名、开课学期和学时。

② 在"学生"表中查询年龄为 20~22 岁的学生信息。

③ 查询学生的学号、姓名、课程名和分数，查询结果按课程名和分数降序排列。

④ 查询每个班级、每门课程的平均成绩，显示班级、课程名、平均成绩。

⑤ 用嵌套语句查询成绩在 90 分以上的学生的姓名和班级。

（7）使用 SQL 语句删除数据。

① 按照学号在"学生"表中删除一名同学的信息。

② 按姓名删除"成绩"表中某位同学的信息（嵌套查询）。

（8）创建使用视图。

① 创建一个视图"v_姓名全拼"，显示学生的学号、姓名、班级、课程名、分数。

② 在新建的视图中，按照姓名查询你自己的学号、姓名、课程名、分数。

（9）分离复制数据库文件（平台操作）。

保存代码，分离数据库，将代码和两个数据库文件都上传平台交作业，并填写学习心得。

习题

一、选择题

1. SQL 中，创建视图的命令是（　　）。

　　A. create table　　B. create view　　C. create index　　D. create proc

2. SQL 中，删除一个视图的命令是（　　）。

　　A. delete view　　B. drop view　　C. clear view　　D. remove view

3. 下列在物理存储上并不存在的是（　　）。

　　A. 数据库　　B. 本地表　　C. 视图　　D. 自由表

4. 以下关于视图的说法中不正确的是（　　）。

　　A. 视图是个虚表　　　　　　　　　B. 所有的视图均可以更新

　　C. 可以对视图进行查询　　　　　　D. 视图可以简化用户的操作

5. 在数据库系统中,当视图创建完毕后,数据字典中保存的是(　　)。
   A. 查询语句   B. 所引用的基本表的定义
   C. 视图定义   D. 查询结果
6. 视图机制提高了数据库系统的(　　)。
   A. 完整性   B. 安全性   C. 一致性   D. 并发控制
7. 以下关于视图的叙述中错误的是(　　)。
   A. 视图不存储数据,但可以通过视图访问数据
   B. 视图提供一种数据安全机制
   C. 视图可以实现数据的逻辑独立性
   D. 视图能够提高对数据的访问效率
8. 关系模式图书(图书编号,图书类型,图书名称,作者,出版社,出版日期),图书编号唯一标识一本图书,建立"计算机"类图书视图 VBOOK,并要求进行修改、插入操作时保证视图只有计算机类图书,实现上述要求的 SQL 语句是:Create view VBOOK as select 图书编号,图书名称,作者 from 图书 where 图书类型 = '计算机'(　　)。
   A. FOR ALL   B. PUBLIC
   C. WITH CHECK OPTION   D. WITH GRANT OPTION
9. 数据库的视图和表之间通过建立(　　)之间的映像,保证数据的逻辑独立性。
   A. 模式到内模式   B. 外模式到内模式
   C. 外模式到模式   D. 外模式到外模式
10. 以下定义的4个视图中,能够进行更新操作的是(　　)。
    A. CREATE VIEW S_G(学号,姓名,课程名,分数) AS
       SELECT S.学号,姓名,课程名,分数 FROM student S,score SC,course C
       WHERE S.学号 = SC.学号 AND SC.课程号 = C.课程号
    B. CREATE VIEW S_AVG(学号,平均分数) AS
       SELECT 学号,AVG(分数) FROM score WHERE 分数 IS NOT NULL
       GROUP BY 学号
    C. CREATE VIEW S_MALE(学号,姓名) AS
       SELECT 学号,姓名 FROM student WHERE 班号 = '1501'
    D. CREATE VIEW S_FEMALE(姓名,出生日期) AS
       SELECT 姓名,出生日期 FROM student WHERE 性别 = '女'
11. 在视图上不能完成的操作是(　　)。
    A. 更新视图   B. 查询
    C. 在视图上定义新的基本表   D. 在视图上定义新视图
12. 视图是一个"虚表",视图的构造基于(　　)。
    A. 基本表   B. 视图   C. 基本表或视图   D. 数据字典
13. 定义视图的语句是:create view v_em as select EmployeeID,EmployeeName,Sex from Employee。如果希望加密该视图定义语句,应该使用(　　)语句。
    A. ENCRYPTION   B. WITH ENCRYPTION
    C. WITH CHECK OPTION   D. WITH GRANT OPTION

二、判断题

习题解析

1. 视图是观察数据的一种方法,只能基于基本表建立。(　　)

2. 视图有助于实现数据的逻辑独立性。 （ ）

3. 因为通过视图可以插入、修改或删除数据，因此视图也是一个实在表，SQL Server将它保存在 syscommens 系统表中。 （ ）

4. 视图定义如果有变化，需要修改视图语句，而不能轻易删除视图再重新创建，因为删除视图可能会丢失数据。 （ ）

5. 通过视图查询数据时，DBMS 会从数据字典中取出视图的定义，把定义中的子查询和用户的查询结合起来，转换为等价的对基本表的查询，然后再执行修正后的查询，这一过程称为视图消解。 （ ）

6. 创建视图的语句"CREATE VIEW v1(ID,name) AS select sno,sname,sex from student;"是正确的。 （ ）

7. 创建视图的语句"CREATE VIEW v2 AS select sno,avg(grade) from sc group by sno;"是正确的。 （ ）

第 4 章 T-SQL程序设计

SQL 具有使用简单、功能丰富、面向集合操作等很多优点,但是 SQL 也有缺点,它缺少流程控制能力,难以实现在业务中的逻辑控制。所以,各个 DBMS 厂家都在 SQL 的基础上自己拓展流程控制功能,形成新的语言并重新命名,SQL Server 的拓展语言命名为 Transact-SQL(简称 T-SQL)。

T-SQL 可以实现程序设计的三种基本结构:顺序结构、选择结构(分支结构)、循环结构。顺序结构:程序按语句先后顺序一条条执行;选择结构:程序出现了分支,满足某个条件时选择其中一个分支执行;循环结构:程序反复执行某个或某些操作,直到条件为假时终止循环。在循环结构中最主要的是确定什么情况下执行循环,以及哪些操作需要循环执行。

T-SQL 编程会用到常量和变量。常量是值不能改变的量,分为整型常量、实数常量、字符串常量、日期时间常量、货币常量等。变量的值在程序中可以改变,SQL Server 提供两种变量:全局变量和局部变量。全局变量是系统提供的,用@@开头,用户只能使用全局变量,不可以定义和修改全局变量。用户自己定义的变量为局部变量,局部变量以@开头,变量名需要遵守标识符的命名规则。

T-SQL 标识符的命名规则:标识符第一个字符必须是字母、下画线、@或♯,后面字符可以是字母、数字、下画线、其他国家文字、$、@、♯;标识符不可用保留字,不允许嵌入空格或其他特殊字符,包含的字符数必须在1~128内。

4.1 流程控制相关语句

视频讲解

SQL Server 中常用的流程控制相关语句如表 4-1 所示。

表 4-1 SQL Server 中常用的流程控制相关语句

语 句	说 明
DECLARE 语句	声明语句。可用于声明变量,格式如下: DECLARE @变量名 变量类型和长度[= 默认值][,…] 声明的变量为局部变量。SQL Server 中的变量分为用户自己定义的局部变量和系统提供的全局变量,局部变量由@开头,全局变量由@@开头,如@@ERROR。用户不可以定义全局变量,也不可以修改全局变量

续表

语　句	说　明
SET 语句	变量赋值语句。一次只能给一个变量赋值,格式如下: 　　SET @变量名 = 值 SET 语句还可以进行系统环境选项设定,格式如下: 　　SET 选项 ON | OFF
PRINT 语句	输出信息语句。一次只能输出一个值,结果在屏幕上显示,格式如下: 　　　PRINT 表达式 PRINT 只可以输出常量、表达式、变量,不允许输出表中的字段值
SELECT 语句	既可以替代 SET 为变量赋值,也可以替代 PRINT 输出信息。 用 SELECT 语句可以同时为多个变量赋值,常用于将表中查询结果赋值给变量; 用 SELECT 语句可以同时输出多个信息,也可以输出表中的字段值,输出格式与 PRINT 也不同
BEGIN…END 语句	块语句,用 BEGIN…END 将多条语句封装成一个语句块,作为一个整体一起处理,一般和 WHILE 或 IF…ELSE 语句配合使用,允许多层嵌套。单条语句可以省略 BEGIN…END
IF…ELSE 语句	双分支语句。有两个分支,满足条件时执行 IF 后面的语句或语句块,不满足条件时执行 ELSE 后面的语句或语句块,多组 IF…ELSE 嵌套可以实现多分支。IF…ELSE 语句格式如下: 　　IF <逻辑表达式> 　　　语句块 1 　　[ELSE 　　　语句块 2]
WHILE 语句(BREAK 语句、CONTINUE 语句)	循环控制语句。如果 WHILE 后面的条件为真,就重复执行语句块,直到条件为假时退出循环。循环语句块中可以嵌入 BREAK 或 CONTINUE 语句,改变正常的循环流程,含义如下: BREAK:强制退出 WHILE 循环,执行循环语句块后面的语句; CONTINUE:提前结束本次循环,忽略 CONTINUE 后面的语句,判断循环条件是否满足,如满足,从循环语句块的第一条语句开始执行,进入下一次循环
RETURN 语句	用于从函数中返回执行结果,RETURN 之后的语句不执行
GO 语句	批处理标志。前面一批语句开始执行,GO 后面开始一个新的批处理
IF EXISTS 语句	检测语句。用于检测数据是否存在,而不考虑与之匹配的数据行数,一般用在创建数据库、创建表或其他数据库对象之前判断对象是否存在,比使用 count(*)>0 效率高,具体语法格式如下: 　　IF [NOT] EXISTS (SELECT 子查询) 　　　　<SQL 命令行或语句块> 　　[ELSE 　　　　<SQL 命令行或语句块>]

续表

语　句	说　明
| CASE 语句 | 多分支语句。用于实现程序中的多个分支选择结构，有两种格式：简单格式和搜索格式。<br>简单格式：<br><br>```
CASE 输入表达式
    When 表达式 1    then 结果 1
    When 表达式 2    then 结果 2
    [ … n ]
    [ ELSE    其他结果 ]
END
```<br><br>示例 1<br>```
SELECT grade, 年级 =
   CASE grade
      when 2014 then '14 级'
      when 2015 then '15 级'
      when 2016 then '16 级'
      ELSE '老生'
   END
FROM readers
```<br><br>搜索格式：<br><br>```
CASE
    When 逻辑表达式 1    then 结果 1
    When 逻辑表达式 2    then 结果 2
    [ … n ]
    [ ELSE    其他结果 ]
END
```<br><br>示例 2<br>```
SELECT grade, 年级 =
   CASE
      when grade = 2014 then '14 级'
      when grade = 2015 then '15 级'
      when grade = 2016 then '16 级'
      ELSE '老生'
   END
FROM readers
```<br><br>示例 1 和示例 2 的执行结果：<br><br>| | grade | 年级 |<br>|---|---|---|<br>| 1 | 2015 | 15 级 |<br>| 2 | 2014 | 14 级 |<br>| 3 | 2013 | 老生 |<br>| 4 | 2016 | 16 级 | |
| TRY…CATCH 语句 | 类似于 C♯和 C++语言中的异常处理和错误处理语句。TRY 中包含所有要监控的语句块，CATCH 捕捉异常并进行处理。语句格式如下：<br><br>```
BEGIN TRY
   程序语句块
END TRY
BEGIN CATCH
   异常处理语句块
END CATCH
``` |
```

续表

语 句	说 明
WAITFOR 语句	延时语句。暂停程序执行,直到所设定的时间已过,或所设定的时间已到才继续往下执行,格式如下: 　　WAITFOR DELAY <延时时间>｜ TIME <到达时间>
注释语句	T-SQL 中的注释有两种;单行注释(--)和多行注释(/*　*/)。 单行注释由两个半角连字符构成,多行注释与 C 语言程序注释相同。注释不参与编译,不被执行,程序中适当添加注释说明语句的含义,可以增强程序的可读性
GOTO 语句	跳转语句。无条件跳转到标签处继续执行。格式如下: 　　GOTO 标签名 标签可以在程序的任意位置,但是应该尽量避免使用 GOTO 语句

4.2 顺序结构的例题

【例题 4-1】 在 bookDB 数据库中查找田湘同学借了哪些书,查找条件用变量传递。

代码:
```
USE bookDB                          -- 打开数据库
GO
DECLARE @xm varchar(8)              -- 声明变量
SET @xm = '田湘'                    -- 为变量赋值
SELECT bookname
FROM books , readers , borrow
WHERE books.BookID = borrow.BookID
  and readers.ReaderID = borrow.ReaderID
  and ReaderName = @xm
```

说明:顺序结构就是指语句按照先后顺序一条一条执行的语句结构,前面任务中建库、建表、操作数据的语句都是顺序结构语句。

本例题使用 DECLARE 关键字声明局部变量@xm,用 SET 语句为变量@xm 赋值,将@xm 作为 SELECT 语句查询条件。用两个半角连字符--构成的单行注释语句用于说明语句的含义,不参与编译和执行。

【例题 4-2】 在 bookDB 数据库 readers 表中查找读者的姓名和性别。

代码:
```
USE bookDB                                          -- 打开数据库
GO
DECLARE @xm varchar(8), @xb char(2)                 -- 定义变量
SELECT @xm = readername, @xb = Sex FROM  readers   -- 将子查询结果赋值给变量
PRINT @xm                                           -- 显示变量中的值
PRINT @xb                                           -- 显示变量中的值
```

说明:使用 SELECT 语句可以一次为多个变量赋值,可以从表中查询数据赋值给变量,如果查询数据返回多个值,赋值给变量的是最后一个值,如果查询没有结果,则变量赋值

为 null。一个 PRINT 语句只能输出一个值。

【例题 4-3】 使用全局变量@@ROWCOUNT 输出上一条语句受影响的行数。

代码：
```
USE bookDB                                          -- 打开数据库
GO
DECLARE @xm varchar(8), @xb char(2)                 -- 定义变量
SELECT  @xm = readername, @xb = Sex FROM  readers   -- 将子查询结果赋值给变量
PRINT   @@ROWCOUNT
```

执行结果：5（说明：readers 表中现有 5 条记录）。

说明：全局变量是 SQL Server 系统定义并赋值的变量，以@@开头，用户不可以定义和修改全局变量，可以当作系统函数一样使用。

【例题 4-4】 在 bookDB 数据库查找读者的数量，并在屏幕上输出"共有读者？人"。

代码：
```
USE bookDB                                      -- 打开数据库
GO
DECLARE  @sl int                                -- 定义变量
SELECT   @sl = count(*) FROM  readers           -- 将子查询结果赋值给变量
PRINT    '共有读者' + ltrim(str(@sl)) + '人'    -- 字符串连接显示变量中的值
```

执行结果：共有读者 5 人。

说明：本例题使用 count() 函数统计人数，统计的结果存在整型变量中，因为数值型与字符串型数据不能直接运算，所以用 str() 函数将数值型转换为字符型，又用 ltrim() 函数去掉左侧空格。有关函数的用法见附录 A。

【例题 4-5】 用 GETDATE() 函数取出系统日期，并显示为"今天是???? 年?? 月?? 日"。

代码：
```
DECLARE @y int , @m int , @d int
DECLARE @xs varchar(20) = ''
SELECT  @y = YEAR(GETDATE()) , @m = MONTH(GETDATE()) , @d = DAY(GETDATE())
SET  @xs = @xs + '今天是' + str(@y, 4) + '年'
SET  @xs = @xs + right('0'+ ltrim(str(@m , 2)) , 2) + '月'
SET  @xs = @xs + right( '0' + ltrim( str( @d , 2 ) ) , 2) + '日'
SELECT @xs
```

执行结果：今天是 2022 年 06 月 08 日（说明：显示日期因运行时间的不同而改变）。

说明：DECLARE 语句声明变量，可以用一个 DECLARE 语句声明多个变量，也可以用多个 DECLARE 语句进行变量声明。第一条语句声明了三个整数变量，分别用于保存当前日期中的年、月、日，第二条语句又声明一个字符型变量@xs，用于存储要输出的结果，并给变量@xs 赋初值为空格。

SELECT 和 SET 语句都可以为变量赋值，一条 SELECT 语句可以为多个变量赋值，而一条 SET 语句只可以为一个变量赋值。本例题中使用多个日期型函数和字符串函数，有关函数的使用方法见附录 A。

【例题 4-6】 用随机数函数 RAND() 生成 1～100 的随机数并输出。

代码：
```
DECLARE  @sjs float , @s int
SET  @sjs = RAND()
SET  @s = 1 + FLOOR( @sjs * 100 )
PRINT  @s
```

说明：随机数函数 RAND() 返回 float 类型的随机数，该数的值为 0～1。将生成的随机数乘以 100，数值范围就是(0，100)，用 FLOOR() 函数取小于或等于该数值的最大整数，则

可能的最小整数是0,最大整数是99,加上1之后的范围就是[1,100]的整数。

【例题4-7】 使用waitfor语句延迟要执行的语句。

方法一代码：USE bookDB
　　　　　　GO
　　　　　　waitfor delay '00:00:30'
　　　　　　SELECT * FROM readers

执行效果如图4-1所示。

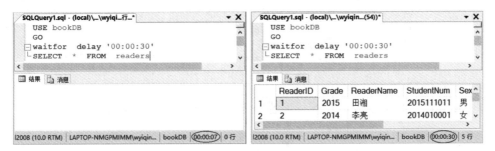

图4-1　方法一语句的执行效果

方法二代码：USE bookDB
　　　　　　GO
　　　　　　waitfor time '10:34:00'
　　　　　　SELECT * FROM readers

执行效果如图4-2所示。

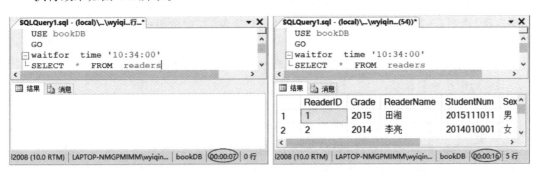

图4-2　方法二语句的执行效果

说明：waitfor语句是延时语句,分为相对延时和绝对延时,"waitfor delay <延时时间>"语句是相对延时,如方法一语句,延时30秒,系统就计时等待,30秒后再开始执行后面的语句;"waitfor time <延时时间>"语句是绝对延时,如方法二语句,系统计时等待,直到系统时间到了设定的时间后再开始执行后面的语句,状态栏上的计时也不再跳动。

4.3　选择结构的例题

【例题4-8】 在stuDB数据库的Student表中查找学生最大年龄,如果年龄大于20岁,屏幕显示"有年龄大于20岁的学生",否则显示"没有年龄大于20岁的学生"。

流程图及语句如图4-3所示。

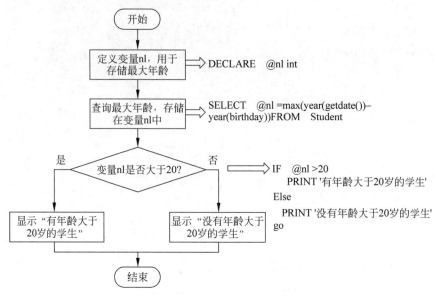

图 4-3 例题 4-8 的流程图及代码

说明：本例题使用 IF…ELSE 语句实现双分支选择结构，顺序结构语句遇到 IF 进行条件判断，根据判断结果决定走哪一个分支，有两个分支，一次只能走一个分支。

【例题 4-9】 购书折扣。某书店会根据用户类别和购书金额的不同给予不同的折扣，具体规则如下：普通用户购书超过 100 元给予 9 折，否则给予 95 折；会员购书超过 200 元给予 8 折，否则 85 折。请编写程序，自动计算应付金额，并提示用户享受的折扣信息。

实现思路：

（1）定义两个变量，一个用于存储用户类型，一个用于存储购书金额。

（2）为两个变量赋值。

（3）使用 IF…ELSE 选择控制语句判断。

第一层判断，判断用户类型，区分是普通用户还是会员。

第二层判断，判断购书金额，根据金额不同给予不同折扣，普通用户购书超过 100 元给予 9 折，否则给予 95 折；会员购书超过 200 元给予 8 折，否则给予 85 折。

（4）运行程序，检验结果。

（5）改变变量的数值，再次运行程序，检验结果。

流程图如图 4-4 所示。

代码：

```
DECLARE @yhlx varchar(8), @gsje decimal(6,2)
SELECT @yhlx = '会员', @gsje = 100.1
IF @yhlx = '会员'
   BEGIN
      IF @gsje >= 200
         BEGIN
            SET @gsje = @gsje * 0.8
            SELECT '会员购物超 200 元 8 折优惠,实付金额为:' + ltrim(str(@gsje))
         END
```

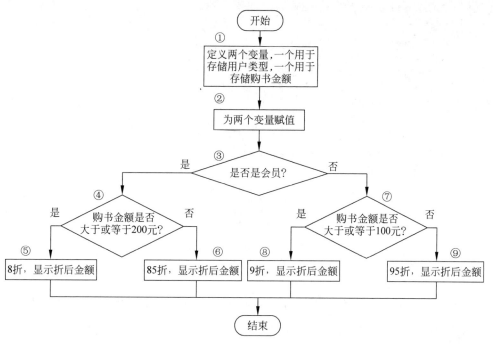

图 4-4 例题 4-9 的流程图

```
    ELSE
        SET @gsje = @gsje * 0.85
        SELECT '会员 85 折优惠,实付金额为:' + ltrim(str(@gsje))
    END
ELSE
    BEGIN
        IF @gsje >= 100
            BEGIN
                SET @gsje = @gsje * 0.9
                SELECT '普通用户购物超过 100 元 9 折优惠,实付金额为:' + ltrim(str(@gsje))
            END
        ELSE
            BEGIN
                SET @gsje = @gsje * 0.95
                SELECT '普通用户购物不足 100 元 95 折优惠,实付金额为:' + ltrim(str(@gsje))
            END
    END
```

说明：本例题目使用两层 IF…ELSE 语句进行嵌套,实现多分支结构。每个分支中需要执行的多条语句构成了语句块,多条语句的语句块需要用 BEGIN…END 语句封装起来,否则只能正常执行其中的第一条语句。如上语句中有一处错误,请找到错误并予以改正。

【**例题 4-10**】 stuDB 数据库中的 SC 表存储的成绩都是分数,请你根据分数给出"优秀""良好""中等""及格""不及格"的五个等级,90 分及以上为优秀,80～89 分为良好,70～79 分为中等,60～69 分为及格,低于 60 分为不及格。请编写 T-SQL 语句块输出学生姓名、课程名、分数、等级。

代码: SELECT name as 学生姓名, Cname as 课程名, grade as 分数,
   CASE
    when grade >= 90 then '优秀'
    when grade < 90 and grade >= 80 then '良好'
    when grade < 80 and grade >= 70 then '中等'
    when grade < 70 and grade >= 60 then '及格'
    ELSE '不及格'
   END AS 等级
   FROM Student, Course, SC
   WHERE Student.Sno = SC.Sno and Course.Cno = SC.Cno

执行结果如图 4-5 所示。

	学生姓名	课程名	分数	等级
1	张海波	C语言程序设计	98	优秀
2	张海波	数据库原理	89	良好
3	张海波	软件工程	77	中等
4	李华华	C语言程序设计	56	不及格

图 4-5 例题 4-10 的执行结果

说明: 将 CASE 语句嵌套在 T-SQL 语句块中可以实现多分支结构,替代多层嵌套 IF…ELSE 语句。

4.4 循环结构的例题

【例题 4-11】 编写 T-SQL 语句块,计算并输出 $1+2+3+4+\cdots+100$ 的和。

代码:

```
1  DECLARE @i int, @sum int          -- 定义两个变量,一个用于存储加数,一个用于存储和
2  SELECT @sum = 0                   -- 给存和的变量赋初值 0
3  SELECT @i = 1                     -- 第一个加数是 1
4  WHILE @i <= 100                   -- 判断是否达到最大加数
5  BEGIN
6      SET @sum = @sum + @i          -- 把加数累加到@sum 中
7      SET @i = @i + 1               -- 加数加 1
8  END
9  PRINT @sum                        -- 输出结果
```

执行结果: 5050。

说明: SQL Server 中使用 WHILE 语句实现循环结构,WHILE 后面接循环条件,当条件为真时执行循环语句块中的内容(见第 6、7 行语句),执行完毕后再判断循环条件,重复执行此过程,直到条件不满足则退出循环,执行循环语句后面的第一条语句(见第 9 行语句)。

【例题 4-12】 给出数字 m,编写 T-SQL 语句块,计算并输出 $1+2+3+4+\cdots+m$ 的结果。

代码:

```
1  DECLARE @i int,@sum int,@m int    -- 定义三个变量
2  SELECT @sum = 0                   -- 给和变量@sum 赋初值 0
3  SELECT @m = 50                    -- 赋值@m,决定循环截止条件
```

```
4  SELECT @i = 1                    -- 循环变量赋初值
5  WHILE @i <= @m                   -- 判断是否达到最大值
6  BEGIN
7    SET @sum = @sum + @i           -- 把加数累加到@sum中
8    SET @i = @i + 1                -- 加数加1
9  END
10 PRINT @sum                       -- 输出结果
```

执行结果：1275。

说明：本例题的循环截止条件可动态给出，比例题 4-11 灵活。本例题在第 1 行语句中比例题 4-11 多定义一个变量@m int，在第 3 行给@m 赋值。通过修改第 3 行语句赋不同的值，可计算出不同的数字之和。程序要尽量灵活，应让一个程序可以完成多个任务，而不是只为完成一个任务就编写一个程序。

【例题 4-13】 编程计算 $1×2×3×4×\cdots×20$。

代码：

```
DECLARE @i int, @product bigint    -- 乘积超过了 int 范围需用 bigint
SELECT @product = 1                -- 存乘积的变量赋初值
SELECT @i = 1                      -- 循环变量赋初值1,也是第一个乘数
WHILE @i <= 20                     -- 判断是否达到最大值
BEGIN
  SET @product = @product * @i    -- 循环变量乘入乘积
  SET @i = @i + 1                 -- 下一个乘数
END
PRINT @product                     -- 输出结果
```

执行结果：2432902008176640000。

说明：存和的变量应该赋初值为 0，存乘积的变量赋初值必须是 1，这样赋值不会影响计算的数值。多个数连乘的结果数字很大，超过了 int 类型的最大范围，所以本题使用了 bigint 数据类型。

【例题 4-14】 编程求 1～200 偶数的和（多种方法）。

方法一代码：

```
DECLARE @i int, @sum int           -- 定义两个变量
SELECT @sum = 0                    -- 给存和的变量赋初值0
SELECT @i = 2                      -- 循环变量赋初值2
WHILE @i <= 200                    -- 判断是否达到最大加数
BEGIN
  SET @sum = @sum + @i            -- 累加到@sum中
  SET @i = @i + 2                 -- 循环变量每次增加2
END
PRINT @sum                         -- 输出结果
```

方法二代码：

```
DECLARE @i int, @sum int           -- 定义两个变量
SELECT @sum = 0                    -- 给存和的变量赋初值0
SELECT @i = 1                      -- 循环变量赋初值1
WHILE @i <= 200                    -- 判断是否达到最大加数
```

```
BEGIN
  IF @i % 2 = 0                      -- 判断余数为0时才累加
    SET @sum = @sum + @i             -- 累加到@sum中
  SET @i = @i + 1                    -- 循环变量每次增加1
END
PRINT @sum                           -- 输出结果
```

方法三代码：

```
DECLARE @i int, @sum int             -- 定义两个变量
SELECT @sum = 0                      -- 给存和的变量赋初值0
SELECT @i = 0                        -- 循环变量赋初值,从0开始
WHILE @i < 200                       -- 判断是否达到最大加数
BEGIN
  SET @i = @i + 1                    -- 循环变量累加,先累加后求和
  IF @i % 2 = 1                      -- 判断余数为1,结束本次循环,不累加
    continue                         -- 循环短路
  SET @sum = @sum + @i               -- 累加到@sum中
END
PRINT @sum                           -- 输出结果
```

方法四代码：

```
DECLARE @i int, @sum int             -- 定义两个变量
SELECT @sum = 0                      -- 给存和的变量赋初值
SELECT @i = 1                        -- 循环变量赋初值,从1开始
WHILE @i >= 0                        -- 判断是否大于0,永远满足
BEGIN
  SET @i = @i + 1                    -- 循环变量累加,先累加后求和
  IF @i > 200                        -- 判断是否到最大值
    BEGIN
      SELECT '1~200偶数的和为' = @sum  -- 输出结果
      break                          -- 强制终止循环
    END
  IF @i % 2 = 1                      -- 判断为奇数
    continue                         -- 循环短路,不做累加操作
  ELSE
    SET @sum = @sum + @i             -- 累加到@sum中
END
```

方法一~方法三的执行结果如图4-6所示,方法四的执行结果如图4-7所示。

图4-6　方法一~方法三的执行结果 　　　图4-7　方法四的执行结果

说明： 一个问题可以用多种编程方法实现,方法一是最简化的语句,方法三演示了CONTINUE语句的用法,CONTINUE语句又称为循环短路语句,效果是提前结束本次循环,进入下一个循环,忽略CONTINUE后面的所有语句。方法四演示了break语句的用法,WHILE @i >= 0 条件永远为真,在程序中判断条件用break语句强制终止循环。

【例题 4-15】 编程计算 $1+(1+3)+(1+3+5)+(1+3+5+7)+\cdots+(1+3+\cdots+101)$。

代码：

```
DECLARE @i int, @sum int ,@sum0 int      --定义变量
SELECT  @sum = 0, @sum0 = 0              --给两个存和的变量赋初值
SELECT  @i = 1                           --赋循环初值
WHILE   @i <= 101                        --判断是否达到最大值
BEGIN
   SET  @sum0 = @sum0 + @i               --累加中间和变量
   SET  @sum = @sum + @sum0              --将中间和累加到最终结果
   SET @i = @i + 2                       --累加循环变量
END
PRINT  @sum                              --输出结果
```

执行结果：45526。

说明：本例题定义了两个存和的变量,借助中间变量@sum0 求出最后的和@sum。

【例题 4-16】 利用 GOTO 语句实现循环,计算 6 的阶乘。

代码：

```
DECLARE @i int, @jiecheng int            --定义变量
SELECT  @jiecheng = 1                    --给存阶乘的变量赋初值
SELECT  @i = 1                           --赋循环初值
Lablejc:                                 --加标签,冒号结束
BEGIN
   SET  @jiecheng = @jiecheng * @i       --计算阶乘
   SET  @i = @i + 1                      --累加循环变量
   IF   @i <= 6                          --判断条件
      GOTO lablejc                       --GOTO 跳转到标签处
END
SELECT '6 的阶乘为:' + ltrim(str(@jiecheng))   --输出结果
```

执行结果如图 4-8 所示。

说明：本例题没有使用 WHILE 控制循环,而是用 GOTO 语句跳转达到循环的效果。本题目只为演示 GOTO 语句的使用,实际开发过程中应尽量少使用 GOTO 语句。在程序比较简单时用 GOTO 语句比较灵活,但是当程序复杂时很容易造成程序流程混乱,而且会使调试程序变得困难,语句可读性差。

图 4-8 例题 4-16 的执行结果

【例题 4-17】 判断"C 语言程序设计"课程的平均成绩,如果平均成绩不及格,给每位学生加 1 分,之后再次判断,如果依旧不及格就继续增加,直到平均成绩及格为止。最后输出加分的次数。

代码：

```
SET NOCOUNT ON                           --设置不返回受语句影响的行数
DECLARE  @pjcj int, @jfcs int            --定义变量
SELECT   @jfcs = 0                       --输出变量赋初值 0
```

```
       SELECT   @pjcj = AVG(grade) FROM  SC          -- 用嵌套查询取课程的平均成绩
          WHERE  Cno = (SELECT Cno FROM  Course WHERE Cname = 'C 语言程序设计')
       WHILE   @pjcj < 60                             -- 设置判断循环条件:成绩不及格
       BEGIN
          UPDATE SC SET grade = grade + 1             -- 给所有学生的本门课程的成绩加分
             WHERE Cno = (SELECT Cno FROM  Course WHERE Cname = 'C 语言程序设计')
          SELECT @pjcj = AVG(grade) FROM  SC          -- 加分后再计算平均成绩
             WHERE Cno = (SELECT Cno FROM  Course WHERE Cname = 'C 语言程序设计')
          SET @jfcs = @jfcs + 1                       -- 累加加分次数
       END
       PRINT '加分次数为:' + ltrim(str(@jfcs))         -- 输出加分次数
```

实验9　T-SQL 编程练习

一、实验目的

掌握 T-SQL 编程的基本语法,熟悉 set 命令和全局变量的使用,能够编写简单的 T-SQL 语句块,进一步巩固数据定义、数据操纵语句。

二、实验内容

继续使用实验 2 创建的银行储蓄数据库,客户信息(customerInfo)表、账户信息(accountInfo)表、交易信息(transInfo)表这三个表的表结构见表 2-18～表 2-20。

按照图 4-9 所示的储蓄存款流程图编写 T-SQL 语句块,完成存款操作。

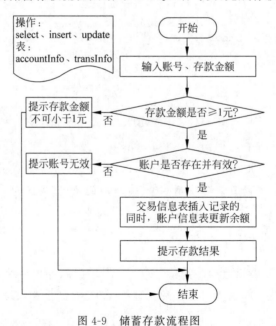

图 4-9　储蓄存款流程图

提示:首先定义两个变量用于存储账号和存款金额,变量的数据类型与相关表中的字段类型保持一致。语句块编写完成后运行调试,为账号和存款金额赋予不同的值,检验每个分支的运行效果。

习题

习题解析

一、判断题

1. 在 SQL Server 中用户可以定义全局变量。( )
2. 某标识符的首字母为@时,表示该标识符为全局变量名。( )
3. 某标识符的首字母为@@时,表示该标识符为局部变量名。( )
4. 分支结构中如果有多条语句,必须用一对大括号把多条语句括起来。( )
5. 在 SQL Server 中声明一个用于存储学号的变量 xh,可以用的语句是:int xh。
( )

二、填空题

1. 在 SQL Server 中,数据库对象包括_____、视图、存储过程、触发器、用户自定义函数、索引、约束、规则等。
2. 数据定义语言中用来创建、修改和删除各种对象的语句是 create、alter 和_____。
3. 在 T-SQL 语言中的变量分为_____和_____。
4. 表达式'123'+'446'的结果是_____。
5. 在 T-SQL 语言中输出变量的值可以用_____或_____命令。

第 5 章

存储过程

程序设计语言访问数据库有两种方式：嵌入式 SQL 编程和调用数据库端编程。嵌入式 SQL 编程就是将 SQL 语句嵌入在程序设计语言代码中，被嵌入的程序设计语言，如 C++、Java 等称为宿主语言，简称主语言；数据库端编程主要包括三种：存储过程、函数和触发器。

存储过程是一组用于完成特定功能的 T-SQL 语句集，经编译后存储在数据库服务器中，用户通过存储过程名和参数来调用它们。存储过程中也可以再调用存储过程。

存储过程是数据库端编程的一种方式，它具有执行速度快、能提高数据库安全性、可降低网络流量等优点，可以独立于前端程序进行编程和维护。

存储过程分为系统存储过程、用户自定义存储过程、扩展存储过程三种。系统存储过程是系统创建的，是以 sp_前缀命名的存储过程，常用的系统存储过程见附录 E。本章将介绍如何创建和使用用户自定义存储过程。

5.1 存储过程的语法

视频讲解

1. 创建存储过程

```
CREATE PROC[EDURE] 存储过程名
        [ { @参数名称 参数数据类型} [ = 参数的默认值] [ OUTPUT ] ] [ , … n ]
        [ WITH ENCRYPTION ] [ WITH RECOMPILE ]
AS
        sql_statement
```

参数说明如下。

PROCEDURE：存储过程的关键字，既可以写全称，也可以缩写为四个字母 PROC。

存储过程名：自命名，必须符合数据库命名规则，而且在当前数据库唯一，最好有个统一的前缀，表明是存储过程，后面的命名也最好和内容相关，如 pro_login 表示登录验证存储过程。SQL Server 中的系统存储过程统一使用 sp_前缀命名。

参数：存储过程可以没有参数，也可以定义一个或多个参数。存储过程的参数分为输入参数和输出参数，输入参数用来向存储过程中传入值，输出参数则用于从存储过程中返回值。参数名必须以@开头，之后是类型和长度的说明，类似变量定义格式，多个参数之间以逗号分隔。存储过程参数定义时可以直接给出默认值。

OUTPUT：参数后面加 OUTPUT 表示该参数是输出参数，在存储过程中必须为输出参数赋值。

WITH ENCRYPTION：对存储过程语句加密，加密后任何用户无法查看存储过程的定义。

WITH RECOMPILE：每次执行存储过程时都要重新编译。但重新编译会影响执行速度，一般不用此选项。

AS：定义存储过程必需的关键字之一，AS 后面是存储过程的语句体。

sql_statement：存储过程语句体，如果是单条语句直接写即可，多条语句需要用 BEGIN…END 语句组合成语句块。

2．执行存储过程

按参数位置传递参数值：

```
EXEC[UTE]存储过程名 [ 参数值1,参数值2,…,参数值n ]
```

使用参数名传递参数值：

```
EXEC[UTE]存储过程名 [ @参数名 = 参数值 ][ Default ][ ,…n ]
```

说明：执行存储过程传递参数的方法有两种：一种是按参数位置传递参数；一种是使用参数名传递参数。如果存储过程有多个参数，按参数位置传递参数时，参数传递的个数和顺序必须与参数定义的一致；使用参数名传递参数时，参数的前后顺序可以改变。

参数传递时要注意参数的数据类型，对于字符型和日期型参数要用单引号引起来。传递输出参数，后面一定要加 OUTPUT 关键字。

如果执行存储过程的语句是批处理的第一条语句，可以省略 EXEC 或 EXECUTE 命令，直接写存储过程的名字进行执行。

3．修改存储过程

```
ALTER PROC[EDURE] 存储过程名
        [ { @参数名称 参数数据类型 }[ = 参数的默认值 ][ OUTPUT ] ][ ,…n ]
        [ WITH ENCRYPTION ][ WITH RECOMPILE ]
AS
        sql_statement
```

说明：修改存储过程也需要给出存储过程的完整定义，此操作可以用删除存储过程然后再重新创建的操作替代。数据库、表创建好后不能随意删除，因为删除会造成数据丢失，但存储过程不涉及数据丢失问题，可以随意删除重创建。

4．删除存储过程

```
DROP  PROC[EDURE]存储过程名 [ ,…n ]
```

5．查看存储过程

查看存储过程的参数及数据类型：

```
sp_help 存储过程名
```

查看存储过程的源代码：

```
sp_helptext 存储过程名
```

说明：使用系统存储过程可以查看存储过程的信息，但如果创建存储过程时使用了

[WITH ENCRYPTION]选项,则无法通过 sp_helptext 系统存储过程查看存储过程的源代码。常用系统存储过程见附录 E。

5.2 存储过程的例题

1. 无参数存储过程

【例题 5-1】 创建无参数存储过程。创建一个名为 pro_readersInfor 的存储过程,用于查询 bookDB 数据库中读者的信息。

代码:

```
USE bookDB
GO
CREATE PROCEDURE pro_readersInfor          --定义过程名
AS
SELECT * FROM readers                      --过程体
```

查看创建的存储过程如图 5-1 所示。

说明:前面进行 T-SQL 编程,程序没有存储在数据库服务器上,下次使用时还要重复写代码。而创建了存储过程,程序就会永久存储在数据库服务器上,在【对象资源管理器】窗口刷新可以看到创建好的存储过程。存储过程可多次重复执行,执行此存储过程的语句是:EXEC pro_readersInfor。

图 5-1 查看存储过程

存储过程是创建在某个数据库中的,存储过程体的语句中不可以有打开数据库的语句。

【例题 5-2】 创建简单的不带参数的存储过程。创建一个名为 pro_readerInforBorr 的存储过程,用于查询 bookDB 数据库中读者周杰的借书信息,查询结果包括读者姓名、所借图书名称、借书日期、还书日期。

代码:
```
CREATE PROCEDURE pro_readerInforBorr
AS
    SELECT readers.ReaderName as 读者姓名 , books.BookName as 所借图书名称 ,
           Borrow.BorrowerDate as 借书日期 , borrow.ReturnDate as 还书日期
    FROM readers , books , borrow
    WHERE readers.ReaderID = borrow.ReaderID and books.BookID = borrow.BookID
          and readers.ReaderName = '周杰'
```

查看创建的存储过程如图 5-2 所示。
执行存储过程语句是:EXECUTE pro_readerInforBorr。
执行结果如图 5-3 所示。

说明:本例题的存储过程体中是三表连接查询的 SELECT 语句,只有一条语句可以省略 BEGIN…END。

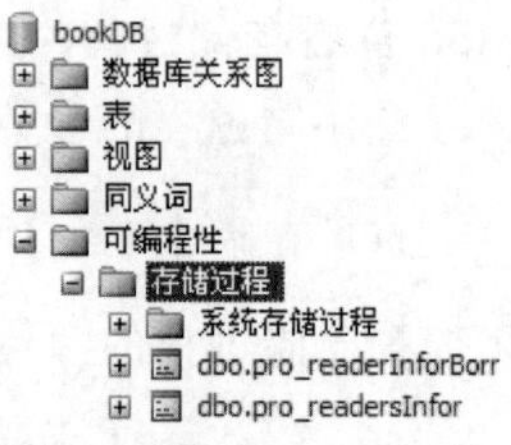

2. 只有输入参数的存储过程

【例题 5-3】 创建带输入参数的存储过程。修改例题 5-2 中创建的名为 pro_readerInforBorr 的存储过程,使之可以查询

图 5-2 查看创建的存储过程

图 5-3 存储过程执行结果

任意读者的借书信息,读者姓名通过输入参数传递,查询结果包括读者姓名、所借图书名称、借书日期、还书日期。

代码:
```
ALTER PROCEDURE pro_readerInforBorr @NAME VARCHAR(8)    -- 定义输入参数
AS
SELECT readers.ReaderName as 读者姓名, books.BookName as 所借图书名称,
       Borrow.BorrowerDate as 借书日期, borrow.ReturnDate as 还书日期
FROM readers, books, borrow
WHERE readers.ReaderID = borrow.ReaderID and books.BookID = borrow.BookID
   and readers.ReaderName = @NAME                       -- 使用参数
```

执行存储过程查找不同人的借书信息:

```
EXECUTE pro_readerInforBorr '周杰'
EXECUTE pro_readerInforBorr '田湘'
EXECUTE pro_readerInforBorr '王海涛'
```

说明:修改后的存储过程不是把人名固定写在程序里,而是通过输入参数@NAME 传递进去,每次执行存储过程时通过传递不同的参数可以查询不同人的借书信息,修改后的存储过程功能更加强大。存储过程参数定义时,如果参数用于和数据库表中的信息交互,参数的类型和长度应尽量与表中字段定义一致,参数的名称与表中字段名相同或者不相同都可以。

【例题 5-4】 创建名为 pro_booksInfor 的存储过程,其功能为在 bookDB 数据库的 books 表中查找指定图书类别,并且库存数量小于一定数量的图书信息,显示图书编号、图书名称、作者、图书类别、库存量,查询结果按库存量降序排列。

代码:
```
USE bookDB
GO
CREATE PROCEDURE pro_booksInfor
@booktype VARCHAR(50),
@kucunliang int                -- 定义两个输入参数,传入指定的图书类型和库存量
AS
   SELECT bookid as 图书编号, bookname as 图书名称, author as 作者,
          booktype as 图书类别, kucunliang as 库存量
   FROM books
   WHERE booktype = @booktype and kucunliang <= @kucunliang
   order by kucunliang DESC
```

(1)执行创建的 pro_booksInfor 存储过程,查询图书类别为"计算机类"、库存量小于 10 本的图书信息。

方法一:按参数位置传递参数。

```
EXEC pro_booksInfor '计算机类', 10
```

方法二：按参数名传递参数。

```
EXEC pro_booksInfor @booktype = '计算机类', @kucunliang = 10
```

方法三：用变量传递参数。

```
DECLARE @lx VARCHAR(50)
SET @lx = '计算机类'
EXEC pro_booksInfor @lx, 10
```

（2）执行创建的 pro_booksInfor 存储过程，查询图书类别为"综合类"、库存量小于 5 本的图书信息。

方法一：按参数位置传递参数。

```
EXEC pro_booksInfor '综合类', 5
```

方法二：按参数名传递参数。

```
EXEC pro_booksInfor @kucunliang = 5, @booktype = '综合类'
```

方法三：按用变量传递参数。

```
DECLARE @lx VARCHAR(50), @sl int
SET @lx = '综合类'
SET @sl = 5
EXEC pro_booksInfor @lx, @sl
```

说明：执行存储过程传递输入参数可以直接传递常量，也可以定义变量传递，存储过程嵌入在前端程序中使用时，一般都是通过变量传递参数的，变量的值由人机交互输入。

3．有输入和输出参数的存储过程

【例题 5-5】 创建存储过程 pro_borCount，输入任意读者的姓名，统计该读者借书的数量，借书数量通过存储过程的输出参数传递出来。

代码：
```
USE bookDB
GO
CREATE PROCEDURE pro_borCount
  @NAME VARCHAR(8),                              -- 定义输入参数
  @sl int = 0  OUTPUT                            -- 定义输出参数
AS
BEGIN
  DECLARE @reaID  int                            -- 定义中间变量
  SELECT @reaID = readerID FROM readers WHERE ReaderName = @NAME
  SELECT @sl = COUNT(*) FROM borrow WHERE readerID = @reaID
END
```

执行存储过程：

```
DECLARE @sl int
EXEC pro_borCount '周杰', @sl OUTPUT
PRINT '周杰的借书数量是:' + ltrim(str(@sl))
```

执行结果如图 5-4 所示。

说明：定义存储过程输出参数要加 OUTPUT 关键字。执行存储过程时，输入参数可

以用变量传递,也可以用常量传递,而输出参数必须用变量进行传递,也必须加 OUTPUT 关键字。输出参数传递出来后,可以在数据库平台上显示值,也可以应用到前台程序中。

图 5-4 例题 5-5 的执行结果

本例题的存储过程中没有使用连接查询语句,而是用两条单表简单查询语句,先通过传入的读者姓名在读者表中查找该读者的读者编号,将读者编号保存在一个中间变量中,然后通过读者编号在 borrow 表中统计该读者的借书数量,统计结果保存在输出参数@sl 中。带输出参数的存储过程体中必须有为输出参数赋值的语句。

【例题 5-6】 编写存储过程,调整 stuDB 数据库 SC 表中的成绩,计算"C 语言程序设计"课程的不及格人数,如果不及格人数多于 5 人,给每位不及格学生加 3 分,再次计算不及格人数,如果不及格人数还是超出标准,继续增加,直到达到要求。

方法一代码:创建无参数存储过程。

```
USE stuDB
GO
CREATE PROCEDURE pro_grade1
AS
BEGIN
  /*定义变量@cc用于存储不及格人数,变量@cno用于存储课程号*/
  DECLARE @cc int , @cno int
  /*先根据课程名查出课程号,使用简单查询,避免连接或嵌套查询语句较长*/
  SELECT @cno = Cno FROM Course WHERE Cname = 'C 语言程序设计'
  /*统计该课程号的不及格人数,存入变量@cc*/
  SELECT @cc = COUNT( * ) FROM SC WHERE GRADE < 60 AND Cno = @cno
  WHILE @cc > 5                       -- 循环,如果不及格人数大于5,重复执行
    BEGIN
      UPDATE SC SET Grade = Grade + 3 WHERE Grade < 60 and Cno = @cno
      /*更新成绩之后一定不要忘记重新统计平均成绩*/
      SELECT @cc = COUNT( * ) FROM SC WHERE GRADE < 60 AND Cno = @cno
    END
END
```

执行存储过程:EXEC pro_grade1。

说明:方法一代码编写的存储过程只能为"C 语言程序设计"课程调整成绩,条件也固定为不及格人数不能超过 5 人,程序用途单一。

方法二代码:创建带输入参数的存储过程,将课程名和不及格人数的限制作为输入参数传入。

```
CREATE PROCEDURE pro_grade2
@cname varchar(50) ,                   -- 输入参数:课程名
@rs int                                -- 输入参数:不及格人数限制
AS
BEGIN
  DECLARE @cc int , @cno int
  SELECT @cno = Cno FROM Course WHERE Cname = @cname    -- 条件改为输入的变量
  SELECT @cc = COUNT( * ) FROM SC WHERE GRADE < 60 AND Cno = @cno
  WHILE @cc > @rs                      -- 循环条件改为输入的变量
    BEGIN
```

```
            UPDATE SC SET Grade = Grade + 3 WHERE Grade < 60 and Cno = @cno
            SELECT @cc = COUNT(*) FROM SC WHERE GRADE < 60 AND Cno = @cno
        END
END
```

执行存储过程：

限制"C语言程序设计"课程只能少于10人不及格。

```
EXECUTE pro_grade2 'C语言程序设计', 10
```

限制"数据库原理"课程不及格人数不可超过5人。

```
EXECUTE pro_grade2 '数据库原理', 5
```

说明：方法二代码的存储过程增加了两个输入参数，将课程名称和不及格人数作为输入参数传入，方法二代码比方法一代码的存储过程的功能强大，但遗憾的是没有看到执行结果的反馈。

方法三代码：创建既有输入参数，也有输出参数的存储过程。不仅灵活地将课程名称和不及格人数作为输入参数传入，也将更新次数、更新之后的不及格人数反馈出来。

```
CREATE PROCEDURE pro_grade3
    @cname varchar(50),              -- 输入参数:课程名
    @rs int           ,              -- 输入参数:不及格人数限制
    @gxcs int OUTPUT,                -- 输出参数:更新次数
    @cc int OUTPUT                   -- 输出参数:不及格人数
AS
BEGIN
    DECLARE @cno int                 -- 去掉@cc的变量定义
    SELECT @gxcs = 0, @cc = 0
    SELECT @cno = Cno FROM Course WHERE Cname = @cname    -- 条件改为输入参数
    SELECT @cc = COUNT(*) FROM SC WHERE GRADE < 60 AND Cno = @cno
    WHILE @cc > @rs                  -- 循环条件改为输入参数
        BEGIN
            UPDATE SC SET Grade = Grade + 3 WHERE Grade < 60 and Cno = @cno
            SELECT @cc = COUNT(*) FROM SC WHERE GRADE < 60 AND Cno = @cno
            SET @gxcs = @gxcs + 1    -- 累计更新次数
        END
END
```

执行存储过程：

限制"C语言程序设计"课程不及格人数不可超过5人。

```
DECLARE @cname varchar(50), @gxcs int, @cc int
SET @cname = 'C语言程序设计'
EXECUTE pro_grade3 @cname, 3, @gxcs OUTPUT, @cc OUTPUT
SELECT @cname + '不及格人数:' + STR(@cc,1) + ',更新次数:' + LTRIM(STR(@gxcs))
```

执行结果：

C语言程序设计不及格人数:3,更新次数:6

说明：方法三代码的存储过程既有输入参数，也有输出参数，不仅灵活地将课程名称和

不及格人数作为输入参数传入,也能返回执行结果。本例题用三种方法演示了存储过程的创建和执行过程,也演示了参数的效果,实际开发时根据具体问题分析是否需要输入输出参数。

实验 10　存储过程练习

一、实验目的
了解存储过程的用途,掌握存储过程的创建和使用的基本语法。

二、实验内容
继续使用实验 2 创建的银行储蓄数据库,客户信息(customerInfo)表、账户信息(accountInfo)表、交易信息(transInfo)表这三个表的表结构见表 2-18~表 2-20。

(1) 按照图 4-9 所示的储蓄存款流程图将实验 9 中的 T-SQL 语句块改写为存储过程,将账号和存款金额作为输入参数传入,输出提示信息。运行检测存储过程功能。

(2) 创建一个随机生成账号的存储过程 p_zh。以中国银行的借记卡为例,账号共有 19 位数字,前 12 位固定,后 7 位随机产生,并且唯一,因此需要产生 7 位随机数和 12 位固定数字连接在一起。随机数函数的用法见附表 A-3 中 Rand()函数的应用示例。

(3) 按照图 5-5 所示的储蓄系统开户流程图编写存储过程,并调用随机生成账号的存储过程 p_zh,实现开户功能。

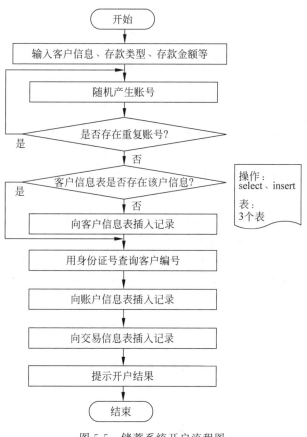

图 5-5　储蓄系统开户流程图

习题

习题解析

一、选择题

1. 创建存储过程的命令是（　　）。（多选）
   A. create proc
   B. create function
   C. create procedure
   D. create view
2. 删除存储过程的命令是（　　）。
   A. drop view
   B. drop function
   C. drop database
   D. drop proc
3. 为使程序员编程时既可使用数据库语言又可使用常规的程序设计语言，数据库系统需要把数据库语言嵌入（　　）中。
   A. 编译程序
   B. 操作系统
   C. 中间语言
   D. 宿主语言
4. SQL 语言具有两种使用方式，分别称为交互式 SQL 和（　　）。
   A. 提示式 SQL
   B. 多用户 SQL
   C. 嵌入式 SQL
   D. 解释式 SQL
5. 数据库应用系统通常会提供开发接口，对于需要更新的数据，则以（　　）的方式供外部调用，并由提供者完成对系统中表的更新。
   A. 基本表
   B. 存储过程
   C. 视图
   D. 触发器
6. 在 SQL Server 中用来显示数据库信息的系统存储过程是（　　）。
   A. sp_dbhelp
   B. sp_db
   C. sp_help
   D. sp_helpdb

二、判断题

1. 参数化存储过程有助于保护程序不受 SQL 注入式攻击。　　　　　　　　　（　　）
2. 在存储过程中不可以调用存储过程。　　　　　　　　　　　　　　　　　（　　）
3. 用户自定义存储过程是指由用户创建的，能完成某一特定功能的可重用代码的模块或例程。　　　　　　　　　　　　　　　　　　　　　　　　　　　　　　（　　）
4. 存储过程独立于应用程序，可以单独修改，可以提高应用程序的可维护性。（　　）
5. 存储过程必须有参数。　　　　　　　　　　　　　　　　　　　　　　　（　　）
6. 存储过程的输出参数有且只能有一个。　　　　　　　　　　　　　　　　（　　）

习题解析

三、填空题

1. 存储过程是一组完成特定功能的 T-SQL 语句集，经编译后存储在数据库中，用户通过_____和给出_____来调用它们。
2. SQL Server 存储过程分为三类：系统存储过程、_____和扩展存储过程。
3. SQL Server 中的许多管理活动都是通过系统存储过程实现的，系统存储过程以_____为前缀命名。
4. 创建存储过程 p_proc1 的语句是_____。
5. 定义存储过程的输出参数需要在参数变量定义之后加_____关键字。
6. SQL Server 的基本数据类型 char、varchar 和 text 中，不能用作存储过程参数的数据类型是_____。
7. 删除存储过程的命令是_____。
8. create、alter、drop 命令的作用分别为_____、_____、_____数据库对象。

9. database、table、procedure、function、view 关键字在数据库系统中的含义分别为
_____、_____、_____、_____、_____。

10. 执行存储过程的语句是_____，可以简写为_____。

四、简答题

1. 请说明以下程序的功能，并写出使用它的语句。

```
CREATE PROCEDURE xsbm
@name varchar(8),
@bm varchar(10) OUTPUT
AS
BEGIN
    DECLARE @bmh char(4)
    SELECT @bmh = Department_ID FROM employee WHERE employee_name = @name
    SELECT @bm = Department_name FROM department WHERE Department_ID = @bmh
END
```

程序的功能：

使用它的语句：

2. 请把以下程序补充完整，并说明其功能。

```
CREATE PROCEDURE PRO_SUM
@N1 INT,@N2 INT,
@RESULT INT OUTPUT
AS
    SET (      ) = @N1 + @N2
```

程序的功能：

3. 请把以下程序补充完整，并说明其功能。

```
CREATE (      ) listEmployee
@sex varchar(2),
@salary money
AS
    SELECT * FROM  employee  WHERE sex = @sex and salary>@salary
```

程序的功能：

第6章 函数

函数分为系统函数和用户自定义函数，SQL Server 系统中提供了很多内置的系统函数供用户直接调用，包括前面已经用过的 count()、max()等聚合函数，常用系统函数见附录 A。用户自定义函数和用户自定义存储过程都是数据库端编程，SQL Server 支持用户自定义标量函数和用户自定义表值函数，用户自定义表值函数又分为内联表值函数和多语句表值函数。

用户自定义函数与用户自定义存储过程既有相同点，也有区别，对比如下。

相同点：

（1）都是用 creare 创建语句创建的 T-SQL 语句集。

（2）创建后都作为数据库对象一直存储在数据库服务器中，直到人为删除。

（3）都是通过名字和参数调用，可重复无限次执行。

（4）输入参数的个数都是 $0 \sim n$，可以没有，也可以有多个。

不同点：

（1）关键字不同。自定义函数的关键字是 FUNCTION；自定义存储过程的关键字是 PROCEDURE。

（2）输入参数定义不同。函数的输入参数需写在函数名后面的圆括号里，即使没有参数也不能省略圆括号；存储过程的输入参数直接写在存储过程名字后面，不写圆括号。

函数示例：

CREATE FUNCTION f_jiama(@ym varchar(10))

存储过程示例：

CREATE PROCEDURE pro_readerInforBorr @NAME VARCHAR(8)

（3）输出不同。自定义函数是以返回值的形式输出结果的，函数必须有返回值，而且只能有一个，定义的格式为"RETURNS <返回值类型>"，函数体内需要有 RETURN 语句；自定义存储过程没有返回值，可以有 $0 \sim N$ 个输出参数，定义输出参数必须加 OUTPUT 关键字，格式示例：@RESULT CHAR(6) OUTPUT。如果存储过程定义了输出参数，过程体中必须为输出参数赋值。

（4）使用方法不同。自定义函数不能单独使用，需要嵌入 SQL 语句中；自定义存储过程是单独使用的。

（5）输入参数传递方式不同。函数的输入参数写在函数名后面的圆括号里，存储过程的输入参数直接写在存储过程名的后面，空一格依次写入。

自定义标量函数示例:

SELECT dbo.f_jiama('1234a')

自定义表值函数示例:

SELECT * from f_readerInforBorr('周杰')

自定义存储过程示例:

EXEC pro_borCount '周杰', @sl OUTPUT

(6) 其他区别。自定义函数的限制比较多,实现的功能针对性比较强;而自定义存储过程的限制相对比较少,实现的功能要复杂一点。

(7) 自定义函数和自定义存储过程的小程序对比如表 6-1 所示。小程序的功能是在 stuDB 数据库中查询所有学生的信息。

表 6-1 自定义函数和自定义存储过程的小程序对比

自定义函数	自定义存储过程
--创建函数,返回查询结果 CREATE FUNCTION fun_select() RETURNS table AS RETURN SELECT * from Student --使用函数 SELECT * from fun_select()	--创建无参数存储过程 CREATE PROC pro_select AS SELECT * from Student --使用存储过程 EXEC pro_select

6.1 用户自定义函数的语法

视频讲解

1. 创建用户自定义函数

(1) 自定义标量函数的语法格式:

```
CREATE FUNCTION 函数名([{@函数参数名 参数数据类型[ = Default]}[,…n]])
RETURNS 返回值数据类型
[ WITH ENCRYPTION ]
AS
BEGIN
    function_body
    RETURN  表达式或变量
END
```

(2) 自定义内联表值函数的语法格式:

```
CREATE FUNCTION 函数名([{@函数参数名 参数数据类型[ = Default]}[,…n]])
RETURNS TABLE
[ WITH ENCRYPTION ]
AS
    RETURN ( SELECT 语句 )
```

(3) 自定义多语句表值函数的语法格式：

```
CREATE FUNCTION 函数名([{ @函数参数名 参数数据类型[ = Default]}[ , …n ] ])
RETURNS 表变量名（表变量字段定义）
[ WITH ENCRYPTION ]
AS
BEGIN
    SQL 语句
    RETURN
END
```

参数说明如下。

FUNCTION：用户自定义函数的关键字。

函数名：自命名，必须符合数据库的命名规则，并且在当前数据库唯一。命名最好和内容相关，再加个统一的前缀，如 f_jiamii 表示加密函数。

参数：函数可以有 0～N 个参数。不管是否有参数，一对圆括号不可省略，如果有参数，参数名必须以@开头，之后是类型和长度的说明，多个参数之间以逗号分隔。

RETURNS：函数必须有返回值，而且只能有一个返回值。返回值的类型写在 RETURNS 关键字的后面，无须定义变量。自定义标量函数可返回基本数据类型的数据，不包括 TEXT、NTEXT、IMAGE、CURSOR、TIMESTAMP 和 TABLE 数据类型。自定义表值函数返回 TABLE 数据类型数据。

WITH ENCRYPTION：对函数语句加密，加密后任何用户无法查看该函数的定义。

AS：定义函数的关键字之一，后面接函数体的具体语句。

自定义标量函数函数体：可以是一条语句，也可以是多条语句，用 BEGIN…END 括起来。函数体中必须有 RETURN 语句，RETURN 语句后面返回的数据必须与函数头 RETURNS 语句定义的数据类型相符。注意：函数体里的 RETURN 没有 S，函数头的 RETURNS，有个 S。

自定义表值函数函数体：同样必须有 RETURN 语句。自定义内联表值函数的函数体只有一条语句，不使用 BEGIN…END，直接用 RETURN 返回一个 SELECT 查询语句的查询结果，其功能相当于一个参数化的视图。多语句表值函数的返回值是新定义的一个表，表中的数据由函数体中的语句插入，函数体内有多条语句，最后一条语句是 RETURN，需要使用 BEGIN…END。多语句表值函数可以看作标量函数和内联表值函数的结合体。

2. 调用用户自定义函数

(1) 用户自定义标量函数的调用。

用户自定义标量函数可以像系统函数一样嵌入在 SQL 语句中使用，但系统函数直接用函数名调用，用户自定义标量函数必须至少由两部分组成名称来调用，即模式名.对象名。

使用系统函数：

```
SELECT getdate()
```

使用用户自定义标量函数：

```
SELECT dbo.f_jiami()
```

视频讲解

(2) 用户自定义表值函数的调用。

自定义表值函数与自定义标量函数的调用方式不同,自定义表值函数是作为一个表在使用,需要放在 SQL 语句 FROM 关键字后面,而且表值函数函数名前面可以不加模式名。如 SELECT * from f_student()。

说明:再次提示,不管使用什么函数,函数名后面的一对圆括号不可省略。

3. 修改用户自定义函数

ALTER FUNCTION 用户自定义函数名

说明:修改用户自定义函数也需要给出函数的完整定义,此操作可以用先删除用户自定义函数然后再重新创建的操作替代。

4. 删除用户自定义函数

DROP FUNCTION 用户自定义函数名

5. 查看用户自定义函数

查看用户自定义函数的参数及数据类型:

sp_help 用户自定义函数名

查看用户自定义函数的源代码:

sp_helptext 用户自定义函数名

说明:使用系统存储过程可以查看存储过程的信息,同样可以查询用户自定义函数的信息。但如果创建函数时使用了[WITH ENCRYPTION]选项,则无法通过 sp_helptext 查看函数的源代码。

6.2 用户自定义函数的例题

【例题 6-1】 创建一个用户自定义标量函数 DatetoQuarter,将输入的日期数据转换为该日期对应的季度值。如输入 2022-6-5,返回 2Q2022,表示 2022 年第 2 季度。

代码:
```
DROP FUNCTION DatetoQuarter
GO
CREATE FUNCTION DatetoQuarter( @dd datetime )      -- 输入参数写在括号里
RETURNS char(6)                                    -- 函数必须有此语句
AS
BEGIN
   RETURN( datename( qq , @dd ) + 'Q' + datename( yyyy , @dd ) )
END
```

使用创建的用户自定义函数 DatetoQuarter 的语句:

```
SELECT dbo.DatetoQuarter( '2022-6-5' )
```

执行结果:2Q2022。

说明:本例题演示了如何创建用户自定义标量函数。函数调试过程中需要先删除再重新创建,所以删除函数的语句也保留在这里。本函数与数据库中内容无关,可以创建在任意

数据库中，本例题是创建在 stuDB 数据库中，创建完毕后在【对象资源管理器】中刷新，在【标量函数】位置可以看到此函数。如图 6-1 所示。

【例题 6-2】 创建一个简单的加密函数 f_jiami()，使用 ASCII() 和 CHAR() 函数实现加密功能，加密算法：将密码中每个字符转换为 ASCII 码表中后两位的字符。

图 6-1 查看创建的标量函数

代码：
```sql
CREATE FUNCTION f_jiama( @ym varchar(10) )
RETURNS varchar(10)
AS
BEGIN
  DECLARE @ll int = len( rtrim( @ym ) )         -- 取原码长度
  DECLARE @c char(1) , @mm  varchar(10) = ''    -- @mm 存加密后的密码
  DECLARE @i int = 1                            -- 循环变量
  WHILE @i <= @ll
  BEGIN
    SET @c = substring( @ym , @i , 1 )          -- 每次取出密码中的一位字符
    SET @mm = @mm + char( ascii( @c ) + 2 )     -- 转换为 ASCII 码表中后两位的字符
    SET @i = @i + 1                             -- 循环变量加 1,取后面一位字符
  END
  RETURN @mm                                    -- 返回加密结果
END
```

使用创建的加密函数 f_jiami() 进行加密：

```sql
SELECT dbo.f_jiama( '1234a' )                   结果:3456c
SELECT dbo.f_jiama( 'qwee15' )                  结果:sygg37
```

说明：这是最简单的一种加密算法，程序中也是简单转换，没有进行异常判断和处理。

【例题 6-3】 改进加密函数 f_jiami()，同样使用 ASCII() 和 CHAR() 函数实现加密功能，加密算法：根据密码字母所在位数进行不同的转换。

代码：
```sql
CREATE FUNCTION f_jiama2( @ym varchar(10) )
RETURNS varchar(10)
AS
BEGIN
  DECLARE @ll int = len( rtrim( @ym ) )         -- 取原码长度
  DECLARE @c char(1) , @mm varchar(10) = ''     -- @mm 用于存储加密后的密码
  DECLARE @i  int = 1                           -- 给循环变量赋初值
  WHILE @i <= @ll
  BEGIN
    SET @c = substring( @ym , @i , 1 )          -- 每次取出密码中的一位字符
/* 加密算法:按字符在第几位转换为 ASCII 码表中后几位字符 */
    SET @mm = @mm + char( ascii( @c ) + @i )
    SET @i = @i + 1                             -- 循环变量加,取后面一位字符
  END
  RETURN @mm                                    -- 返回加密结果
END
```

使用两个加密函数，比较加密结果：

```sql
SELECT dbo.f_jiama( '1234a' )                   结果:3456c
```

```
SELECT dbo.f_jiama2( '1234a')                              结果：2468f
```

说明：此加密算法还可以进一步改进，判断 ASCII 码值限制转换后的字符范围。

【例题 6-4】 创建内联表值函数。例题 6-3 创建了带输入参数的存储过程 pro_readerInforBorr，可以通过输入参数传入读者姓名，查询该读者的姓名、所借图书名称、借书日期、还书日期。现将该存储过程改为函数，将查询结果作为一个表返回。

代码：
```
USE bookDB
GO
CREATE FUNCTION f_readerInforBorr( @NAME VARCHAR(8) )    -- 输入参数写在括号里
RETURNS TABLE                                            -- 函数必须有此语句
AS
  RETURN( SELECT readers.ReaderName as 读者姓名，
                 books.BookName as 所借图书名称，
                 borrow.BorrowerDate as 借书日期，
                 borrow.ReturnDate as  还书日期
  FROM readers，books，borrow
  WHERE readers.ReaderID = borrow.ReaderID
     and books.BookID = borrow.BookID
     and readers.ReaderName = @NAME )
```

执行此用户自定义表值函数的语句如下：

```
SELECT * from f_readerInforBorr( '周杰' )
```

执行结果如图 6-2 所示。

读者姓名	所借图书名称	借书日期	还书日期
1	周杰	数据库系统概论	2016-08-05 10:33:50.200	NULL
2	周杰	C语言程序设计	2016-08-04 12:49:44.547	NULL

图 6-2　例题 6-4 的执行结果

对照存储过程例题 5-3 的代码，比较表值函数和存储过程的区别。

```
CREATE PROCEDURE pro_readerInforBorr
@NAME VARCHAR(8)                                         -- 定义输入参数
AS
  SELECT readers.ReaderName as 读者姓名，books.BookName as 所借图书名称，
         borrow.BorrowerDate as 借书日期，borrow.ReturnDate as 还书日期
  FROM readers，books，borrow
  WHERE readers.ReaderID = borrow.ReaderID and books.BookID = borrow.BookID
     and readers.ReaderName = @NAME          -- 使用参数
```

执行存储过程，查找不同人的借书信息：

```
EXECUTE pro_readerInforBorr '周杰'
EXECUTE pro_readerInforBorr '田湘'
EXECUTE pro_readerInforBorr '王海涛'
```

说明：本例题创建了表值函数，表值函数用在 FROM 关键字后面，作为数据的来源。在【对象资源管理器】中刷新，可以在【表值函数】位置看到此函数，如图 6-3 所示。

图 6-3 查看创建的表值函数

【例题 6-5】 创建多语句表值函数,查询每门课程的平均成绩,返回课程号和平均成绩。

代码:
```
USE stuDB
GO
DROP FUNCTION f_cpjcj
GO
CREATE FUNCTION f_cpjcj()
RETURNS @Tb table( 课程号 int , 平均成绩 int )
AS
BEGIN
    INSERT INTO @Tb SELECT cno , avg(grade) from sc group by cno
    RETURN
END
```

执行此多语句表值函数的语句如下:

```
SELECT * from f_cpjcj()
```

执行结果如图 6-4 所示。

图 6-4 例题 6-5 的执行结果

实验 11　函数、存储过程练习

一、实验目的

了解函数的用途,掌握函数的创建和使用的基本语法,进一步巩固存储过程的编程技能。

二、实验内容

继续使用实验 2 创建的银行储蓄数据库,客户信息(customerInfo)表、账户信息(accountInfo)表、交易信息(transInfo)表这三个表的表结构见表 2-18～表 2-20。

(1) 编写加密函数。

为了安全起见,数据库中存储的密码应该加密,请设计一个算法来对密码进行加密。加密函数命名为 f_jiami()。

(2) 修改实验 10 编写的储蓄系统开户存储过程,将加密函数 f_jiami()用在向账户信息表中插入数据的 SQL 语句中,将加密后的密码存储到数据库中。

(3) 按照图 6-5 所示的储蓄系统取款流程图编写存储过程,实现取款操作。

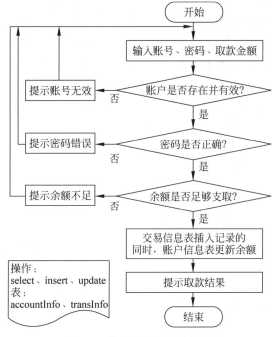

图 6-5　储蓄系统取款流程图

(4) 参考图 4-9 的存款流程图和图 6-5 的取款流程图,画出转账流程图,并编写存储过程实现该功能。运行检测各个存储过程的功能。

习题

习题解析

一、判断题

1. 函数可以没有返回值,也可以有多个返回值。　　　　　　　　　　　　　　(　　)
2. 执行用户自定义函数的语句是:EXEC 函数名。　　　　　　　　　　　　　(　　)
3. 函数体中可以写也可以不写 RETURN 语句。　　　　　　　　　　　　　　(　　)
4. 定义和使用函数时,函数名后面必须有括号,不论有没有输入参数。　　　　(　　)
5. 可以用以下方式使用函数:select DatetoQuarter(getdate())。　　　　　　(　　)
6. 函数可以用在 FROM 关键字的后面。　　　　　　　　　　　　　　　　　(　　)
7. SUM(*)、MAX(*)、COUNT(*)、AVG(*)聚合函数的写法都是正确的。
　　　　　　　　　　　　　　　　　　　　　　　　　　　　　　　　　　　(　　)
8. 语句"select day('2022-6-6')"和"len('我们快放假了.')"的执行结果分别是 6 和 7。
　　　　　　　　　　　　　　　　　　　　　　　　　　　　　　　　　　　(　　)
9. 如果当前日期是 2022 年 6 月 28 日,那么"year(getdate())－year('2010-1-1')"的执行结果是 12。　　　　　　　　　　　　　　　　　　　　　　　　　　　　　　(　　)
10. 表达式 Datepart(yy,'2022-6-28')＋2 的结果是'2022-6-30'。　　　　　　(　　)

二、填空题

1. 如果函数的返回值是 int 等基本数据类型,称为_____函数,如果函数返回值是 table 类型,称为_____函数。

2. 创建函数 f_fun1 的语句是_____。

3. T-SQL 内置函数的功能很强大,根据函数的作用进行分类,包括聚合函数、字符串函数、_____、_____和系统函数。

4. SQL Server 聚合函数有求最大值、求最小值、求和、求平均数和计数等,它们分别是_____、min、sum、avg 和 count。

5. 查询系统日期的函数是_____。

三、简答题

习题解析

1. 请说明以下程序的功能,并写出使用它的语句。

```sql
DROP FUNCTION fnc
GO
CREATE FUNCTION fnc(@s varchar(20))
RETURNS varchar(20)
AS
BEGIN
   DECLARE @cstr2 varchar(20) = '',@c1 varchar(2)
   WHILE 1 = 1
   BEGIN
     SET @c1 = left(@s,1)
     IF ascii(@c1)> 127
         SET @c1 = left(@s,2)
     SET @cstr2 = @c1 + @cstr2
     SET @s = right(@s,len(@s) - len(@c1))
     IF len(@s)< = 0
         BREAK
   END
   RETURN @cstr2
END
```

功能:

使用它的语句:

2. 请说明以下程序的功能,并写出使用它的语句。

```sql
CREATE FUNCTION f_aa(@yy varchar(10))
RETURNS varchar(10)
AS
BEGIN
   DECLARE @ll int = len(rtrim(@yy))
   DECLARE @c char(1),@mm varchar(10) = ''
   DECLARE @i int = 1
   WHILE @i< = @ll
   BEGIN
     SET @c = substring(@yy,@i,1)
     SET @mm = @mm + char(ascii(@c) + @i)
     SET @i = @i + 1
```

```
        END
    RETURN @mm
END
```

功能：

使用它的语句：

3. 请说明以下程序的功能，并写出使用它的语句。

```
CREATE FUNCTION f_xsbm(@name varchar(8)) RETURNS varchar(10)
AS
BEGIN
    DECLARE @bmh char(4),@bm varchar(8)
    SELECT @bmh = DepartmentID from employee WHERE employeename = @name
    SELECT @bm = Departmentname from department WHERE DepartmentID = @bmh
    RETURN @bm
END
```

功能：

使用它的语句：

4. 请把以下程序补充完整，并说明它的功能。

```
CREATE FUNCTION fun_select()
RETURNS(         )
AS
RETURN SELECT * from employee
```

功能：

5. 请把以下程序补充完整，并说明它的功能。

```
CREATE(         ) getYear (@dqdate datetime)
RETURNS char(4)
AS
BEGIN
    RETURN (datename(yyyy,@dqdate))
END
```

功能：

第7章 触发器

SQL Server 提供了两种机制来保证数据完整性：约束和触发器。用触发器可以实现比约束更为复杂的限制，还可以实现数据的级联修改。触发器是特殊的存储过程，但不能用 EXECUTE 主动调用，而是在满足一定条件时自动触发。触发器不可以定义参数，当表删除时，表上建的触发器一同删除。

SQL Server 提供了两大类触发器：DML 触发器和 DDL 触发器，常用的是 DML 触发器。

DML 触发器是对 INSERT、UPDATE、DELETE 数据操纵语句进行响应，一个触发器响应一个或多个操作。表的所有者具有创建触发器的默认权限，触发器只能被创建在当前数据库中，并且一个触发器只能对应一个表。DML 触发器可以在两个临时表 Inserted、Deleted 中快速地找到变化的数据。

DDL 触发器响应的操作是 CREATE、ALTER、DROP 等数据定义事件，事件名由 SQL 语句关键字以及关键字之间的下画线构成。如删除表事件为 DROP_TABLE，修改索引事件为 ALTER_INDEX 等。

7.1 触发器的语法

1. 创建触发器

（1）创建 DML 触发器的语法格式。

```
CREATE TRIGGER <触发器名>
ON <表名>
[ WITH ENCRYPTION ]
{ FOR | AFTER | INSTEAD OF }
    { [INSERT][,] [UPDATE][,] [DELETE] }
AS
[BEGIN]
    [ IF UPDATE (列名)[{ AND | OR } UPDATE(列名)[ ,…n ]
sql_statements
[ END ]
```

参数说明如下。

TRIGGER：触发器的关键字。

<触发器名>：为触发器起的名字，必须符合数据库命名规则，而且在当前数据库唯一，最好有个统一的前缀，也最好和内容相关。

ON <表名>：DML 触发器创建在具体的某个表上。
WITH ENCRYPTION：语句加密。
AFTER：后触发，在 SQL 语句操作执行完才触发，是默认值，只写 FOR 就是后触发。
INSTEAD OF：前触发，先执行触发器的操作，后执行 SQL 语句。每个 INSERT、UPDATE、DELETE 语句最多可以定义一个 INSTEAD OF 触发器。
AS：定义触发器必需的关键字之一。
[IF UPDATE（列名）]：只需要对某一列的值变化而触发操作时，使用此选项。
sql_statement：触发器具体操作语句。

说明：触发器分为后触发和前触发，后触发 AFTER 触发器的执行顺序是表中约束检查→修改表中数据→激活触发器；前触发 INSTEAD OF 触发器的执行顺序是激活触发器→若触发器涉及数据修改则检查表中的约束→修改表中数据。可以为一个表的同一操作定义多个后触发器，但每个 INSERT、UPDATE、DELETE 语句最多可以定义一个前触发器。

（2）创建 DDL 触发器的语法格式。

```
CREATE TRIGGER < 触发器名 >
ON < ALL SERVER | DATABASE >
[ WITH ENCRYPTION ]
< FOR | AFTER > < DDL 事件> [, … n]
AS
[BEGIN]
sql_statements
[END]
```

参数说明如下。

ALL SERVER：DDL 触发器的作用域是当前服务器。
DATABASE：DDL 触发器的作用域是当前数据库。
AFTER：后触发，DDL 只有后触发。
DDL 事件：响应的 DDL 触发器事件的名称，如 CREATE_TABLE、CREATE_PROCEDURE、DROP_TABLE、DROP_PROCEDURE、ALTER_TABLE 等。

说明：其他参数与 DML 触发器的含义相同。

2．修改触发器

```
ALTER TRIGGER <触发器名>
```

说明：修改触发器也同修改存储过程或函数一样，需要给出完整定义，此操作可以用先删除触发器，然后重新创建的操作替代。

3．删除触发器

```
DROP TRIGGER <触发器名>
```

判断触发器存在再删除的语句如下：

```
IF EXISTS ( SELECT * FROM SYSOBJECTS WHERE TYPE = 'TR' AND NAME = '< 触发器名 >')
    DROP TRIGGER <触发器名>
GO
```

4. 禁用与启用触发器

禁用触发器的语法格式：

DISABLE TRIGGER < 触发器名 > ON 对象名 | DATABASE | ALL SERVER

启用触发器的语法格式：

ENABLE TRIGGER <触发器名> ON 对象名 | DATABASE | ALL SERVER

在 SSMS 平台【对象资源管理器】中选择触发器并右击也可以进行禁用和启用切换。

说明：暂时不需要触发器发挥作用时可以禁用，需要时再启用，彻底不使用时再删除。

5. 查看触发器

查看触发器的参数及数据类型：

sp_help <触发器名>

查看触发器的源代码：

sp_helptext <触发器名>

查看触发器所依赖的表，或者查看表上创建的所有触发器、自定义函数、存储过程等：

sp_depends <触发器名|表名>

说明：使用系统存储过程同样可以查看触发器的信息，但如果触发器使用了[WITH ENCRYPTION]选项，则同样无法通过 sp_helptext 查看触发器的源代码。

6. Inserted 表和 Deleted 表

DML 触发器执行过程中，SQL Server 建立和管理两个临时的虚拟表：Inserted 表和 Deleted 表，它们的表结构与创建触发器的表结构完全相同。这两个表包含了在激发触发器的操作中变化的数据，如表 7-1 所示。

表 7-1 Inserted 表和 Deleted 表中的数据变化

操作类型	临时表中的数据变化	
	Inserted 表	Deleted 表
INSERT	插入的记录	空
DELETE	空	删除的记录
UPDATE	修改后的记录	修改前的记录

说明：从表 7-1 中可以看出，对创建了触发器的表进行 INSERT、UPDATE、DELETE 操作时，两个临时变量中的数据变化如下。

INSERT 操作：Inserted 表中存储插入的新数据，Deleted 表中无数据。

UPDATE 操作：Inserted 表中存储修改后的数据行，Deleted 表中存储修改前的数据行。

DELETE 操作：Deleted 表中存储被删除的数据行，Inserted 表中无数据。

7.2 触发器的例题

【**例题 7-1**】 进行触发器实验,了解 Inserted 表和 Deleted 表的作用。

1. 实验提示

第一步:在 bookDB 数据库的 books 表上创建 tr_test 触发器,功能是执行增、删、改操作时查询两个临时表 Inserted 表和 Deleted 表的内容。

第二步:在 books 表中增加一条数据,检查增加数据时 Inserted 表和 Deleted 表中的内容。

第三步:修改刚增加的数据,检查修改数据时 Inserted 表和 Deleted 表中的内容。

第四步:删除新增加的这条记录,检查删除数据时 Inserted 表和 Deleted 表中的内容。

2. 实验过程

第一步:在 books 表上创建触发器。

(1) 如图 7-1 所示,在 SSMS 平台【对象资源管理器】窗口中打开 bookDB 数据库,找到需要创建触发器的 books 表,在 books 表的【触发器】项目上右击,在弹出的快捷菜单中选择【新建触发器】命令,打开一个查询窗口,此窗口中显示了创建 DML 触发器的相关代码,窗口中的注释语句和环境设置语句 SET 命令可以忽略,关键代码如下。

图 7-1 新建触发器

```
CREATE TRIGGER <Schema_Name, sysname, Schema_Name>.<Trigger_Name, sysname, Trigger_Name>
   ON <Schema_Name, sysname, Schema_Name>.<Table_Name, sysname, Table_Name>
   AFTER <Data_Modification_Statements, , INSERT,DELETE,UPDATE>
AS
BEGIN
    -- SET NOCOUNT ON added to prevent extra result sets from
    -- interfering with SELECT statements.
    SET NOCOUNT ON;
    -- Insert statements for trigger here
END
GO
```

(2) 按题目要求修改语句,修改后的语句如下。

```
CREATE TRIGGER tr_test
    ON books                        -- 在 books 表上创建触发器
    AFTER INSERT , UPDATE , DELETE  -- 后触发,响应三个操作
AS
BEGIN
    SELECT * FROM   Inserted        -- 查询 Inserted 临时表
    SELECT * FROM   Deleted         -- 查询 Deleted 临时表
END
```

(3) 执行语句,在【对象资源管理器】中刷新,即可以看到新创建的触发器,如图 7-2 所示。

说明：创建一个触发器既可以响应多个操作，也可以只响应一个操作。

第二步：在 books 表中增加数据。

（1）先查看表结构，了解 books 表中有哪些列，有什么约束，如图 7-3 所示。为了简化操作，忽略表中允许为空的 BookType 和 KuCunLiang 列，只给非空列赋值。

图 7-2 tr_test 触发器

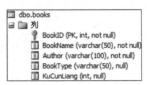
图 7-3 查看 books 表结构

（2）在【对象资源管理器】上选择 books 表，导出 INSERT 脚本如下。

```
INSERT INTO [ bookDB ].[ dbo ].[ books ]
          ( [ BookName ]
          , [ Author ]
          , [ BookType ]
          , [ KuCunLiang ] )
     VALUES
          ( < BookName , varchar( 50 ) , >
          , < Author , varchar( 100 ) , >
          , < BookType , varchar( 50 ) , >
          , < KuCunLiang , int , > )
GO
```

（3）将脚本修改为简单的插入数据语句。

```
INSERT INTO [ bookDB ].[ dbo ].[ books ] ( [ BookName ] , [ Author ] )
     VALUES ( 'SQL 数据库实用案例教程 ' , ' 王雪梅 ' )
GO
```

（4）执行语句，屏幕上显示如图 7-4 所示的执行结果。

图 7-4 第二步的执行结果

说明：执行插入数据操作时，Inserted 表中存入新插入的数据，Deleted 表中无数据。

（5）查看 books 表中数据的变化情况，如图 7-5 所示。

第三步：在 books 表中修改数据。修改刚增加的数据，查看触发器效果。

（1）在【对象资源管理器】上选择 books 表，导出 UPDATE 脚本如下。

```
UPDATE [ bookDB ].[ dbo ].[ books ]
   SET [ BookName ] = < BookName , varchar( 50 ) , >
      , [ Author ] = < Author , varchar( 100 ) , >
```

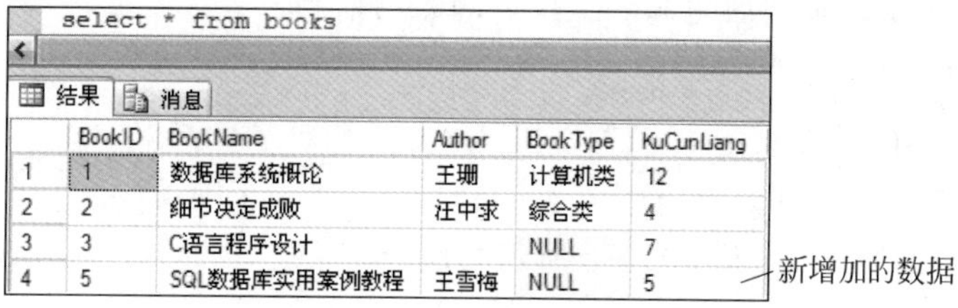

图 7-5 查看 books 表中数据的变化情况

```
    ,[ BookType ] = < BookType , varchar( 50 ) , >
    ,[ KuCunLiang ] = < KuCunLiang , int , >
WHERE <搜索条件 , , >
GO
```

（2）修改脚本，将刚增加的 bookID＝5 的图书类型修改为"计算机类"。

```
UPDATE [ bookDB ].[ dbo ].[ books ]
    SET [ BookType ] = '计算机类'
  WHERE BookID = 5
GO
```

（3）执行语句，屏幕上显示如图 7-6 所示的执行结果。

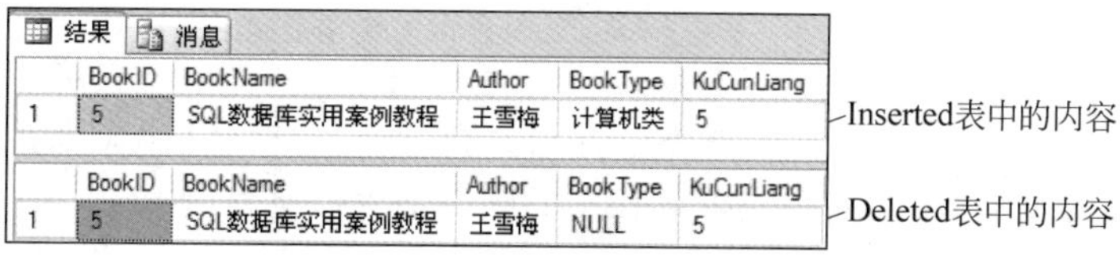

图 7-6 第三步的执行结果

说明：执行修改数据操作时，Inserted 表中存储修改后的新数据，Deleted 表中存储修改前的旧数据。

（4）再次查看 books 表中数据的变化情况，如图 7-7 所示。

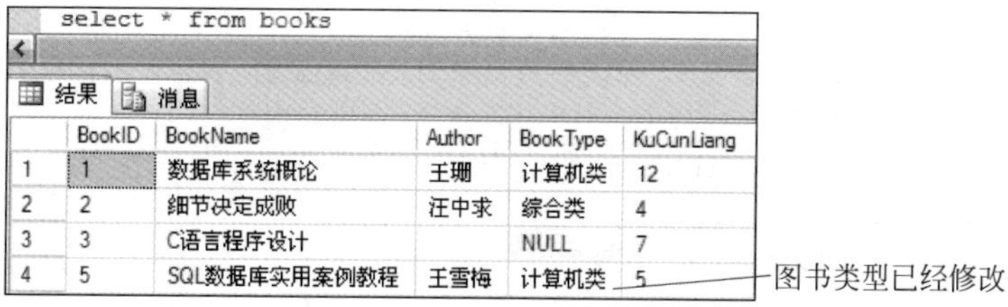

图 7-7 再次查看 books 表中数据的变化情况

第四步：删除 books 表中刚增加的数据，查看触发器效果。
（1）在【对象资源管理器】上选择 books 表，导出 DELETE 脚本如下。

```
DELETE FROM [ bookDB ].[ dbo ].[ books ]
      WHERE < 搜索条件 , , >
GO
```

(2) 修改脚本，删除刚增加的 bookID=5 的图书信息。

```
DELETE FROM [ bookDB ].[ dbo ].[ books ]
    WHERE BookID = 5
GO
```

(3) 执行语句，屏幕上显示如图 7-8 所示的执行结果。

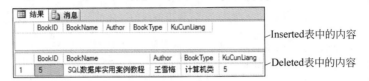

图 7-8　第四步的执行结果

说明：执行删除数据操作时，Inserted 表中无数据，Deleted 表存储正在删除的数据。

(4) 查看 books 表中数据的变化情况，如图 7-9 所示。

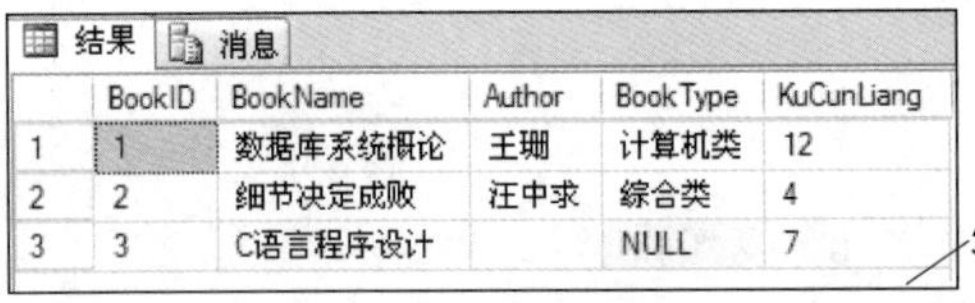

图 7-9　查看 books 表中数据的变化情况

【**例题 7-2**】　在 bookDB 数据库的 books 表上创建一个 INSERT 触发器 tr_booksIn，当向 books 表中插入数据时，书名和作者都相同的图书不可以重复录入。

(1) 创建触发器。

```
CREATE TRIGGER tr_booksIn
    ON books                    -- 在 books 表上创建触发器
    AFTER INSERT                -- 后触发,只响应 INSERT 一个操作
AS
BEGIN
    DECLARE @nn int             -- 声明变量@nn
    SELECT @nn = count( * )     -- 两表连接查询统计记录数,书名作者相同但 ID 不同
    FROM books , Inserted
    WHERE books.bookName = Inserted.bookName
      and books.author = Inserted.author
      and books.bookID < > Inserted.bookID
    IF @nn > 0
      BEGIN
        PRINT '此图书信息已经录入,不可重复录入'
        ROLLBACK
      END
END
```

(2) 插入数据检测新创建的触发器。

```
INSERT INTO [ bookDB ].[ dbo ].[ books ] ( [ BookName ] , [ Author ] )
    VALUES ( '数据库系统概论 ' , ' 王珊 ' )
```

语句执行效果如图 7-10 所示。

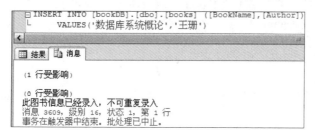

图 7-10 例题 7-2 的执行效果

(3) 查看 books 表中数据的变化情况，如图 7-11 所示。

	BookID	BookName	Author	BookType	KuCunLiang
1	1	数据库系统概论	王珊	计算机类	12
2	2	细节决定成败	汪中求	综合类	4
3	3	C语言程序设计		NULL	7

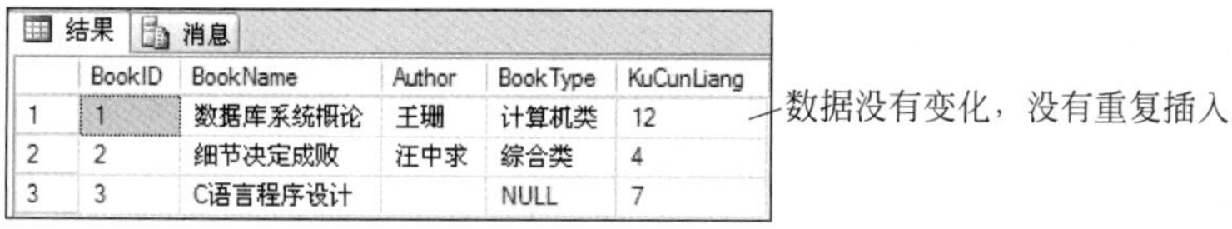

图 7-11 books 表中数据的变化情况

说明：使用 DML 触发器可以对表中数据的增加、删除、修改操作进行及时响应，既可以实现表中"约束"可以实现的所有功能，还可以实现"约束"无法实现的功能。

【例题 7-3】 在 bookDB 数据库的 borrow 表上创建一个 INSERT 触发器，当在 borrow 表中插入借书记录时，自动将 books 表中本次借阅图书的库存数量减 1。

创建触发器的代码如下：

```
CREATE TRIGGER tr_kucunliang
   ON borrow                      -- 在 borrow 表上创建触发器
   AFTER insert                   -- 后触发，只响应 insert 操作
AS
BEGIN
  DECLARE @bID  int               -- 声明变量@bID 用于存储借阅的图书编号
  SELECT @bID = BookID  from  inserted
  Update books set kucunliang = kucunliang - 1
  where bookID = @bID             -- 将 books 表中该书的库存量减 1
END
```

说明：可以在 borrow 表中插入一条借书记录，查看 books 表中本次借阅的图书库存数量的变化情况，检验触发器的效果。

【例题 7-4】 在 bookDB 数据库 books 表上定义一个 UPDATE 触发器，当修改图书数量字段时触发，图书数量小于三本时提示"? 图书数量已经小于三本"，其中"?"为书名。

方法一代码：

```
CREATE trigger tr_bookKuCunLiang
ON books                          -- 在 books 表上创建触发器
FOR UPDATE                        -- 后触发，响应修改数据操作
AS
IF UPDATE( KuCunLiang )            -- 修改库存量时执行
BEGIN
```

```
  DECLARE @sl int , @sm varchar(30)
   -- Inserted 表只有一条记录,查询不用加 WHERE 条件
  SELECT @sl = KuCunLiang , @sm = bookname from Inserted
  IF @sl < 3
PRINT '《' + @sm + '》图书数量已经小于三本'        -- 字符串拼接输出
END
```

方法二代码：只定义一个变量@sl，图书名直接从 Inserted 表中查询。

```
DROP trigger tr_bookKuCunLiang
GO
CREATE trigger tr_bookKuCunLiang
ON books                    -- 在 books 表上创建触发器
FOR UPDATE                  -- 后触发,响应修改数据操作
AS
IF UPDATE( KuCunLiang )
BEGIN
  DECLARE @sl int
  SELECT @sl = KuCunLiang from Inserted
  IF @sl < 3
      SELECT   '《' + bookname + '》图书数量已经小于三本' from Inserted
END
```

修改数据检验触发器效果。

```
UPDATE books SET KuCunLiang = 2 WHERE BookID = 3
```

触发器的执行效果如图 7-12 所示。

图 7-12 触发器的执行效果

说明：UPDATE 触发器中加"IF UPDATE(列名)"语句，表示只在修改这一列的值时才触发，修改其他列时不触发。

【例题 7-5】创建一个 DDL 触发器，用于防止用户删除或更改 bookDB 数据库中的任意数据表。

（1）创建触发器的代码。

```
USE bookDB
GO
CREATE TRIGGER cant_drop
ON database                  -- 创建数据库级触发器,建在 bookDB 数据库中
FOR drop_table               -- 响应的操作是删除表的操作,后触发
AS
BEGIN
  PRINT '禁止删除或修改该数据表'
  ROLLBACK                   -- 数据回滚,取消操作
END
```

触发器创建完成,在【对象资源管理器】上刷新,可以看到此 DDL 触发器是数据库级的,而不是表级的,在 bookDB 数据库的【数据库触发器】中可以看到该触发器,如图 7-13 所示。

(2) 删除 bookDB 数据库的 borrow 表,检测触发器的效果代码如下。

```
DROP table borrow
```

执行效果如图 7-14 所示。

图 7-13　数据库级 DDL 触发器

图 7-14　触发器的执行效果

【例题 7-6】　在服务器上创建 DDL 触发器,防止服务器上任意一个数据库被修改或删除。

代码:
```
CREATE trigger tr_protectDB
   ON ALL SERVER                              -- 创建服务器级的触发器
   FOR drop_database , alter_database         -- 删除数据库和修改数据库触发,DDL 都是后触发
   AS
   BEGIN
      PRINT  '要修改或删除数据库,必须先禁止 tr_protectDB 触发器'
      ROLLBACK                                -- 数据回滚,取消操作
   END
```

说明:创建的触发器如图 7-15 所示。DDL 触发器响应以 CREATE、ALTER、DROP 开头的语句,使用 DDL 触发器可以防止或记录对数据库架构的修改。

【例题 7-7】　禁用服务器上创建的 DDL 触发器 tr_protectDB,以便修改数据库信息,修改完毕后再启用。

代码:

```
-- 禁用触发器 tr_protectDB
DISABLE TRIGGER tr_protectDB ON ALL SERVER
-- 启用触发器 tr_protectDB
ENABLE TRIGGER tr_protectDB ON ALL SERVER
```

图 7-15　服务器级 DDL 触发器

【例题 7-8】　禁用 books 表上的触发器 tr_booksIn,查看该触发器图标的变化。

代码:

```
DISABLE TRIGGER tr_booksIn ON books
```

说明:触发器被禁用后就不再工作,在【对象资源管理器】上刷新后可以看到,该触发器的图标上增加了一个向下的红色箭头,如图 7-16 所示。也可以在 SSMS 上选择该触发器后右击进行禁用和启用。

图 7-16　禁用触发器

实验12 触发器练习

一、实验目的
了解触发器的用途,熟练创建和维护触发器。

二、实验内容
继续使用实验2创建的银行储蓄数据库,客户信息(customerInfo)表、账户信息(accountInfo)表、交易信息(transInfo)表这三个表的表结构见表2-18~表2-20。

(1) 将存款、取款后更新账户余额的功能提取出来,放入触发器中完成。也就是在交易信息表上创建一个触发器,响应insert事件,对每笔存、取款操作都从Inserted临时表中读取数据,自动判断操作类型,自动更新账户信息表中该账号的余额。

(2) 修改存款、取款的存储过程代码,去掉其中更新账户信息表中该账号余额的语句。

(3) 进行存款、取款操作,检验触发器的效果。

习题

习题解析

一、判断题
1. 数据库中只有DML触发器,响应INSERT、UPDATE、DELETE事件。（   ）
2. 创建的触发器只能响应一个事件,也就是只能响应INSERT、UPDATE、DELETE三个事件中的一个。（   ）
3. 创建触发器语法中的AFTER选项代表触发器在相应操作执行前触发。（   ）
4. 创建触发器语法中的INSTEAD OF选项代表触发器在相应操作执行后触发。
（   ）
5. UPDATE触发器中可以使用update()函数,设置在修改某个列时才触发,该函数的参数是所创建触发器的表名。如在Employee表上创建触发器时,设置为不允许修改employeeID字段,则触发器中要写If UPDATE(employee)。（   ）

二、填空题
1. SQL Server提供了两种类型的触发器,分别为_____和_____。
2. 触发器定义在一个表中,当在该表中执行_____、UPDATE或DELETE操作时被触发自动执行。
3. SQL Server触发器用到两个临时表,用于记录更改前后变化的信息,这两个临时表是_____和_____。它们的表结构与创建触发器的表结构_____。
4. 执行INSERT操作时,新插入的数据被存储到_____临时表中,_____表中没有数据。
5. 执行DELETE操作时,被删除的数据被存储到_____临时表中,_____表中没有数据。
6. 执行UPDATE操作时,_____临时表中存储修改后的新数据,_____表中存储修改前的旧数据。
7. 创建触发器的命令是_____。

8. 删除名为 tr_delete 的触发器的语句是_____。

三、简答题

1. 请说明以下程序的功能。

```
CREATE TRIGGER employee_Update
ON employee
FOR UPDATE
AS
IF UPDATE (departmentID)
BEGIN
    PRINT '禁止修改员工的部门编号!'
    ROLLBACK
END
```

功能：

2. 请说明以下程序的功能。

```
CREATE TRIGGER employee_deleted
ON Employee
FOR DELETE
AS
DECLARE @departmentName varchar(50)
SELECT @departmentName = departmentName
    FROM department JOIN Deleted
        ON department.departmentID = Deleted.departmentID
IF (@departmentName = '人事部')
BEGIN
    PRINT '此为人事部门的员工,无法删除记录'
    ROLLBACK
END
```

功能：

第 8 章 游标

游标是系统为用户开设的一个数据缓冲区,用于存放 SELECT 语句的执行结果,是一种能从包括多条数据记录的结果集中每次提取一条记录进行处理的机制。游标总是与一条 SELECT 语句相关联,由 SELECT 结果集和结果集中指向特定记录的游标位置(相当于文件指针)组成,结果集中的数据可以是零条、一条或多条记录。游标允许应用程序对结果集中的每行进行相同或不同的操作,而不是一次对整个结果集进行同一种操作。

游标可以用于 T-SQL 脚本、存储过程、函数、触发器中,游标的使用主要分为六步:声明游标、打开游标、读取游标、关闭游标、释放游标、查看游标。

8.1 游标的语法

1. 声明游标

```
DECLARE <游标名> [ SCROLL ] CURSOR
FOR statement
[ FOR { READ ONLY | UPDATE [ OF column_name [ , …n ] ] } ]
```

参数说明如下。

游标名:自命名的游标名称,要遵守命名规则。

SCROLL:表示可以循环提取,所有提取操作(FIRST:第一行,LAST:最后一行,NEXT:下一行,PRIOR:上一行)都可用,若不使用该关键字则只能执行默认的 NEXT。

statement:声明游标的 SQL 语句。

READ ONLY:表示游标为只读,是默认值。

UPDATE [OF column_name[,…n]]:定义游标内可修改的列,如果指定了 OF 子句,则只能修改所列出的列。

2. 打开游标

```
OPEN <游标名 | 变量名>
```

说明:打开游标既可以直接写游标名,也可以通过变量传递。声明游标后必须先打开后使用。

3. 读取游标

```
FETCH [ NEXT | LAST | FIRST | PRIOR ]
FROM <游标名 | 变量名>
[ INTO 变量名 ]
```

视频讲解

参数说明如下。

NEXT：返回游标当前行的下一行数据，是默认值。

LAST：返回游标最后一行的数据，声明游标时加[SCROLL]选项才有此功能。

FIRST：返回游标第一行的数据，声明游标时加[SCROLL]选项才有此功能。

PRIOR：返回游标当前行的上一行数据，声明游标时加[SCROLL]选项才有此功能。

INTO 变量名：将提取的一行数据存储到局部变量中。

4．关闭游标

CLOSE < 游标名｜变量名 >

说明：游标用完要立即关闭，关闭后不能检索结果集中的数据，使用时可以再次打开。关闭游标并没有释放该游标占用的所有资源。

5．释放游标

DEALLOCATE < 游标名｜变量名 >

说明：释放游标所占资源，释放后不可以再用 OPEN 语句打开游标，如还需使用此游标，必须重新用 DECLARE 语句声明。

6．查看游标

使用系统存储过程 sp_describe_cursor 可以查看服务器游标的属性信息。

sp_describe_cursor 声明的游标变量 OUTPUT, global, 要查看的游标名

8.2 游标的例题

【例题 8-1】 定义一个查询 stuDB 数据库中学生信息的游标 c_stud，并使用。

（1）声明游标 c_stud。

代码：DECLARE c_stud scroll CURSOR   -- 定义可循环读取的游标
　　　　　FOR
　　　　　SELECT Sno , name , Sex , Nation , Birthday
　　　　　FROM stuDB.dbo.Student

视频讲解

（2）打开游标 c_stud。

代码：OPEN c_stud

说明：游标定义完成后必须先打开后使用。刚打开时游标记录指针指向第一条记录之前的游标头部，此时读取第一条和读取下一条的结果是一样的。

（3）读取游标 c_stud 中的数据。

方法一：通过游标读取的数据结果在平台直接显示。

事先查询 Student 表中的数据（见图 8-1），对比游标读取的数据和 Student 表中的数据，理解游标的执行效果。

通过游标读取的数据结果如表 8-1 所示。

```
SELECT Sno,name,Sex,Nation,Birthday    FROM stuDB.dbo.Student
```

	Sno	name	Sex	Nation	Birthday
1	1001	张海波	男	汉族	1996-01-01
2	1002	李华华	女	汉族	1997-01-04
3	1003	周杰	男	回族	1995-08-14
4	1004	欧阳苗苗	男	满族	1996-10-10
5	1005	吴怡雯	女	汉族	1998-11-01

图 8-1 Student 表中的数据

表 8-1 通过游标读取的数据结果

读取游标语句		数据结果
FETCH FROM c_stud	—— 读下一条	Sno 1001 name 张海波 Sex 男 Nation 汉族 Birthday 1996-01-01
FETCH FIRST FROM c_stud	—— 读第一条	Sno 1001 name 张海波 Sex 男 Nation 汉族 Birthday 1996-01-01
FETCH FROM c_stud	—— 读下一条	Sno 1002 name 李华华 Sex 女 Nation 汉族 Birthday 1997-01-04
FETCH LAST FROM c_stud	—— 读最后一条	Sno 1005 name 吴怡雯 Sex 女 Nation 汉族 Birthday 1998-11-01
FETCH PRIOR FROM c_stud	—— 读上一条	Sno 1004 name 欧阳苗苗 Sex 男 Nation 满族 Birthday 1996-10-10
FETCH FROM c_stud	—— 读下一条	Sno 1005 name 吴怡雯 Sex 女 Nation 汉族 Birthday 1998-11-01

方法二：游标中的数据存入变量并显示。

```
/*定义局部变量,用于存储游标中的数据。
变量的数据类型必须与要存储的数据类型一致,长度最好也一致。*/
DECLARE @xh int , @xm varchar(8) , @sex char(2)
DECLARE @mz varchar(20) , @sr date
FETCH first from c_stud
INTO @xh , @xm , @sex , @mz , @sr     —— 读取游标中的第一条数据,然后存入变量
SELECT @xh , @xm , @sex , @mz , @sr    —— 显示变量中存储的内容
```

执行结果如图 8-2 所示。

	(无列名)	(无列名)	(无列名)	(无列名)	(无列名)
1	1001	张海波	男	汉族	1996-01-01

图 8-2 将游标中数据存入变量的执行结果

说明：游标查询结果集中会有多条记录,但变量每次只能存储一个值。

方法三：循环读取游标中的数据。

```
/* 定义局部变量,用于存储游标中的数据。
变量的数据类型必须与要存储的数据类型一致,长度最好也一致。 */
DECLARE @xh int , @xm varchar(8) , @sex char(2)
DECLARE @mz varchar(20) , @sr date
FETCH first from c_stud                          -- 读取游标的第一条数据并存入变量
INTO @xh , @xm , @sex , @mz , @sr
WHILE @@FETCH_STATUS = 0                         -- 用全局变量判断是否读完全部数据
BEGIN
  SELECT @xh , @xm , @sex , @mz , @sr            -- 显示变量中存储的内容
  FETCH next from c_stud INTO @xh , @xm , @sex , @mz , @sr     -- 读取游标的下一条数据
END
```

执行结果如图 8-3 所示。

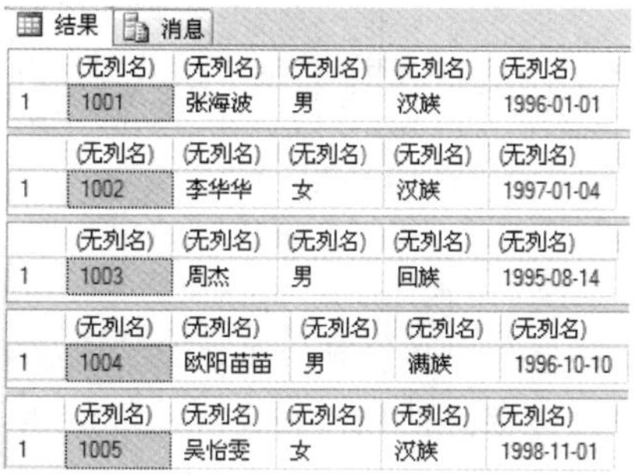
结果
消息
(无列名) (无列名) (无列名) (无列名) (无列名)
1 1001 张海波 男 汉族 1996-01-01
(无列名) (无列名) (无列名) (无列名) (无列名)
1 1002 李华华 女 汉族 1997-01-04
(无列名) (无列名) (无列名) (无列名) (无列名)
1 1003 周杰 男 回族 1995-08-14
(无列名) (无列名) (无列名) (无列名) (无列名)
1 1004 欧阳苗苗 男 满族 1996-10-10
(无列名) (无列名) (无列名) (无列名) (无列名)
1 1005 吴怡雯 女 汉族 1998-11-01

图 8-3　循环读取游标中数据的执行结果

说明：将全局变量@@FETCH_STATUS 作为循环条件来判断游标提取数据是否成功,返回值为 0 表示成功,返回值为－1 表示失败,数据全部读完。读取游标中的数据一般都要用到循环语句,并配合全局变量@@FETCH_STATUS 来读取每条数据进行处理。

(4) 关闭游标 c_stud。

代码：`CLOSE c_stud`

说明：关闭游标并没有释放游标占用的所有内存资源,关闭后还可以再次用 OPEN 命令重新打开,游标指针又恢复到第一条之前。关闭游标可以起到指针复原的作用。

(5) 释放游标 c_stud。

代码：`DEALLOCATE c_stud`

说明：释放游标也就释放了游标所占的所有内存,释放后不可以再打开。如果想再次使用此游标,需要用 DECLARE 语句重新声明。

【例题 8-2】 使用游标以报表形式显示未归还图书的信息,显示为读者号、读者姓名、图书名、借书日期。

代码：

```
USE bookDB
GO
DECLARE c_readerNoRe scroll CURSOR            -- 声明游标
FOR
SELECT readers.readerID , readerName , bookName , borrowerDate
FROM readers , books , borrow
WHERE readers.readerID = borrow.readerID and books.bookID = borrow.bookID
OPEN c_readerNoRe                             -- 打开游标
```

```
DECLARE @rID int , @rName varchar(50)
DECLARE @bName varchar(50) , @boDate date
FETCH from c_readerNoRe INTO @rID , @rName , @bName , @boDate    --读游标
WHILE @@FETCH_STATUS = 0
BEGIN
PRINT '读者号:' + str(@rID,2) + ', 读者姓名:' + @rName + ', 图书名:' +
@bName + '借书日期' + CONVERT( CHAR(10) , @boDate )
    FETCH from c_readerNoRe INTO @rID , @rName , @bName , @boDate  --读游标
END
CLOSE c_readerNoRe                                                --关闭游标
DEALLOCATE c_readerNoRe                                           --释放游标
```

执行结果如图8-4所示。

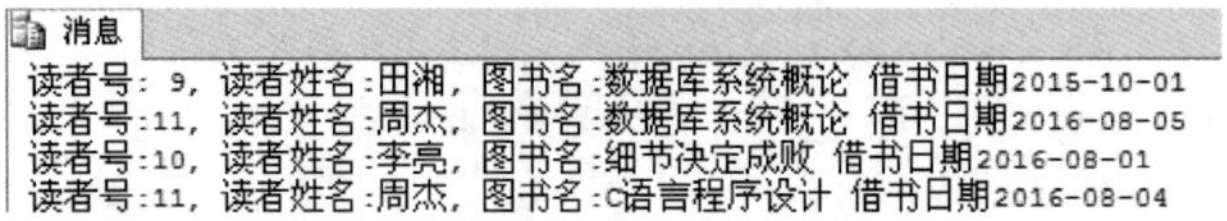

```
消息
读者号: 9, 读者姓名:田湘, 图书名:数据库系统概论 借书日期2015-10-01
读者号:11, 读者姓名:周杰, 图书名:数据库系统概论 借书日期2016-08-05
读者号:10, 读者姓名:李亮, 图书名:细节决定成败 借书日期2016-08-01
读者号:11, 读者姓名:周杰, 图书名:C语言程序设计 借书日期2016-08-04
```

图8-4 例题8-2的执行结果

说明：读取游标的语句一般都写两条，先读一次游标，然后用@@FETCH_STATUS作循环条件进行判断，循环体语句中必须有再次读取游标的语句。

【例题8-3】 使用游标修改数据。使用游标将bookDB数据库的books表中图书类型为空的bookType字段赋值为"待分类"。

代码：
```
USE bookDB                                          --打开数据库
GO
DECLARE Cur_Books CURSOR
FOR SELECT bookType FROM books WHERE bookType is null
FOR UPDATE                          --定义一个可修改游标,取图书类型为空的数据
OPEN Cur_Books                                      --打开游标
DECLARE @ty varchar(50)                             --声明变量用于存储游标数据
FETCH from Cur_Books INTO @ty                       --读取游标数据
WHILE @@FETCH_STATUS = 0                            --判断是否全读完
BEGIN
    --用游标修改数据的条件是"WHERE CURRENT of 游标名",只改当前行
    UPDATE books SET bookType = '待分类' WHERE CURRENT of Cur_Books
    FETCH from Cur_Books INTO @ty                   --读取游标数据
END
CLOSE Cur_Books                                     --关闭游标
DEALLOCATE Cur_Books                                --释放游标
```

说明：游标还提供对基于游标位置对表中数据进行删除或更新的功能，使用游标更新数据需要在声明游标时用[FOR UPDATE]选项。只写FOR UPDATE表示可修改任意列，后面用OF子句精确到只可修改某些列。使用游标修改数据的UPDATE语句条件固定是"WHERE CURRENT of 游标名"，表示修改的是当前行。很少使用游标修改数据，多数用于读取数据，定义为只读游标。

【例题8-4】 使用游标修改指定列。使用游标修改stuDB数据库SC表中"数据库原理"课程的成绩，如果学生的成绩小于60分，将成绩增加10分，否则将成绩增加$\frac{1}{2}$(100-成绩)。

代码：
```sql
USE stuDB
GO
DECLARE c_UpGrade CURSOR                          -- 声明游标
FOR
SELECT Grade FROM SC
WHERE Cno = ( SELECT Cno from Course WHERE cNAME = '数据库原理')
FOR UPDATE of Grade
OPEN c_UpGrade                                    -- 打开游标
DECLARE @cj int
FETCH from c_UpGrade INTO @cj                     -- 读取游标
WHILE @@FETCH_STATUS = 0                          -- 循环条件
BEGIN
   IF @cj < 60
      UPDATE SC SET Grade = Grade + 10 WHERE CURRENT of c_UpGrade
   ELSE
      UPDATE SC SET Grade = Grade + ( 100 - Grade ) / 2
        WHERE CURRENT of c_UpGrade
   FETCH from c_UpGrade INTO @cj                  -- 再次读取游标
END                                               -- 循环结束
CLOSE c_UpGrade                                   -- 关闭游标
DEALLOCATE c_UpGrade                              -- 释放游标
```

说明：本例题声明游标时用到"UPDATE of 列名"子句，限制为通过游标只能修改这些列。SELECT 语句中用到了嵌套查询，IF…ELSE 语句中的每个分支只有一条语句，没有使用 BEGIN…END 语句。

【例题 8-5】 使用游标删除数据。

代码：
```sql
USE bookDB                                        -- 打开数据库
GO
-- 定义一个可修改游标,取图书类型为空的数据
DECLARE Cur_Books2 CURSOR
FOR SELECT bookType FROM books WHERE bookType is null
FOR UPDATE
OPEN Cur_Books2                                   -- 打开游标
DECLARE @ty varchar(50)                           -- 声明变量用于存储游标数据
FETCH from Cur_Books2 INTO @ty                    -- 读游标数据
WHILE @@FETCH_STATUS = 0                          -- 循环判断是否全读完
BEGIN
     -- 用游标修改数据的条件是"WHERE CURRENT of 游标名",只改当前行
     DELETE from books WHERE CURRENT of Cur_Books2
     FETCH from Cur_Books INTO @ty                -- 读取游标数据
END
CLOSE Cur_Books2                                  -- 关闭游标
DEALLOCATE Cur_Books2                             -- 释放游标
```

说明：使用游标删除数据的语句是"DELETE from 表名 WHERE CURRENT of 游标名"，删除的是当前行。

【例题 8-6】 使用游标变量操作游标。

代码：`DECLARE c_books CURSOR`   -- 声明游标

```
            FOR SELECT bookNAME FROM books
            DECLARE @cur_var CURSOR                          -- 声明游标变量
            DECLARE @BN VARCHAR(20)
            SET @cur_var = c_books                           -- 将游标名赋值给游标变量
            OPEN @cur_var                                    -- 通过游标变量打开游标
            FETCH from @cur_var INTO @BN                     -- 读取游标
            WHILE @@FETCH_STATUS = 0
            BEGIN
              PRINT @BN                                      -- 输出
              FETCH from @cur_var INTO @BN                   -- 再次读取游标
            END
            CLOSE @cur_var                                   -- 关闭游标
            DEALLOCATE @cur_var                              -- 释放游标
```

说明：此例题的游标语句很简单，只是为了演示游标变量的使用。代码中的 BEGIN…END 语句如果被省略将会出现死循环，思考一下为什么。

【例题 8-7】 定义一个游标变量，使用系统存储过程 sp_cursor_list 查看游标属性。

代码：
```
DECLARE @c_readerNoRe CURSOR
EXEC sp_cursor_list @c_readerNoRe OUTPUT , 2
FETCH from @c_readerNoRe
WHILE @@FETCH_STATUS = 0
  FETCH from @c_readerNoRe
```

执行结果如图 8-5 所示。

	reference_name	cursor_name	cursor_scope	status	model	concurrency	scrollable	open_status	cursor_rows	fetch_status	column_count	row_count	last_operation	cursor_handle
1	Cur_Books2	Cur_Books2	2	1	3	3	0	1	-1	-9	1	0	1	180150005

	reference_name	cursor_name	cursor_scope	status	model	concurrency	scrollable	open_stat...	cursor_rows	fetch_status	column_count	row_count	last_operation	cursor_handle
1	c_readerNoRe	c_reader...	2	1	2	3	1	1	4	-9	4	0	1	180150007

	reference_name	cursor_name	cursor_sco...	status	model	concurrency	scrolla...	open_status	cursor_rows	fetch_status	column_count	row_count	last_operation	cursor...

图 8-5 例题 8-7 的执行结果

说明：当前有两个游标被打开，所以查询结果返回的是这两个游标的信息。系统存储过程 sp_cursor_list 有两个参数：第一个参数是一个游标变量作为输出参数，第二个参数是一个输入参数，表示游标的作用范围。输入参数有三种值：1 表示返回所有 LOCAL 游标，2 表示返回所有 GLOBAL 游标，3 表示 LOCAL、GLOBAL 游标都返回。本例题使用了 2。

【例题 8-8】 查看已定义的游标 c_stud 的属性信息。

代码：
```
DECLARE @a cursor                              -- 定义一个游标变量@a,作系统存储过程的输出参数
EXEC sp_describe_cursor @a OUTPUT , global , c_stud
FETCH from @a
```

执行结果如图 8-6 所示。

	refere...	cursor_na...	c...	status	m...	c...	s...	o...	c...	f...	column_count	r...	l...	cursor_handle
1	c_stud	c_stud	2	-1	2	3	1	0	0	-9	5	0	0	180150021

图 8-6 例题 8-8 的执行结果

实验 13　游标使用练习

一、实验目的
了解游标的用途,并能够熟练按照使用游标的 5 个步骤创建和使用游标。

二、实验内容
继续使用实验 2 创建的银行储蓄数据库,客户信息(customerInfo)表、账户信息(accountInfo)表、交易信息(transInfo)表这三个表的表结构见表 2-18～表 2-20。

(1) 企业发工资时会出现给一批用户同时进行存款的操作。实验 12 中创建的触发器能够实现存款、取款后更新账户余额的功能,但仅限于每次一笔存、取款操作,无法正确处理同时多笔的情况。请修改实验 12 中的触发器代码,按照使用游标的 5 个步骤,用游标从 Inserted 临时表中读取数据,然后在每笔操作都正确处理余额。

(2) 使用一个 insert into 语句在交易信息表中插入多条交易记录,检查修改后的触发器是否对每笔操作都正确更新了账户信息表中的相应余额。

习题

习题解析

一、判断题
1. 查询结果是多行时才可以用游标,结果只有一行时不能用游标。　　(　　)
2. 使用游标时需要用到全局变量@@fetch_status。　　(　　)
3. 游标释放后可以再次打开使用。　　(　　)
4. 定义一个游标可以多次使用,可以多次打开和关闭。　　(　　)
5. 游标使用完毕后必须关闭,以便释放占用的资源。　　(　　)

二、填空题
1. 使用游标的语句一般是_____结构。
2. 使用游标的步骤是:声明游标、打开游标、使用游标读取数据、_____、释放游标。
3. 声明游标的语句是_____,打开游标的语句是_____,读取游标中下一条记录的语句是_____。
4. 关闭游标的语句是_____,释放游标的语句是_____。
5. 如果希望游标可以循环读取数据,定义游标时需要加_____关键字。

第 9 章 事务

事务(Transaction)是用户定义的一个数据库操作序列,这些操作要么全做,要么全不做,是一个不可分割的工作单位。事务是数据库恢复和并发控制的基本单位。事务具有 ACID 四个重要特性:原子性(Atomicity)、一致性(Consistency)、隔离性(Isolation)、持续性(Durability)。

事务有三种管理模式:自动提交事务模式、显示事务模式、隐式事务模式。

(1) 自动提交事务模式:每条单独的 SQL 语句都是一个事务,执行成功后自动提交,遇到错误则自动回滚。SQL Server 默认是自动提交事务模式。

(2) 显式事务模式:允许用户定义事务的开始和结束。以 BEGIN TRANSACTION 语句开始,以 COMMIT 或 ROLLBACK 语句结束。

(3) 隐式事务模式:用 SET IMPLICIT_TRANSACTIONS ON/OFF 命令切换。当切换为 ON 状态时,语句不再自动提交,需要以 COMMIT 或 ROLLBACK 语句提交或回滚事务,当前事务完成后,新事务自动启动。若事务未提交,在用户断开连接时,事务及其包含的所有数据更改操作都自动回滚。

通常一个程序包含多个事务,一个事务包含多条语句。使用事务时尽量使事务短些,可以减少数据的占用时间,也减少其他用户的等待时间,费时间的交互操作尽量不要放在事务里。

视频讲解

9.1 事务的语法

1. 开始事务

BEGIN TRAN[SACTION] [事务名]

功能:定义一个显式事务,执行事务时,系统会根据设置的隔离级别来锁定其访问资源,直到事务结束。

SET IMPLICIT_TRANSACTIONS ON

功能:启动隐式事务模式,语句不再自动提交,需要用 COMMIT 或 ROLLBACK 提交或回滚。执行 SET IMPLICIT_TRANSACTIONS OFF 命令可以取消隐式事务模式,恢复自动提交事务模式。

2. 结束事务

COMMIT [TRAN[SACTION] [事务名]]

功能：提交事务，事务自开始以来对数据库的所有修改永久化，标记一个事务结束。

ROLLBACK [TRAN[SACTION]] [事务名 | 保存点名]]

功能：回滚事务，事务对数据库的所有修改全部取消，也标记一个事务结束。

3. 设置保存点

SAVE TRAN[SACTION] [检查点名]

功能：在事务内部设置保存点，定义事务可以返回的位置。

9.2 事务的例题

【例题 9-1】 定义显示事务，实现 9 号读者借 8 号图书的借书操作。借书操作涉及三个表中的数据：borrow 表中插入一条借书记录，books 表相应图书的库存量减 1，readers 表中该读者的借书数量加 1。请定义一个事务，保证这三个操作同时成功，或者同时失败。

代码：
```
BEGIN TRANSACTION                              -- 开始显示事务
    INSERT INTO borrow ( BookID , ReaderID ) values( 8 , 9 )
    IF @@error != 0                            -- 全局变量@@error = 0 表示语句执行成功
      BEGIN
        ROLLBACK TRANSACTION                   -- 回滚事务
        RETURN                                 -- 强制退出，不再执行后面的语句
      END

    UPDATE books SET KuCunLiang = KuCunLiang - 1 WHERE BookID = 8
    IF @@error != 0                            -- 判断语句执行不成功则回退
      BEGIN
        ROLLBACK TRANSACTION                   -- 回滚事务
        RETURN                                 -- 强制退出，不再执行后面的语句
      END

    UPDATE readers SET BorrowBookNum = BorrowBookNum + 1 WHERE ReaderID = 9
    IF @@error != 0                            -- 判断语句执行不成功则回退
      BEGIN
        ROLLBACK TRANSACTION                   -- 回滚事务
        RETURN                                 -- 强制退出，不再执行后面的语句
      END

    COMMIT TRANSACTION                         -- 提交事务
```

查看数据库中数据变化的语句如下。

```
SELECT * from books
SELECT * from readers
SELECT * from borrow
```

说明：本例题简单演示了事务的使用，对每条数据操纵语句都进行判断。全局变量 @@error = 0 表示该语句执行成功，语句不成功就回滚所有操作，退出程序；语句执行成功才继续下一个操作。如果每条语句都成功，最后进行统一提交。实际在借书时还要判断

图书是否有库存、读者借书数量是否达到最大等。

【例题 9-2】 将例题 9-1 改写为存储过程,以读者编号和图书编号作为存储过程的输入参数,无输出参数,存储过程中使用显示事务模式来保证数据的一致性。执行存储过程后在 bookDB 数据库的 3 张表中查看执行效果。borrow 表中插入一条借书记录,books 表相应图书的库存量减 1,readers 表中该读者的借书数量加 1。

代码:
```sql
CREATE PROC p_borr @rID INT , @bID INT
AS
BEGIN
    BEGIN TRANSACTION                          -- 开始显示事务
    INSERT INTO borrow ( BookID , ReaderID ) values( @bID , @rID )
    IF @@error != 0                            -- 全局变量@@error = 0 表示语句执行成功
    BEGIN
        ROLLBACK TRANSACTION                   -- 回滚事务
        RETURN                                 -- 强制退出,不再执行后面的语句
    END

    UPDATE books SET KuCunLiang = KuCunLiang - 1 WHERE BookID = @bID
    IF @@error != 0                            -- 判断语句执行不成功则回退
    BEGIN
        ROLLBACK TRANSACTION                   -- 回滚事务
        RETURN                                 -- 强制退出,不再执行后面的语句
    END

    UPDATE readers SET BorrowBookNum = BorrowBookNum + 1
        WHERE ReaderID = @rID
    IF @@error != 0                            -- 判断语句执行不成功则回退
    BEGIN
        ROLLBACK TRANSACTION                   -- 回滚事务
        RETURN                                 -- 强制退出,不再执行后面的语句
    END

    COMMIT TRANSACTION                         -- 提交事务
END                                            -- 存储过程定义结束
```

执行存储过程,为 11 号读者借 9 号图书。

```sql
EXEC p_borr 11 , 8
```

查看数据库中数据变化的语句如下。

```sql
SELECT * from books
SELECT * from readers
SELECT * from borrow
```

执行结果如图 9-1 所示。

说明:程序代码中只有一个事务时,可以不用定义事务名称。

【例题 9-3】 修改例题 9-2 的代码,简化语句,最后统一提交或回滚。

代码:
```sql
CREATE PROC p_borr2 @rID INT , @bID INT
AS
BEGIN
```

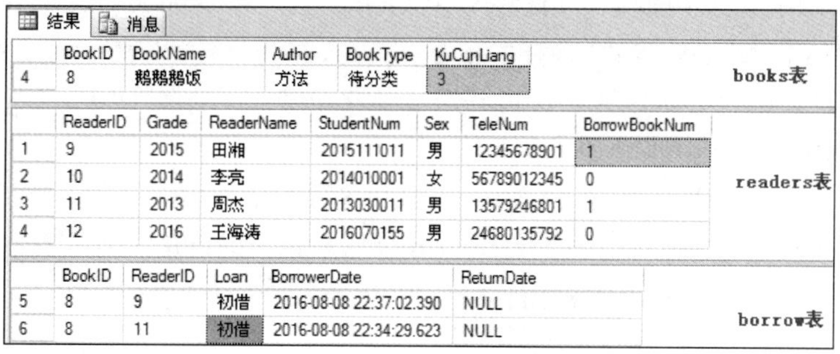

图 9-1 例题 9-2 的执行结果

```
DECLARE @errSum INT = 0                     -- 定义变量累加错误数,初值为 0
BEGIN TRANSACTION                           -- 开始显示事务
INSERT INTO borrow ( BookID , ReaderID ) values( @bID , @rID )
SET @errSum = @errSum + @@error             -- 累加错误数


UPDATE books SET KuCunLiang = KuCunLiang - 1 WHERE BookID = @bID
SET @errSum = @errSum + @@error             -- 累加错误数


UPDATE readers SET BorrowBookNum = BorrowBookNum + 1
   WHERE ReaderID = @rID
SET @errSum = @errSum + @@error             -- 累加错误数
IF @errSum = 0                              -- 判断累加后的错误数
   COMMIT TRANSACTION                       -- 无错误,提交事务
ELSE
   ROLLBACK TRANSACTION                     -- 有错误,回滚事务
END                                         -- 存储过程定义结束
```

说明:本例题没有对每条语句进行判断,而是将错误代码累加,只要有一条语句运行出错,错误代码数值都会大于 0,最后再一次性进行判断,决定全部提交还是全部回退。

【例题 9-4】 隐式事务模式。

代码:

```
1   CREATE TABLE linshibiao                 -- 创建一个临时表
2   ( NO INT NOT NULL ,
3     tName char(6) NOT NULL )
4   GO
5   SET IMPLICIT_TRANSACTIONS ON            -- 启动隐式事务模式
6   GO
7   INSERT INTO linshibiao VALUES ( 1 , '运动会' )   -- 第一个事务由 INSERT 语句启动
8   INSERT INTO linshibiao VALUES ( 2 , '早操' )
9   ROLLBACK TRANSACTION                    -- 回滚第一个事务
10  GO
11  SELECT COUNT( * ) FROM lishibiao        -- 第二个事务由 SELECT 语句启动
12  INSERT INTO linshibiao VALUES ( 3 , '跑步' )
13  INSERT INTO linshibiao VALUES ( 4 , '游泳' )
14  COMMIT TRANSACTION                      -- 提交第二个事务
15  GO
16  SET IMPLICIT_TRANSACTIONS OFF           -- 关闭隐式事务模式
17  GO
```

说明：执行 SET IMPLICIT_TRANSACTIONS ON 命令开始隐式事务,之后执行的 INSERT、UPDATE 或 DELETE 语句不会自动提交,必须执行 COMMIT 语句才能提交数据,如果想取消操作,执行 ROLLBACK 语句。使用事务应该及时结束,或提交或回滚,事务不结束会锁住数据,影响其他用户使用。

问题：当例题 9-4 中第 7～9、13 和 14 条语句执行完毕后,在当前查询窗口和新建查询窗口分别查询 linshibiao 表中数据有什么不同,将你的答案填写在表 9-1 中。

表 9-1　当前窗口和新建查询窗口查询数据的比较

语　　句	当前窗口查询数据	新建查询窗口查询数据
第 7 条		
第 8 条		
第 9 条		
第 13 条		
第 14 条		

【例题 9-5】 设置事务保存点。

代码：

```
1   CREATE TABLE linshibiao2                    --创建一个临时表
2   ( NO INT NOT NULL ,
3     tName char(6) NOT NULL )
4   GO
5   BEGIN TRANSACTION                           --启动显式事务模式
6   INSERT INTO linshibiao2 VALUES ( 1 , '运动会' )
7   Save TRANSACTION tr_1                       --保存事务断点
8   INSERT INTO linshibiao2 VALUES ( 2 , '早操' )
9   ROLLBACK TRANSACTION tr_1                   --回滚至断点
10  INSERT INTO linshibiao2 VALUES ( 3 , '跑步' )
11  INSERT INTO linshibiao2 VALUES ( 4 , '游泳' )
12  COMMIT TRANSACTION                          --提交事务
```

说明：设置事务断点可以在回滚时只回滚部分操作,但提交操作必须是提交整个事务,无法部分提交。事务的原子性表明一个事务就是一个不可再分的整体,事务结束时必须同时提交或同时回滚。

问题：当例题 9-5 中第 7、9、10、12、13 条语句执行完毕后,在当前查询窗口和新建查询窗口分别查询 linshibiao2 表中数据有什么不同,将你的答案填写在表 9-2 中。

表 9-2　当前窗口和新建查询窗口查询数据的比较

语　　句	当前窗口查询数据	新建查询窗口查询数据
第 7 条		
第 9 条		
第 10 条		
第 12 条		
第 13 条		

【例题 9-6】 事务嵌套。

代码：

```
1   CREATE TABLE linshibiao3                --创建一个临时表         输出值
2   ( NO INT NOT NULL ,
3       tName char(6) NOT NULL )
4   GO
5   BEGIN TRANSACTION tr_1                  --开始事务 1
6   INSERT INTO linshibiao3 VALUES ( 1 , '运动会')
7   PRINT @@trancount                       --输出事务个数           1
8       BEGIN TRANSACTION tr_2              --开始事务 2
9   INSERT INTO linshibiao3 VALUES ( 2 , '早操')
10  PRINT @@trancount                       --输出事务个数           2
11      BEGIN TRANSACTION tr_3              --开始事务 3
12      INSERT INTO linshibiao3 VALUES ( 3 , '跑步')
13  PRINT @@trancount                       --输出事务个数           3
14      COMMIT TRANSACTION tr_3             --提交事务 3
15  PRINT @@trancount                       --输出事务个数           2
16  ROLLBACK TRANSACTION tr_1               --回滚事务 1
17  PRINT @@trancount                       --输出事务个数           0
```

说明：本例题定义了三个级别的事务嵌套，内层嵌套事务 tr_3 先行提交，最外层的事务 tr_1 最后回滚。结果是所有的内层事务都回滚，包括已经提交的第三层事务 tr_3。嵌套事务的原则是：如果外层事务提交，内层事务也全部提交；如果外层事务回滚，不管是否单独提交过内层事务，所有内层事务都将回滚，而且无法只单独回滚内层事务。全局变量 @@trancount 返回当前有多少个事务在处理中，BEGIN TRANSACTION 语句开始执行时，@@trancount 值加 1，COMMIT 或 ROLLBACK 语句执行后，@@trancount 的值减少相应数量。

实验 14 事务处理

一、实验目的
了解事务处理的效果，并能正确使用显式事务或者隐式事务。

二、实验内容
（1）转账操作是从一个账户中取款再存入另外一个账户。必须让取款和存款操作同时成功或者同时失败才能保证数据是正确的。修改转账存储过程，使用事务对 SQL 语句执行结果进行判断（@@error = 0 表示语句执行成功，全局变量的含义见附录 A），所有语句都执行成功才提交，任一语句失败就整体回滚。

（2）对余额不足以取款的数据进行转账操作，查看程序执行后的效果。

习题

习题解析

一、选择题
1．一个事务在执行时应该遵守"要么不做，要么全做"的原则，这是事务的（   ）。

A. 原子性　　　B. 一致性　　　C. 隔离性　　　D. 持久性

2. 一个事务执行时不应该受到其他事务的干扰而影响其结果的正确性，这是事务的（　　）。

A. 原子性　　　B. 一致性　　　C. 隔离性　　　D. 持久性

3. 实现事务回滚的语句是（　　）。

A. GRANT　　　B. COMMIT　　　C. ROLLBACK　　　D. REVOKE

4. 事务的一致性是指（　　）。

A. 事务中包含的所有操作要么全做，要么全不做

B. 事务一旦提交，对数据库的改变是永久的

C. 一个事务内部的操作及其使用的数据对并发的其他事务是隔离的

D. 事务必须是使数据库从一个一致性状态变到另一个一致性状态

5. 下列关于 ROLLBACK 的描述中正确的是（　　）。

A. ROLLBACK 语句会将事务对数据库的更新写入数据库

B. ROLLBACK 语句会将事务对数据库的更新撤销

C. ROLLBACK 语句会退出事务所在程序

D. ROLLBACK 语句能将事务中使用的所有变量置空值

二、判断题

1. 事务中设置了保存点，则可以部分提交事务中的内容。　　　　　　　　　　（　　）

2. 隐式事务需要使用 begin tran 语句开始。　　　　　　　　　　　　　　　（　　）

三、填空题

1. ＿＿＿＿＿是 DBMS 的基本单位，它是用户定义的一组逻辑一致的程序序列。

2. 事务处理的三种模式分别是＿＿＿＿＿、＿＿＿＿＿、＿＿＿＿＿。

3. SQL Server 默认的事务模式是＿＿＿＿＿。

4. 显式事务需要用＿＿＿＿＿语句开始，执行成功使用＿＿＿＿＿语句提交，执行失败使用＿＿＿＿＿语句回滚。

5. 事务的 ACID 特性分别代表＿＿＿＿＿、＿＿＿＿＿、＿＿＿＿＿和＿＿＿＿＿。

6. 如果数据库中只包含成功事务提交的结果，就说数据库处于＿＿＿＿＿状态。

第10章 数据库安全

数据库的特点之一是由 DBMS 提供统一的数据保护功能,保证数据的安全可靠和正确有效,也就是包括保护数据库的完整性和安全性。数据库完整性是通过各种约束,防止合法的用户输入不符合语义、不正确的数据,而数据库安全性是防范非法用户和非法操作,避免造成数据泄露、更改或破坏。

数据库的安全性和计算机系统的安全性紧密相关,计算机以及信息安全方面有一系列国际通用的安全标准,安全标准也扩展到数据库管理系统,划分四组七个安全等级,从低到高依次是 D、C(C1,C2)、B(B1,B2,B3)、A(A1),系统可靠和可信程度逐渐增高并且向下兼容。其中 C2 级是安全产品的最低档次,具备自主存取控制(DAC),并实施审计和资源隔离。B1 级以上才具备强制存取控制(MAC)功能。

安全措施是一级一级设置的,最外层的是用户身份验证。通过身份验证并不代表可以访问数据库中的数据,还需要获取访问数据库的权限,也称为授权。SQL Server 中授权的大致步骤为如下四步:①用有权限的账户登录 SSMS;②创建新的 SSMS 登录账户;③创建数据库用户关联到该登录账户;④为该数据库用户授权。

10.1 身份验证模式

登录 SSMS 需要身份验证,SQL Server 有两种身份验证模式:Windows 身份验证模式和混合身份验证模式。在安装 SQL Server 时指定身份验证模式,使用过程中可以进行修改,修改的步骤为:启动 SSMS,在【对象资源管理器】窗口服务器名称位置右击,在弹出的快捷菜单中选择【属性】命令,如图 10-1 所示,打开【服务器属性】窗口。

图 10-1 选择【属性】命令

在【服务器属性】窗口【安全性】页面进行设置,如图 10-2 所示。

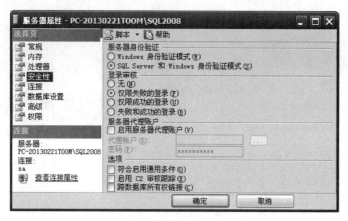

图 10-2 【服务器属性】窗口

10.2 登录账户管理

SQL Server 在安装时自动创建了一个登录账户 sa,sa 具有数据库服务器的最高权限,可执行服务器范围内的所有操作,属于 Sysadmin 服务器角色。sa 账户的权限大,应该仅限于管理员使用,对其他用户应该创建新的账户,并授予定制的小权限,以保护数据库安全。创建新账户的方式有多种,选择一种方式即可。

10.2.1 创建登录账户

(1) 在 SSMS 上创建 SQL Server 登录账户。

启动 SQL Server Management Studio,在【对象资源管理器】窗口选择【安全性】→【登录名】→【新建登录名】命令,如图 10-3 所示。

打开【登录名-新建】窗口,在【常规】选择页输入登录名,选中【SQL Server 身份验证】单选按钮,输入并确认密码,取消选中【强制实施密码策略】复选框,选择默认数据库,单击【确定】按钮,设置效果如图 10-4 所示。

(2) 使用 CREATE 语句创建 SQL Server 登录账户。

图 10-3 选择【新建登录名】命令

```
CREATE login 登录账户名 With password = '密码',
[ Default_database = 默认数据库名 ]
```

说明:Default_database 默认为 master 数据库,也可以设置为自建的用户数据库。

(3) 使用系统存储过程创建 SQL Server 登录账户。

```
sp_addlogin '登录账户名','密码','默认数据库名'
```

说明:用有权限的用户登录才可以创建登录账户,创建登录账户操作应该在 master 数据库下进行。

(4) 创建登录账户的例题。

【例题 10-1】 使用 CREATE 语句创建登录账户 w1,密码为 1111。

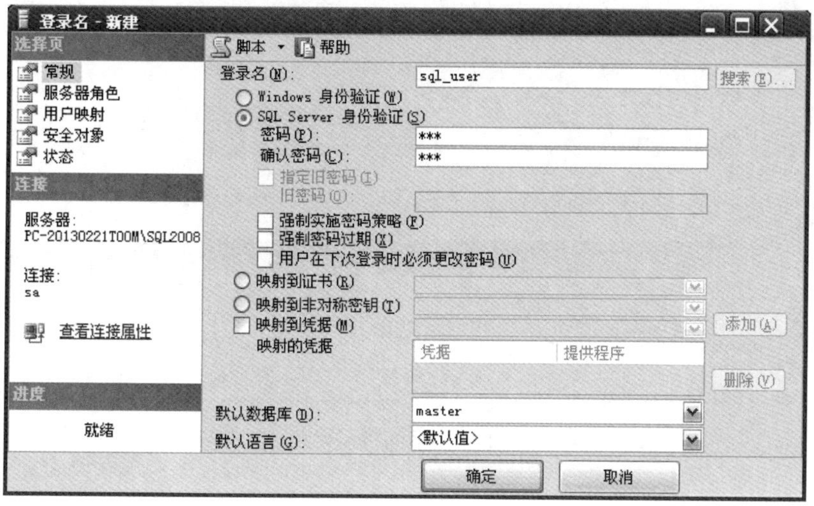

图 10-4 【登录名-新建】窗口

代码：USE master
GO
CREATE login w1 with password = '1111'

【例题 10-2】 使用 CREATE 语句创建登录账户 w2，密码为 2222，默认数据库为 bookDB。

代码：USE master
GO
CREATE login w2
With password = '2222',
Default_database = bookDB

【例题 10-3】 使用系统存储过程重新创建登录账户 w1 和 w2。

代码：sp_addlogin 'w1', '1111'
GO
sp_addlogin 'w2', '2222', 'bookDB'

说明：创建完成后在 SSMS【对象资源管理器】→【安全性】→【登录名】中可以查看到新建的登录账户（见图 10-5）。用此新创建的账户可以连接到 SQL Server 服务器，但是还不能访问数据库，访问数据库会出现错误，如图 10-6 所示，还需要映射到数据库用户。

图 10-5 查看新建的登录账户

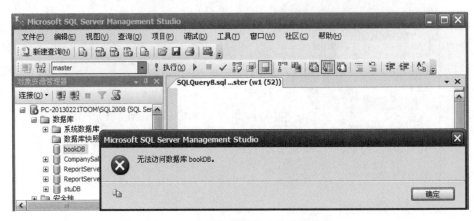

图 10-6　未授权的新账户的登录效果

10.2.2　修改登录账户属性

对已经创建的登录账户可以修改登录密码、默认数据库等属性，还可以删除账户。

（1）使用 ALTER 语句修改 SQL Server 登录账户。

```
ALTER login 登录名
with
Password = '新密码'
Old_password = '旧密码'
Default_database = 默认数据库名
```

（2）使用系统存储过程修改 SQL Server 登录账户。

修改登录密码：

`sp_password '旧密码','新密码','登录账户名'`

修改默认数据库：

`sp_defaultdb '登录账户名','访问的数据库'`

删除账户：

`sp_droplogin '登录账户名'`

（3）修改登录账户的例题。

【例题 10-4】　使用 ALTER 语句将登录账户 w1 的密码由 1111 改为 1。

代码：
```
ALTER login w1
    with
    Password = '1'
    Old_password = '1111'
```

【例题 10-5】　使用系统存储过程将登录账户 w1 的密码再由 1 改为 123。

代码：`sp_password '1','123','w1'`

【例题 10-6】　使用系统存储过程将登录账户 w2 的登录默认数据库改为 master。

代码：`sp_defaultdb 'w2','master'`

【例题 10-7】 使用系统存储过程删除登录账户 w2。

代码：sp_droplogin 'w2'

10.3 数据库用户管理

新创建的账户只能连接到 SQL Server 服务器，但是不能访问任何数据库，还需要在将要访问的数据库中为之创建对应的数据库用户。创建数据库用户的方式同样有多种。

10.3.1 添加数据库用户

（1）SSMS 上创建数据库用户。

将前面创建的登录账户 SQL_user 映射到 bookDB 数据库，在 bookDB 数据库中新建一个 DBuser1 数据库用户，步骤如下。

启动 SSMS，以 Windows 身份验证或以超级用户身份登录（如 sa），在【对象资源管理器】窗口选择【数据库】→bookDB→【安全性】→【用户】命令并右击，在弹出的快捷菜单中选择【新建用户】命令，如图 10-7 所示。

如图 10-8 所示，在打开的【数据库用户-新建】窗口的【用户名】文本框中输入 DBuser1，单击【登录名】右侧的 ... 按钮打开【选择登录名】对话框，如图 10-9 所示，单击【浏览】按钮打开【查找对象】对话框，如图 10-10 所示。

图 10-7 新建数据库用户

图 10-8 【数据库用户-新建】窗口

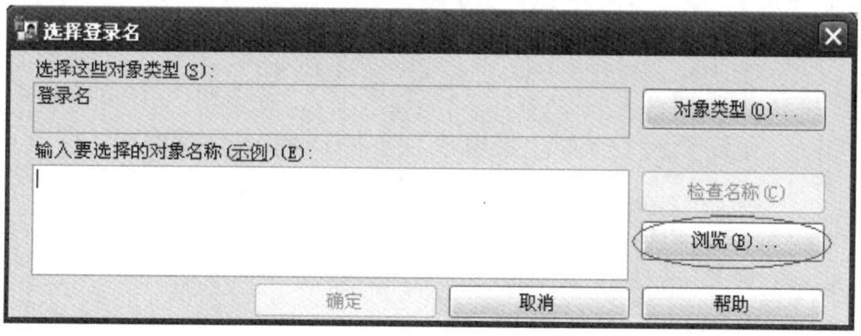

图 10-9 【选择登录名】对话框

图 10-10 【查找对象】对话框

在【查找对象】对话框中选中先前创建的登录账户 sql_user，单击两次【确定】按钮返回到【数据库用户-新建】窗口，设置效果如图 10-11 所示。单击【确定】按钮完成创建。

图 10-11 数据库用户添加完成的效果

在【对象资源管理】上刷新，即可在【数据库】→bookDB→【安全性】→【用户】中看到新建的 DBuser1 用户。

退出 SSMS 并重新启动，用 sql_user 账户登录，此时可以打开 bookDB 数据库却看不到任何表（见图 10-12），还需要授权，而且此用户也不能访问其他数据库。

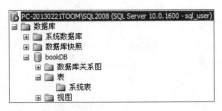

图 10-12 sql_user 账户登录后无法访问表

说明：SQL Server 安装时自动创建两个默认数据库用户 Dbo 和 Guest，Dbo 用户拥有数据操作的所有权限，是账户 sa 在数据库中的映射。SQL Server 数据库中的默认模式是 dbo，意味着执行 SELECT * from t 命令，实际上执行的是 SELECT * from dbo.t 命令。

（2）使用 CREATE 语句创建数据库用户。

```
CREATE user 数据库用户
FOR login 登录账户名
with default_schema = dbo
```

（3）使用系统存储过程创建数据库用户。

```
sp_adduser '登录账户名','数据库用户名'
```

（4）创建数据库用户的例题。

【例题 10-8】 将登录账户 w1 添加到 bookDB 数据库，用户名为 wdb1。

代码：
```
USE bookDB
GO
CREATE user wdb1 FOR login w1
```

【例题 10-9】 使用系统存储过程将登录账户 w1 添加到 bookDB 数据库，用户名为 wdb1。

代码：
```
USE bookDB
GO
sp_adduser 'w1', 'wdb1'
```

创建完成后可以查看到新建的数据库用户 wdb1，如图 10-13 所示。

图 10-13　查看新建的数据库用户

10.3.2　删除数据库用户

（1）使用 SQL 语句删除数据库用户。

```
DROP user 数据库用户名
```

（2）使用系统存储过程删除数据库用户。

```
sp_dropuser '数据库用户名'
```

（3）删除数据库用户的例题。

【例题 10-10】 使用 SQL 语句从 bookDB 数据库中删除用户 wdb1。

代码：
```
USE bookDB
GO
DROP user wdb1
```

【例题 10-11】 使用系统存储过程删除数据库用户 wdb1。

代码：
```
USE bookDB
GO
sp_dropuser 'wdb1'
```

10.4 权限管理

创建好数据库用户并关联到新建登录账户,用该账户登录就可以访问此数据库,但是有可能还访问不到任何表或视图等,因为还需要进一步授权,给数据库用户授予访问数据对象的权限。

授权分为数据库级权限和数据库对象级权限,授予了数据库级权限,则该用户对此数据库中所有对象都具有这个权限。授予了数据库对象级权限,则该用户仅对此数据库对象有权限。权限设置完毕后使用该账户登录并检验权限。数据库中的主要存取权限如表10-1所示。

表10-1 数据库中的主要存取权限

对象类型	对象	操作类型
数据库模式	模式	CREATE SCHEMA
	基本表	CREATE TABLE、ALTER TABLE
	视图	CREATE VIEW
	索引	CREATE INDEX
数据	基本表和视图	SELECT、INSERT、UPDATE、DELETE、REFERENCES、ALL PRIVILEGES
	属性列	SELECT、INSERT、UPDATE、REFERENCES、ALL PRIVILEGES

10.4.1 设置数据库权限

(1) 在 SSMS 上设置数据库权限。

打开【数据库属性-bookDB】窗口,在【权限】选项页中为数据库用户 DBuser1 设置访问 bookDB 数据库的权限,需要设置的权限是 INSERT 和 SELECT,设置过程为:在【对象资源管理器】→【数据库】→bookDB 数据库上右击,在弹出的快捷菜单中选择【属性】命令,打开【数据库属性-bookDB】窗口。进入【权限】选择页,如图 10-14 所示,可以看到 DBuser1 用户目前只有"连接"权限。

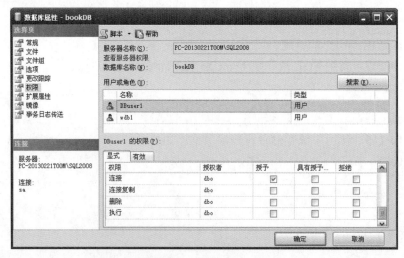

图 10-14 设置数据库权限

为 DBuser1 授予"插入"和"选择"的权限,设置完毕后单击【确定】按钮保存,之后再进入属性页面,选择 DBuser1 用户,切换到【有效】选项卡(见图 10-15),可以看到该用户具有了三个权限:CONNECT、SELECT、INSERT。

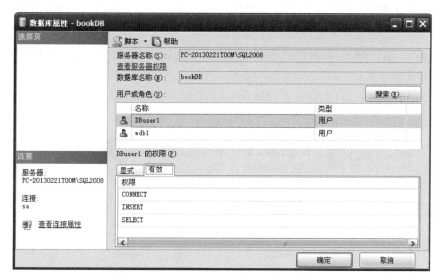

图 10-15 【有效】选项卡

此时再用 sql_user 账户登录到 SSMS,就可以在 bookDB 数据库中查询和插入数据,但不能更新和删除数据。因为 sql_user 账户映射到了 bookDB 数据库中的 DBuser1 用户,而 DBuser1 用户只具备 CONNECT、SELECT、INSERT 三个权限。

说明:需要用有权限的数据库用户登录才能给新的数据库用户授权。设置了数据库级权限,则该用户对此数据库中的所有对象都具有这个权限。

(2) 使用 SQL 语句设置数据库权限。

授予权限:

Grant 语句权限名 TO <数据库用户名 || 用户角色名>

回收权限:

REVOKE 语句权限名 FROM <数据库用户名 || 用户角色名>

(3) 设置数据库权限的例题。

【**例题 10-12**】 为数据库用户 DBuser1 设置访问 bookDB 数据库的权限,需要设置的权限是 UPDATE 和 DELETE。

代码:USE bookDB
　　　GO
　　　Grant UPDATE , DELETE to DBuser1

【**例题 10-13**】 将数据库用户 DBuser1 设置访问 bookDB 数据库的 DELETE 权限回收回来。

代码:USE bookDB
　　　GO
　　　REVOKE DELETE FROM DBuser1

说明：设置完毕后可以在【对象资源管理器】→【数据库】→bookDB→【属性】→【权限】页面看到 DBuser1 数据库用户权限的变化。

10.4.2 设置数据库对象权限

（1）在 SSMS 上设置数据库对象权限。

设置 wdb1 用户对 bookDB 数据库中的 books 表具有 SELECT 和 INSERT 权限，对其他表无任何权限。

如图 10-16 所示，打开 books 表的属性窗口，在【权限】选择页中为数据库用户 wdb1 设置"插入"和"选择"权限，存盘后退出 SSMS。

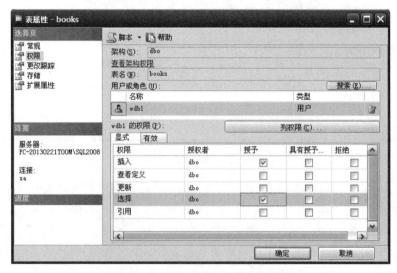

图 10-16　设置访问 books 表的权限

用 w1 登录账户登录，看到 bookDB 数据库中只显示 books 一个表，看不到其他的表。如图 10-17 所示。

图 10-17　w1 账户登录只能访问 books 一个表

说明：不管是授予数据库级权限还是数据库对象级权限，都需要用有权限的账户登录才能授权。

（2）使用 SQL 语句设置数据库对象权限。

授予权限：GRANT 语句权限名

```
            ON <表名｜视图名｜存储过程名>
            TO <数据库用户名｜｜用户角色名>
            [ WITH GRANT OPTION ]
```
回收权限：REVOKE 语句权限名
```
            ON <表名｜视图名｜存储过程名>
            FROM <数据库用户名｜｜用户角色名>
```
(3) 设置数据库对象权限的例题。

【例题 10-14】 为数据库用户 DBuser1 设置访问 bookDB 数据库中 readers 表的 SELECT 和 INSERT 权限。

代码：
```
USE bookDB
GO
GRANT INSERT , SELECT ON readers to DBuser1
```

【例题 10-15】 将数据库用户 DBuser1 设置访问 bookDB 数据库中 readers 表的 INSERT 权限回收回来。

代码：
```
USE bookDB
GO
REVOKE INSERT ON readers FROM DBuser1
```

说明：设置完毕后可以在【对象资源管理器】中 readers 表的【属性】→【权限】页面看到 DBuser1 数据库用户的权限变化。

10.5 角色管理

数据库角色是被命名的一组与数据库操作相关的权限集合，分为系统数据库角色和用户自定义数据库角色，前者是系统内置的，后者是由用户创建的。可以为一组具有相同权限的用户创建一个角色，简化授权的过程。

(1) 创建和删除数据库角色。

创建角色语法：

```
EXEC sp_addrole '角色名'
```

删除角色语法：

```
EXEC sp_droprole '角色名'
```

【例题 10-16】 在 bookDB 数据库中创建角色 role1 和 role2。

代码：
```
USE bookDB
GO
EXEC sp_addrole 'role1'
EXEC sp_addrole 'role2'
```

【例题 10-17】 删除角色 role2。

代码：`EXEC sp_droprole 'role2'`

(2) 增加和删除数据库角色成员。

增加数据库角色成员语法：

```
EXEC sp_addrolemember '角色名','数据库用户名'
```

删除数据库角色成员语法:

EXEC sp_droprolemember '角色名','数据库用户名'

【例题 10-18】 为数据库用户 DBuser1、wdb1、wdb2 授予 role1 角色。

代码: USE bookDB
　　　GO
　　　EXEC sp_addrolemember 'role1', 'DBuser1'
　　　EXEC sp_addrolemember 'role1', 'wdb1'
　　　EXEC sp_addrolemember 'role1', 'wdb2'

【例题 10-19】 删除角色 role1 中的数据库用户 wdb2。

代码: EXEC sp_droprolemember 'role1', 'wdb2'

(3) 给角色授权和回收权限。

给角色授权语法:

GRANT <权限>[,<权限>]…
ON <对象名>
TO <角色>[,<角色>]…

回收角色权限语法:

REVOKE <权限>[,<权限>]…
ON <对象名>
FROM <角色>[,<角色>]…

【例题 10-20】 将 bookDB 数据库中 books 表的查询、修改权限授权给角色 role1。

代码: USE bookDB
　　　GRANT SELECT , UPDATE
　　　ON books
　　　TO role1

说明: 此操作后,角色 role1 中的数据库角色成员 DBuser1 和 wdb1 都具备了查询和修改 books 表的权限,也就是用 sql_user 和 w1 账户登录,都可以查询和修改 books 表。

【例题 10-21】 为了加强管理,除管理员之外,不允许其他用户修改图书信息,现需要将 role1 角色中在 books 表上的 UPDATE 权限收回。

代码: REVOKE update ON books FROM role1

说明: 此操作后,数据库用户 DBuser1 和 wdb1 不再具备修改 books 表的权限,除非该用户还有从其他渠道的授权。

【例题 10-22】 放开图书录入权限,为角色 role1 增加 books 表上的 INSERT 权限。

代码: GRANT insert ON books TO role1

说明: 此操作后,角色 role1 中的任何数据库角色成员都具有了 books 表上的 INSERT 权限,不需要再一个个去授权,方便了同类用户批量地授权和回收权限操作。

视频讲解

实验 15　权限设置

一、实验目的

(1) 了解数据库自主存取控制的过程和方法。

(2) 熟练创建 SQL Server 中的登录账号和数据库用户。
(3) 熟练使用 SQL 中 DCL 语句进行授权和回收权限。

二、实验内容

(1) 用超级用户登录 SSMS,创建一个新的登录账号,命名为你的姓名的汉语拼音全拼。

退出 SSMS,使用新建的登录账号(以下简称为你的账号)登录 SSMS,检验能否访问数据库。

(2) 重新用超级用户登录 SSMS,在 bookDB 数据库(也可以自行选择其他用户数据库)创建新的数据库用户关联到你的账号。

退出 SSMS,再次使用你的账号登录 SSMS,检验能否访问 bookDB 数据库和其他数据库。

(3) 重新用超级用户登录 SSMS,将 bookDB 数据库 books 表的查询和修改权限授权给新建的数据库用户。

退出 SSMS,再次使用你的账号登录 SSMS,检验能否访问 bookDB 数据库中的 books 表和其他表,检验能否查询和修改 books 表中数据,能否在 books 表中插入和删除数据。

(4) 重新用超级用户登录 SSMS,将 bookDB 数据库 books 表的修改权限从该数据库用户回收回来。

退出 SSMS,再次使用你的账号登录 SSMS,检验能否修改 books 表中的数据。

习题

一、选择题

1. 在数据系统中,对存取权限的定义称为(　　)。
   A. 命令　　　　　　B. 授权　　　　　　C. 定义　　　　　　D. 审计
2. 数据库管理系统提供授权功能,以便控制不同用户的访问数据权限,其主要目的是实现数据库的(　　)。
   A. 一致性　　　　　B. 完整性　　　　　C. 安全性　　　　　D. 可靠性
3. 完整性控制的防范对象是(　　)。
   A. 非法用户　　　B. 不合语义的数据　C. 不正确的数据　D. 非法操作
4. 安全性控制防范的主要对象是(　　)。
   A. 合法用户　　　B. 不合语义的数据　C. 不正确的数据　D. 非法操作
5. 系统提供的最外层安全保护措施是(　　)。
   A. 用户标识与鉴别　B. 自主存取控制　　C. 强制存取控制　　D. 数据加密
6. 数据库自主存取控制的简称是(　　)。
   A. DAC　　　　　　B. MAC　　　　　　C. DBA　　　　　　D. DBS
7. 将 Student 表的查询权限授予用户 U1 和 U2,并允许该用户将此权限授予其他用户,实现此功能的 SQL 语句是(　　)。
   A. GRANT SELECT ON TABLE Student TO U1,U2 WITH PUBLIC
   B. GRANT SELECT TO TABLE Student ON U1,U2 WITH PUBLIC

C. GRANT SELECT TO TABLE Student ON U1,U2 WITH GRANT OPTION
　　D. GRANT SELECT ON TABLE Student TO U1,U2 WITH GRANT OPTION
8. 连接数据库时的安全验证是通过(　　)来实现的。
　　A. 用户标识与鉴别　B. 存取控制　　　C. 数据加密　　　D. 审计
9. 下列 SQL 语句中,能够实现"收回用户 WAN 对学生表(STU)中学号(SNO)的修改权"这一功能的是(　　)。
　　A. REVOKE UPDATE(SNO) ON TABLE FROM WAN
　　B. REVOKE UPDATE(SNO) ON TABLE FROM PUBLIC
　　C. REVOKE UPDATE(SNO) ON STU FROM WAN
　　D. REVOKE UPDATE(SNO) ON STU FROM PUBLIC
10. 把对关系 SC 的属性 GRADE 的修改权授予用户 WAN 的 SQL 语句是(　　)。
　　A. GRANT GRADE ON SC TO WAN
　　B. GRANT UPDATE ON TABLE SC TO WAN
　　C. GRANT UPDATE(GRADE) ON TABLE SC TO WAN
　　D. GRANT UPDATE ON SC(GRADE) TO WAN

二、判断题

1. 实行强制存取控制就不需要自主存取控制。　　　　　　　　　　　　　　(　　)
2. 数据库安全性是指保护数据库,防止不符合语义的数据存入。　　　　　(　　)
3. 用户权限定义和合法权限检查机制一起构成了 DBMS 的存取控制子系统。(　　)
4. 我们目前使用的 SQL Server 2008 是 B1 级别的数据库。　　　　　　　(　　)
5. 强制存取控制规则是:仅当主体的许可证级别≥客体的密级时,该主体才能读取相应的客体。　　　　　　　　　　　　　　　　　　　　　　　　　　　　　　(　　)
6. 数据库的安全审计提供了事后审查的安全机制。　　　　　　　　　　　(　　)
7. 任何数据库用户都可以打开审计功能。　　　　　　　　　　　　　　　(　　)
8. B1 以上安全级别的 DBMS 必须具有审计功能,C2 级别的 DBMS 可以不具备。
　　　　　　　　　　　　　　　　　　　　　　　　　　　　　　　　　　(　　)

三、简答题

1. 对下列两个关系模式使用 GRANT 语句完成授权功能。

学生(学号,姓名,年龄,性别,家庭住址,班级号)

班级(班级号,班级名,班主任,班长)

(1) 授予用户 U1 对两个表的所有权限,并可给其他用户授权。

(2) 授予用户 U2 对"学生"表具有查看权限,对"家庭住址"具有更新权限。

(3) 将对"班级"表的查看权限授予所有用户。

(4) 将对"学生"表的查询、更新权限授予角色 R1。

(5) 将角色 R1 授予用户 U1,并且 U1 可继续授权给其他用户。

(6) 用户张明具有修改两张表表结构的权限。

(7) 用户杨兰具有查看"学生姓名""班级""班主任"的权限,她不能查看学生和班级的其他信息。

2. 将简答题 1 中(1)~(7)小题的授权全部回收回来。

第11章 关系代数与关系数据理论

11.1 关系代数

关系数据库语言主要有三类：关系代数语言、关系演算语言，以及具有关系代数和关系演算双重特点的SQL。SQL功能强大，不仅包括查询功能，还包括数据定义、数据更新、数据控制等一系列功能。关系代数语言和关系演算语言只能表示查询。实际项目开发中一般不需要写关系代数和关系演算，只需要写SQL，但掌握关系代数的各种等价变化，对理解查询优化、提高查询效率是有帮助的。

关系代数运算有八种，包括四种传统的集合运算和四种专门的关系运算，运算符如表11-1所示。其中并、差、笛卡儿积、选择、投影五种运算是基本运算，交运算、连接运算和除运算的功能都可以由这五种基本运算来实现。

表 11-1 关系代数运算符

运 算 符		含 义
传统的集合运算符	∪	并
	−	差
	∩	交
	×	笛卡儿积
专门的关系运算符	σ	选择
	Π	投影
	⋈	连接
	÷	除

11.1.1 传统的集合运算

设关系 R 和关系 S 具有相同的目 n（即两个关系都有 n 个属性），且相应的属性取自同一个域，t 是元组变量，$t \in R$ 表示 t 是关系 R 的一个元组。可以定义并、差、交、笛卡儿积如下。

1. 并(Union)

关系 R 与 S 具有相同的目 n（即两个关系都有 n 个属性），并且相应的属性取自同一个域，但属性名不限制相同。R 与 S 的并运算结果是由属于 R 或者属于 S 的元组构成的集合，记作 $R \cup S$，定义如下：

视频讲解

$$R \cup S = \{t \mid t \in R \vee t \in S\}$$

2. 差（Except）

关系 R 与 S 具有相同的结构（目相同，并且相应的属性取自同一个域），R 与 S 的差运算结果是由属于 R 但不属于 S 的元组构成的集合，记作 $R-S$，定义如下：

$$R - S = \{t \mid t \in R \wedge t \notin S\}$$

3. 交（Intersection）

关系 R 与 S 具有相同的结构，R 与 S 的交运算结果是由既属于 R 又属于 S 的元组构成的集合，记作 $R \cap S$，定义如下：

$$R \cap S = \{t \mid t \in R \wedge t \in S\}$$

交运算还可以转换为差运算。

$$R \cap S = R - (R - S)$$

4. 笛卡儿积（Cartesian product）

关系 R 为 n 目，有 k_1 个元组，关系 S 为 m 目，有 k_2 个元组，R 与 S 的笛卡儿积是 $(n+m)$ 列、$k_1 \times k_2$ 行的元组集合。元组前 n 列是关系 R 的一个元组，后 m 列是关系 S 的一个元组，记作 $R \times S$，定义如下：

$$R \times S = \{t \mid t \in (\widehat{t_r, t_s}) \mid t_r \in R \wedge t_s \in S\}$$

$(\widehat{t_r, t_s})$ 表示 R 中的一个元组 t_r 和 S 中的一个元组 t_s 拼接成的一个元组。

说明：笛卡儿积不限制两个关系为相同结构，每个关系都可以有任意行和任意列。关系代数中 $\wedge$ 表示逻辑与，$\vee$ 表示逻辑或。

【例题 11-1】 基于图 11-1 所示的三个关系 S_1、S_2、Z 进行并、差、交和笛卡儿积运算。

S_1

name	sex	age
张晓	女	19
王亚亚	男	20
李华	女	22

S_2

name	sex	age
张晓	女	19
康佳佳	男	23
李华	女	22

Z

name	specialty
王亚亚	跳舞
孔孔	跳舞

图 11-1　三个关系 S_1、S_2、Z 的结构

(1) 并运算。$S_1 \cup S_2$ 的结果如图 11-2 所示。

对应的 SQL 语句：

SELECT * FROM S1 UNION SELECT * FROM S2

(2) 差运算。$S_1 - S_2$ 的结果如图 11-3 所示。

$S_1 \cup S_2$

name	sex	age
张晓	女	19
王亚亚	男	20
李华	女	22
康佳佳	男	23

图 11-2　$S_1 \cup S_2$ 的结果

$S_1 - S_2$

name	sex	age
王亚亚	男	20

图 11-3　$S_1 - S_2$ 的结果

对应的 SQL 语句：

SELECT * FROM S1 EXCEPT SELECT * FROM S2

S_2-S_1 的结果如图 11-4 所示。

（3）交运算。$S_1 \cap S_2$ 的结果如图 11-5 所示。

$S_2 - S_1$

name	sex	age
康佳佳	男	23

图 11-4　S_2-S_1 的结果

$S_1 \cap S_2$

name	sex	age
张晓	女	19
李华	女	22

图 11-5　$S_1 \cap S_2$ 的结果

对应的 SQL 语句：

SELECT * FROM S1 INTERSECT SELECT * FROM S2

（4）笛卡儿积运算。$S_1 \times Z$ 的结果如图 11-6 所示。

对应的 SQL 语句：

SELECT * FROM S1 , Z

$S_1 \times Z$

name	sex	age	name	specialty
张晓	女	19	王亚亚	跳舞
张晓	女	19	孔孔	跳舞
王亚亚	男	20	王亚亚	跳舞
王亚亚	男	20	孔孔	跳舞
李华	女	22	王亚亚	跳舞
李华	女	22	孔孔	跳舞

图 11-6　$S_1 \times Z$ 的结果

说明：当两个表进行连接查询时，如果没有给出两个表的关联条件，就会出现笛卡儿积运算的效果。

11.1.2　专门的关系运算

专门的关系运算包括选择、投影、连接和除运算。为了叙述方便，引入以下几个记号。

① $R,t \in R,t[A_i]$。

设关系模式为 $R(A_1,A_2,\cdots,A_n)$，假设 R 是它的一个关系，$t \in R$ 表示 t 是 R 的一个元组，$t[A_i]$ 则表示元组 t 中相应于属性 A_i 的一个分量。

② $A,t[A],\overline{A}$。

若 $A=\{A_{i1},A_{i2},\cdots,A_{ik}\}$，其中 $A_{i1},A_{i2},\cdots,A_{ik}$ 是 $A_1,A_2,\cdots,A_n$ 中的一部分，则 A 称为属性列或属性组。

$t[A]=(t[A_{i1}],t[A_{i2}],\cdots,t[A_{ik}])$ 表示元组 t 在属性列 A 上诸分量的集合。

$\overline{A}$ 则表示 $\{A_1,A_2,\cdots,A_n\}$ 中去掉 $\{A_{i1},A_{i2},\cdots,A_{ik}\}$ 后剩余的属性组。

③ $\widehat{t_r t_s}$。

R 为 n 目关系，S 为 m 目关系。$t_r \in R, t_s \in S, \widehat{t_r t_s}$ 称为元组的连接，它是一个 $n+m$ 列的元组，前 n 个分量为 R 中的一个 n 元组，后 m 个分量为 S 中的一个 m 元组。

④ 象集 Z_x。

给定一个关系 $R(X,Z)$,X 和 Z 为属性组。当 $t[X]=x$ 时,x 在 R 中的象集(Images Set)为 $Z_x=\{t[Z]|t\in R,t[X]=x\}$,它表示 R 中属性组 X 上值为 x 的诸元组在 Z 上分量的集合。

下面给出四个专门关系运算的定义。

1. 选择(Selection)

选择运算是从关系的水平方向进行运算,是从关系 R 中选择满足给定条件的元组,记作 $\sigma_F(R)$,其形式如下:

$$\sigma_F(R)=\{t\mid t\in R\wedge F(t)=\text{True}\}$$

条件表达式中的运算符如表 11-2 所示。

表 11-2 条件表达式中的运算符

运 算 符		含 义
比较运算符	$>$	大于
	$\geqslant$	大于或等于
	$<$	小于
	$\leqslant$	小于或等于
	$=$	等于
	$\neq$	不等于
逻辑运算符	$\neg$	非
	$\wedge$	与
	$\vee$	或

2. 投影(Projection)

投影运算是从关系的垂直方向进行运算,在关系 R 中选出若干属性列 A 组成新的关系,记作 $\Pi_A(R)$,其形式如下:

$$\Pi_A(R)=\{t[A]\mid t\in R\}$$

投影操作主要从列的角度进行运算,但投影之后不仅取消了原关系中的某些列,而且为了消除重复行可能会取消某些元组。

3. 连接(Join)

连接也称为 θ 连接,是从两个关系的笛卡儿积 $R\times S$ 中选取满足一定关系的元组。

$$R\underset{A\theta B}{\bowtie}S=\{\widehat{t_r,t_s}\mid t_r\in R\wedge t_s\in S\wedge t_r[A]\theta t_s[B]\}$$

自然连接:一种特殊的连接,它要求两个关系必须是同名的属性组进行比较,并且在结果中把重复的属性列去掉。例如,关系 R 和 S 具有相同的属性组 B,U 为 R 和 S 所有属性的集合,则自然连接记作:

$$R\bowtie S=\{\widehat{t_r,t_s}[U-B]\mid t_r\in R\wedge t_s\in S\wedge t_r[B]=t_s[B]\}$$

悬浮元组:两个关系 R 和 S 在作自然连接时,关系 R 中某些元组可能在 S 中不存在公共属性上值相等的元组,从而造成 R 中这些元组操作时被舍弃,这些被舍弃的元组称为悬浮元组。

外连接(Outer Join)：如果把悬浮元组也保存在结果关系中，而在其他属性上填空值(Null)，这种连接就叫作外连接(又称为全外连接)。一般的连接称为内连接，内连接结果中不显示任何悬浮元组。外连接符号是⟕，两面都开口。

左外连接(Left Outer Join 或 Left Join)：如果只把左边关系 R 中的悬浮元组保留就叫作左外连接。左外连接的符号是⟕，左侧开口。

右外连接(Right Outer Join 或 Right Join)：如果只把右边关系 S 中的悬浮元组保留就叫作右外连接。右外连接符号是⟖，右侧开口。

4．除(Division)

给定关系 $R(X,Y)$ 和 $S(Y,Z)$，其中 X,Y,Z 为属性组。R 中的 Y 与 S 中的 Y 可以有不同的属性名，但必须属性数量相同，且相应属性取自相同的域。

视频讲解

$R \div S$，得到一个新的关系 $P(X)$，P 是 R 中满足下列条件的元组在 X 属性列上的投影，元组在 X 上分量值 x 的象集 Y_x 包含 S 在 Y 上投影的集合，记作：

$$R \div S = \{t_r[X] \mid t_r \in R \wedge \Pi_Y(S) \subseteq Y_x\}$$

其中，Y_x 为 x 在 R 中的象集，$x = t_r[X]$。

【例题 11-2】 在图 11-1 所示的关系 S_1 中查询 19 岁的女同学信息，查询结果如图 11-7 所示。

关系代数表达式：$\sigma_{sex='女' \wedge age=19}(S_1)$

name	sex	age
张晓	女	19

图 11-7　例题 11-2 的结果

对应的 SQL 语句：

SELECT * FROM S1 WHERE sex = '女' ∧ age = 19

name	sex
张晓	女
王亚亚	男
李华	女

图 11-8　例题 11-3 的结果

【例题 11-3】 在图 11-1 所示的关系 S_1 中查询学生的姓名、性别，即求 S_1 关系上的姓名、性别两个属性的投影，查询结果如图 11-8 所示。

关系代数表达式：$\Pi_{name,sex}(S_1)$

对应的 SQL 语句：

SELECT name , sex FROM S1

【例题 11-4】 在图 11-1 所示的 Z 关系中查询学生有哪些特长。

关系代数表达式：$\Pi_{specialty}(Z)$

常见的错误的 SQL 语句：

SELECT specialty FROM Z

正确的 SQL 语句：

SELECT DISTINCT specialty FROM Z

说明：投影操作会去除重复元组，SELECT 查询语句中要加入 DISTINCT 关键字才能去除重复结果。图 11-9 为正确的结果，图 11-10 为不加 DISTINCT 的错误结果。例题 11-3 的查询结果中数据不重复，加不加 DISTINCT 关键字都可以。

【例题 11-5】 自然连接图 11-1 所示的 S_1 和 Z 关系，查询学生的基本信息和特长，查询结果如图 11-11 所示。

specialty
跳舞

图 11-9 例题 11-4 的
正确结果

specialty
跳舞
跳舞

图 11-10 例题 11-4 的
错误结果

name	sex	age	specialty
王亚亚	男	20	跳舞

图 11-11 例题 11-5 的结果

关系代数表达式：$S_1 \bowtie Z$

对应的 SQL 语句：

```
SELECT S1.name , sex , age , specialty FROM S1 , Z
WHERE S1.name = Z.name
```

说明：自然连接的结果不显示悬浮元组，也就是按照两个关系同名的属性 name 值相等的条件，能匹配的结果才显示，所以查询结果只有 1 行。

【例题 11-6】 基于图 11-1 所示的 S_1 和 Z 关系，查询所有学生的姓名、性别、爱好，查询结果如图 11-12 所示。

关系代数表达式：$\Pi_{S_1.name, sex, specialty}(S_1 ⟗ Z)$

对应的 SQL 语句：

name	sex	specialty
张晓	女	NULL
王亚亚	男	跳舞
李华	女	NULL

图 11-12 例题 11-6 的结果

```
SELECT S1.name , sex , specialty FROM S1 LEFT JOIN Z
ON S1.name = Z.name
```

说明：本例题要求显示所有学生，需要把 S_1 中悬浮元组也显示出来，所以需要以 S_1 关系为主作外连接，S_1 在前就作左外连接，S_1 在后就作右外连接。本例题关系代数的写法也不唯一，题中所示的写法最简单。

【例题 11-7】 基于图 11-13 所示的 S、C 和 G 关系，查询哪些学生同时选修了"数据库"和"C 语言"。

S

name	sex	age
张晓	女	19
王亚亚	男	20
李华	女	22

C

Cname	credit
数据库	3
数学	2
C语言	3

G

name	Cname	grade
王亚亚	数据库	98
王亚亚	数学	78
王亚亚	C语言	89
张晓	数据库	88
李华	数据库	67
李华	C语言	54

图 11-13 S、C、G 关系

关系代数表达式：$\Pi_{name, cname}(G) \div \Pi_{cname}(\sigma_{cname\ in\ ('数据库', 'C语言')}(C))$

说明：关系代数中的除运算可以实现查询同时包含的功能，除运算在 SELECT 查询中没有固定的对应语句，需要用复杂查询语句。

11.2 关系数据理论

视频讲解

数据依赖：是一个关系内部属性与属性之间的约束关系，是现实世界属性间相互联系的抽象，是数据内在的性质，是语义的体现。

X 函数确定 Y：设 $R(U)$ 是一个属性集 U 上的关系模式，X 和 Y 是 U 的子集。若对于 $R(U)$ 的任意一个可能存在的关系 r，r 中不可能存在两个元组在 X 上的属性值相等，而在 Y 上的属性值不等，则称"X 函数确定 Y"或"Y 函数依赖于 X"，记作 $X \to Y$。

决定因素：若 $X \to Y$，则 X 称为这个函数依赖的决定属性组，也称为决定因素。

平凡函数依赖与非平凡函数依赖：如果 $X \to Y$，但 Y 不包含在 X 中，则称 $X \to Y$ 是非平凡的函数依赖；若 $X \to Y$，并且 Y 属于 X 的一部分，则称 $X \to Y$ 是平凡的函数依赖。平凡的函数依赖是必然成立的，若非特殊说明，总是讨论非平凡的函数依赖。

完全函数依赖与部分函数依赖：在 $R(U)$ 中，如果 $X \to Y$，并且对于 X 的任何一个真子集 X'，都有 X' 不能决定 Y，则称 Y 对 X 完全函数依赖。若 $X \to Y$，但 Y 不完全函数依赖于 X，则称 Y 对 X 部分函数依赖。

传递函数依赖：在 $R(U)$ 中，如果 $X \to Y$（Y 不包含在 X 中），Y 不能决定 X，$Y \to Z$（Z 不包含在 Y 中），则称 Z 对 X 传递函数依赖。

11.2.1 范式

关系数据库中的关系必须满足一定的规范要求，满足不同程度的要求称为不同范式。最低的要求是关系的每个分量必须是一个不可分的数据项，不允许表中还有表。满足了这个条件的关系模式 R 就属于第一范式(1NF)，记作 $R \in 1NF$。第一范式是对关系模式的最起码的要求。不满足第一范式的数据库模式不能称为关系数据库，但是满足第一范式的关系模式并不一定是一个好的关系模式。

范式是向下兼容的，各个范式之间的关系是 $1NF \supset 2NF \supset 3NF \supset BCNF \supset 4NF \supset 5NF$。一个低一级范式的关系模式，通过模式分解可以转换为若干高一级范式的关系模式的集合，这个过程就叫规范化。

11.2.2 第二范式

定义：若关系模式 $R \in 1NF$，并且每个非主属性都完全函数依赖于码，则 $R \in 2NF$，也就是非主属性没有对码部分依赖。

【例题 11-8】 学生关系模式(学号,系部,负责人,课程名,成绩)中每位学生只能在一个系，每个系的正职负责人唯一，一名学生选修了一门课程只有一个最终成绩，判断该关系模式是否属于 2NF。

(1) 根据题目描述识别函数依赖。

学号→系部

系部→负责人

(学号,课程名)→ 成绩

(2) 根据函数依赖确定该关系模式的码，确定范式。

根据函数依赖(示意图见图 11-14)，确定该关系模式的码是(学号,课程名)，因为学号和课程名一起才能决定所有的属性。

非主属性中只有成绩完全依赖于码，系部和负责人与课程名无关，只依赖于学号。存在非主属性对码的部

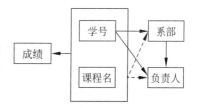

图 11-14 函数依赖示例

分依赖,该关系模式不属于 2NF。

表 11-3 学生关系数据示例

学号	系部	负责人	课程名	成绩
010124	计算机系	孙伟	数据库	83
010124	计算机系	孙伟	数据结构	79
020112	信息系	王平	信息检索	81
020112	信息系	王平	信息经济	76
020134	信息系	王平	信息检索	86

从表 11-3 所示的示例数据看出,不属于 2NF 的关系模式在系部和负责人属性上都存在数据冗余,因而会存在插入异常、删除异常、修改复杂等问题。

① 插入异常:新生刚入学还没有选课,无法录入新生信息。因为学号和课程名是码,不录入课程名无法保存学生信息。

② 修改异常:如果信息系换系部负责人,必须多处修改负责人姓名,信息系每名学生的每次选课记录都要修改,修改不全就会造成数据异常。

③ 删除异常:如果学生只选了一门课,过后发现选错了,想把选课记录删掉,结果该学生信息会全被删掉,表中再无此人。

(3) 分解关系模式,取消部分依赖。

分解的方式是将完全依赖于码的非主属性和码一起创建一个新的关系模式,将部分依赖于码的非主属性和其所依赖的码中属性一起,创建另一个关系模式,然后分别识别主码和外码,分解结果如下:

选课(学号,课程名,成绩)　　主码:学号、课程名　　外码:学号
学生 1(学号,系部,负责人)　　主码:学号

说明:分解后的两个关系模式必须能够通过外码连接,还原到原来的关系模式。分解后的两个关系模式都没有部分依赖,符合 2NF,其中选课关系模式已经没有冗余数据,但学生 1 关系模式的负责人属性还存在冗余数据,还有可能造成数据异常。

11.2.3　第三范式

视频讲解

定义:关系模式 $R\langle U,F \rangle \in 1NF$,若 R 中不存在这样的码 X、属性组 Y 及非主属性 Z(Z 不包含在 Y 里),使 $X \rightarrow Y, Y \rightarrow Z$ 成立,$Y \rightarrow X$ 不成立,则称 $R\langle U,F \rangle \in 3NF$。

若 $R \in 3NF$,则每个非主属性既不部分依赖于码也不传递依赖于码。

【例题 11-9】　例题 11-8 中将学生关系模式取消部分函数依赖,分解为符合 2NF 的两个关系模式的函数依赖,如图 11-15 所示。判断其是否符合 3NF,如果不符合,如何继续分解?

(1) 判断两个关系模式是否存在传递依赖,确定是否符合 3NF。

选课和学生 1 关系模式数据示例如表 11-4 和表 11-5 所示,依据函数依赖和表中数据可以判断出选课关系没有传递依赖,也没有数据冗余,选课 $\in 3NF$;学生 1 关系存在非主属性负责人对非主属性系部的函数依赖,也就是对码的传递依赖,学生 $1 \in 2NF$。负责人属性上存在数据冗余,在每名学生的信息中都保存了负责人名字,如果信息系换系部负责人,还是

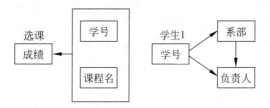

图 11-15　符合 2NF 的两个关系模式的函数依赖

需要多处修改负责人姓名,信息系每名学生的记录都要修改,修改不全就会造成数据异常。

表 11-4　选课关系数据示例

学　号	课　程　名	成　绩
010124	数据库	83
010124	数据结构	79
020112	信息检索	81
020112	信息经济	76
020134	信息检索	86

表 11-5　学生 1 关系数据示例

学　号	系　部	负　责　人
010124	计算机系	孙伟
020112	信息系	王平
020134	信息系	王平

(2) 分解学生 1 关系模式,取消传递依赖。

分解的方式是将存在传递依赖的非主属性和其决定因素分出一个新的关系模式,将学生 1 关系模式又分解为两个关系模式。注意,分解后的两个关系模式一定有一个相同属性能够连接还原。分解结果如下。

学生 2(学号,系部)　　　　　主码:学号　　　　外码:系部

系部(系部,负责人)　　　　　主码:系部

分解后的三个关系模式都属于 3NF,都没有了冗余数据,最终结果如下。

选课(学号,课程名,成绩)　　　主码:学号、课程名　外码:学号

学生 2(学号,系部)　　　　　主码:学号　　　　外码:系部

系部(系部,负责人)　　　　　主码:系部

说明:例题 9-1、例题 9-2 将一个属于 1NF 的关系模式投影分解为三个属于 3NF 的关系模式,每个关系模式都是一个码,分解后解决了原关系中存在的数据冗余、插入异常、删除异常、修改复杂等问题。但是,如果关系模式有多个候选码,可能存在主属性对码的部分依赖和传递依赖,有可能还存在数据冗余和各种异常。

实际工作中,绝大多数关系模式都是一个码,所以我们常说设计符合 3NF 的关系模式。

11.2.4　BC 范式

定义:关系模式 $R\langle U,F \rangle \in 1\mathrm{NF}$,若 $X \to Y$,且 Y 不包含在 X 中时,X 必含有码,则 $R\langle U,F \rangle \in \mathrm{BCNF}$。

换言之,在关系模式 $R\langle U,F \rangle$ 中,如果每个决定属性都包含候选码,则 $R \in \mathrm{BCNF}$。一个模式中的关系模式如果都属于 BCNF,那么在函数依赖范畴内它已经实现了彻底分离,消除了插入异常、删除异常、更新异常,数据冗余更小。

BCNF 的关系模式具有如下性质:

(1) 所有非主属性都完全函数依赖于每个候选码。

(2) 所有主属性都完全函数依赖每个不包含它的候选码。

(3) 没有任何属性完全函数依赖于非码的任何一组属性。

3NF 与 BCNF 的关系如下：如果 $R \in$ BCNF，则 $R \in$ 3NF；如果 $R \in$ 3NF，且 R 只有一个候选码，则 $R \in$ BCNF；如果 $R \in$ 3NF，且 R 有多个候选码，则 R 未必属于 BCNF。

【例题 11-10】 在关系模式 STC(S,T,C) 中，S 表示学生，T 表示教师，C 表示课程。每名教师只教一门课程，每门课程有若干教师，某一学生选定某门课程，就对应一个固定的教师。判断关系模式 STC 符合第几范式，是否存在数据冗余，如果存在，如何继续分解？

(1) 根据题目描述识别函数依赖。

每名教师只教一门课程：T → C

某一学生选定某门课程，就对应一个固定的教师：(S,C) → T

(2) 根据函数依赖确定该关系模式的码，确定范式。

根据函数依赖，箭头右侧没有 S，没有什么能决定 S，所以 S 一定在候选码中。但 S 无法单独决定所有属性，S 无法单独作候选码，就需要将 S 和其他每个属性分别组合，判断能否决定所有属性。

(S,C) 组合：(S,C) → T，所以 (S,C) 可以作候选码。

(S,T) 组合：T → C，所以 (S,T) 也可以作候选码。

关系模式 STC 有两个候选码 (S,T) 和 (S,C)，所有属性都是主属性，不存在非主属性，也就不存在非主属性对码的部分依赖和传递依赖，所以关系模式 STC ∈ 3NF。示例数据如表 11-6 所示。

表 11-6 STC 关系模式的数据示例

S	T	C
张三	王老师	数据库
李四	王老师	数据库
赵武	李老师	数据库
张三	张老师	数据结构
李四	张老师	数据结构

从函数依赖和表 11-4 的示例数据看出，课程属性 C 存在数据冗余，C 是主属性，存在对不包含它的码 (S,T) 的部分依赖 T → C。所以关系模式 STC 不属于 BCNF。

(3) 分解关系模式，取消部分依赖。

分解的方式是根据函数依赖 T→C，将 (T,C) 单独作为一个关系模式，另外一个关系模式要保留 STC 的候选码，是选 (S,C) 还是 (S,T)，选择的依据是：分解的两个关系模式之间必须有外码，能够将两个关系模式连接，还原为原来的一个关系模式。外码在一个关系模式中不是码，却是另外一个关系模式的码，所以本例题只能选择包含 T 的关系模式，最后分解如下。

ST(S,T)　　　　　　主码：(S,T)　　外码：T

TC(T,C)　　　　　　主码：T

分解后表中的数据如表 11-7 和表 11-8 所示，表中没有了冗余数据。

表 11-7　ST 关系模式数据示例

S	T
张三	王老师
李四	王老师
赵武	李老师
张三	张老师
李四	张老师

表 11-8　TC 关系模式数据示例

T	C
王老师	数据库
李老师	数据库
张老师	数据结构

说明：数据库规范化的目的是尽量减少数据冗余，将一个低一级范式的关系模式通过模式分解转换为若干高一级范式的关系模式，消除各种异常，但分解不可以丢失信息，必须是可逆的。

不能说规范化程度越高的关系模式就越好，必须对现实世界的实际情况和用户应用需求作进一步分析，确定一个合适的、能够反映现实世界的模式。如果有其他机制保证数据不出错，规范化可以在任何一步终止。

习题

一、选择题

1. 关系代数是一种抽象的查询语言，关系代数运算的特点是（　　）。
   A. 运算对象和结果都是元组　　　　　　B. 运算对象是元组，运算结果是关系
   C. 运算对象和结果都是关系　　　　　　D. 运算对象是关系，运算结果是元组
2. 设关系 R 和 S 具有相同的结构，由属于 S 但不属于 R 的元组构成的关系记为（　　）。
   A. $R-S$　　　　B. $S-R$　　　　C. $S \cap S$　　　　D. $R \cup S$
3. 关系 R 和 S 进行集合运算，必须具有（　　）。
   A. 相同的列数　　B. 相同的属性名　　C. 相同的行数　　D. 相同的结构
4. 关系数据库中的投影操作是指从关系中（　　）。
   A. 抽出特定记录　　　　　　　　　　　B. 建立相应的图形
   C. 建立相应的影像　　　　　　　　　　D. 抽出特定字段
5. 关系 R 作投影操作时，以下说法正确的是（　　）。
   A. 改变关系的元组
   B. 改变关系的属性
   C. 改变元组的个数
   D. 既可能改变关系的列数，还有可能改变关系的行数
6. 当对关系 R 作选择操作，R 中没有满足条件的元组，则（　　）。
   A. 返回与 R 关系相同结构的空表　　　B. 返回零
   C. 返回出错信息　　　　　　　　　　　D. 返回空值
7. 在关系代数的专门关系运算中，从表中取出满足条件的属性的操作称为（　　）。

A. 选择　　　　B. 投影　　　　C. 连接　　　　D. 扫描

8. 假设有关系模式 C(Cno,Cname,Cpno,Ccredit)，S(Sno,Sname,Ssex,Sage,Sdept) 和 SC(Sno,Cno,Grage)，查询同时选修了 001 号和 002 号课程的学生学号的关系代数表达式是(　　)。

　　A. $\Pi_{Sno}(\sigma_{Cno=001}(SC)) \cap \Pi_{Sno}(\sigma_{Cno=002}(SC))$

　　B. $\Pi_{Sno}(\sigma_{Cno=001}(SC)) - \Pi_{Sno}(\sigma_{Cno=002}(SC))$

　　C. $\Pi_{Sno}(\sigma_{Cno=001 \vee Cno=002}(SC))$

　　D. $\Pi_{Sno}(\sigma_{Cno=001,Cno=002}(SC))$

9. 设有一个关系模式 $R(A,B,C)$，对应的关系内容为 $R=\{(1,10,50),(2,10,60),(3,20,72),(4,30,60)\}$，则 $\Pi_B(\sigma_{C<70}(R))$ 的运算结果有(　　)个元组。

　　A. 3　　　　B. 2　　　　C. 1　　　　D. 4

10. 设域 D_1、D_2、D_3 分别有 K_1、K_2、K_3 个元素，则 $D_1 \times D_2 \times D_3$ 的元组数为(　　)。

　　A. $K_1+K_2+K_3$　　　　　　　　B. $(K_1+K_2) \div K_3$

　　C. $K_3(K_1+K_2)$　　　　　　　　D. $K_1 K_2 K_3$

11. 当对关系 R 作选择操作时，返回的关系中包含的元组个数(　　)。

　　A. 不知道　　　　　　　　　　　B. 小于或等于 R 的元组个数

　　C. 等于 R 的元组个数　　　　　D. 大于 R 的元组个数

12. 有两个关系 R 和 S 如下，则由关系 R 得到的关系 S 的操作是(　　)。

R

A	B	C
a	1	2
b	2	1
c	3	1

S

A	B	C
c	3	1

　　A. 自然连接　　B. 投影　　　C. 并　　　　D. 选择

13. 关系数据库管理系统应能实现的专门关系运算包括(　　)。

　　A. 排序、索引、统计　　　　　　B. 选择、投影、连接、除

　　C. 关联、更新、排序　　　　　　D. 显示、打印、制表

14. 若对关系 $R(A,B,C,D)$，$S(C,D,E)$ 进行 $\Pi_{1,2,3,4,7}(\sigma_{3=5 \wedge 4=6}(R \times S))$ 运算，则关系代数表达式与(　　)是等价的。

　　A. $R \bowtie S$　　　　　　　　　B. $\sigma_{3=5 \wedge 4=6}(\Pi_{1,2,3,4,7}(R \times S))$

　　C. $\Pi_{A,B,C,D,E}(R \times S)$　　D. $\Pi_{1,2,3,4,7}(\sigma_{3=5}(R) \times \sigma_{4=6}(S))$

15. 在关系代数的专门关系运算中，将两个关系中具有共同属性值的元组连接到一起构成新表的操作称为(　　)。

　　A. 选择　　　　B. 投影　　　　C. 连接　　　　D. 扫描

16. 自然连接是构成新关系的有效方法。一般情况下，当对关系 R 和 S 使用自然连接时，要求 R 和 S 含有一个或多个共有的(　　)。

　　A. 元组　　　　B. 行　　　　　C. 记录　　　　D. 属性

17. 关系 R_1 和 R_2 如下，它们进行(　　)运算后可得到 R_3。

R_1		
A	B	C
a	1	x
c	2	y
c	1	z

R_2		
C	D	E
x	q	4
y	w	4
x	r	5

R_3				
A	B	C	D	E
a	1	x	q	4
a	1	x	r	5
c	2	y	w	4

A. 交　　　　　B. 自然连接　　　　C. 笛卡儿积　　　　D. 连接

18. 关系运算中可能花费最长时间的运算是(　　)。

　　A. 投影　　　　B. 选择　　　　C. 笛卡儿积　　　　D. 除

19. 设有关系 R，按条件 f 对关系 R 进行选择，正确的是(　　)。

　　A. $R \times R$　　B. $R \bowtie R$　　C. $\sigma_f(R)$　　D. $\Pi_f(R)$

20. 下列对关系模型的叙述中错误的是(　　)。

　　A. 建立在严格的数学理论、集合论和谓词演算公式的基础之上

　　B. 微机 DBMS 绝大部分采取关系数据模型

　　C. 用二维表表示关系模型是其一大特点

　　D. 不具有连接操作的 DBMS 也可以是关系数据库系统

21. 如果两个关系没有相同的属性，则其自然连接等价于(　　)。

　　A. 等值连接　　B. 外连接　　C. 笛卡儿积　　D. q 连接

22. 设关系 R、S、W 各有 10 个元组，则这三个关系的自然连接的元组个数为(　　)。

　　A. 不确定　　B. 30　　C. 1000　　D. 10

23. 若设有关系 $R(X,Y)$ 和 $S(Y,Z)$，则 $R \div S$ 的结果表中只包含(　　)。

　　A. X 属性列　　B. Y 属性列　　C. Z 属性列　　D. 不确定

24. 若设有关系 $R(X,Y)$ 和 $S(Y,Z)$，则与 $R \div S$ 的结果(　　)没有关系。

　　A. 与 Z 属性　　B. 与 Y 属性　　C. 与 X 属性　　D. 与任何属性

习题解析

25. 设有关系：学生(学号,姓名)、课程(课程号,课程名)、选修(学号,课程号,成绩)，"查询选修了学生 95005 所选修的全部课程的学生的学号"所对应的关系代数表达式为(　　)。

　　A. 选修 $\div \Pi_{课程号}(\sigma_{学号='95005'}(选修))$

　　B. 学生 $\div$ 课程

　　C. 选修 $\div$ 课程

　　D. $\Pi_{学号,课程号}(选修) \div \Pi_{课程号}(\sigma_{学号='95005'}(选修))$

26. 设有关系 $W(工号,姓名,工种,定额)$，可将其规范化到第三范式的是(　　)。

　　A. $W_1(工号,姓名), W_2(工种,定额)$

　　B. $W_1(工号,工种,定额), W_2(工号,姓名)$

　　C. $W_1(工号,姓名,工种), W_2(工种,定额)$

　　D. 以上都不对

27. 规范化理论是关系数据库进行逻辑设计的理论依据。根据这个理论，关系数据库中的关系必须满足：其每个属性都是(　　)。

　　A. 互不相关的　　B. 不可分解的　　C. 长度可变的　　D. 互相关联的

28. 当关系模式 $R(A,B)$ 已属于 3NF，下列说法中(　　)是正确的。

　　A. 它一定消除了插入和删除异常　　B. 仍可能存在一定的插入和删除异常

C. 一定属于 BCNF　　　　　　　　D. A 和 C 都对

29. 关系模型中的关系模式至少是（　　）。
   A. 1NF　　　　B. 2NF　　　　C. 3NF　　　　D. BCNF
30. 消除了部分函数依赖的 1NF 的关系模式必定是（　　）。
   A. 1NF　　　　B. 2NF　　　　C. 3NF　　　　D. 4NF
31. 假设有如下关系模式,该关系模式（　　）。

员工表(员工编号,员工姓名,员工年龄,所属部门名称,籍贯)

   A. 最高满足第二范式　　　　　　B. 满足第三范式
   C. 都不满足　　　　　　　　　　D. 仅满足第一范式
32. 假设有如下关系模式,该关系模式（　　）。

学生选课记录表(学生编号,课程编号,学生姓名,学生年龄,课程名称,课程学分,选修成绩)

   A. 满足第三范式　　　　　　　　B. 仅满足第一范式
   C. 满足第二范式　　　　　　　　D. 都不满足
33. 下列关于函数依赖的描述错误的是（　　）。
   A. 若 $A \to B, B \to C$,则 $A \to C$　　　B. 若 $A \to B, A \to C$,则 $A \to BC$
   C. 若 $B \to A, C \to A$,则 $BC \to A$　　　D. 若 $BC \to A$,则 $B \to A, C \to A$
34. 给定关系模式 $R\langle U, F \rangle, U=\{A,B,C,D\}, F=\{A \to B, BC \to D\}$,则关系 R 的码为（　　）。
   A. （AB）　　　B. （AC）　　　C. （BC）　　　D. （BD）

二、判断题

1. 码只包含一个属性,则一定不会存在部分依赖。　　　　　　　　　　　　　（　　）
2. 满足 BC 范式的关系模式一定满足 3NF。　　　　　　　　　　　　　　　　（　　）
3. 满足 3NF 的关系模式一定满足 BCNF。　　　　　　　　　　　　　　　　（　　）
4. 范式级别越高,数据冗余越小。　　　　　　　　　　　　　　　　　　　　（　　）
5. 范式级别越高,存储同样的数据需要分解越多的表。　　　　　　　　　　　（　　）
6. 范式级别提高,数据库性能（速度）将下降。　　　　　　　　　　　　　　（　　）

第12章 数据库设计

数据库设计过程分为六个阶段：需求分析、概念结构设计、逻辑结构设计、物理结构设计、数据库实施、数据库运行维护。数据库设计过程中形成了数据库的三级模式：内模式、模式、外模式，如图 12-1 所示。

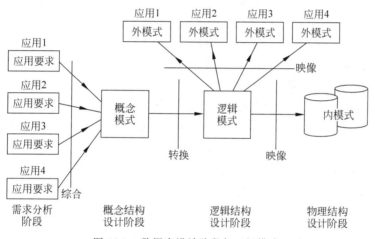

图 12-1　数据库设计阶段与三级模式

需求分析的任务就是对现实世界要处理的对象(组织、部门、企业等)进行详细调查和分析，收集系统的基础数据和处理方法，明确用户对数据库的具体要求，在此基础上确定数据库系统的功能。

概念结构设计的任务是在需求分析的结果上，抽象出概念模型。概念结构独立于具体机器，通常利用 E-R 图来表达。E-R 图有三要素：实体、属性和联系。

逻辑结构设计的任务是把概念结构设计阶段形成的 E-R 图转换为选用的 DBMS 产品支持的逻辑模型，目前最常用的是关系模型。数据库逻辑设计的工具是关系数据库的规范化理论。

物理结构设计的任务是为给定的逻辑数据模型选取一个最适合应用要求的物理结构，确定数据库在物理设备上的存储结构与存取方法，它依赖于选定的 DBMS。

数据库实施阶段开始写代码，编写应用程序，程序运行调试通过后交给用户使用，进入数据库运行维护阶段。设计一个完善的数据库应用程序不是一蹴而就的，往往是上述六个阶段的不断反复。

12.1 概念结构设计

实体(Entity):现实世界中客观存在并可相互区别的事物称为实体。可以是具体的人、事、物或抽象的概念。实体在 E-R 图中用矩形 ▭ 表示,矩形框内写实体名。

属性(Attribute):实体的特征称为实体的属性。一个实体可以由若干属性来刻画,每个属性有特定的取值范围。为描述一个学生,可能涉及如下属性:学号、姓名、性别、出生日期等。属性在 E-R 图中用椭圆 ◯ 表示,并用无向边将其与相应的实体连接起来。

联系(Relationship):现实世界中事物内部以及事物之间的联系在信息世界中反映为实体内部的联系和实体之间的联系。实体内部的联系通常是指组成实体的各属性之间的联系,实体之间的联系通常是指不同实体集之间的联系。实体间联系有一对一、一对多、多对多三种。在 E-R 图中用菱形 ◇ 表示联系,菱形框内写联系名,并用无向边分别与有关实体连接起来,同时在无向边旁标上联系的类型(1∶1、1∶n 或 $m∶n$)。

码(Key):唯一标识实体的属性集称为码。

实体型(Entity Type):用实体名及其属性名集合来抽象和刻画同类实体称为实体型。例如:学生(学号,姓名,性别,年龄,专业)。

实体集(Entity Set):同一类型实体的集合称为实体集。

E-R 模型:是最常用的概念模型,是描述现实世界的有力工具,又称实体-联系图,简称 E-R 图。

E-R 模型三要素:实体、属性、联系。

实体与属性划分原则:属性不能再具有需要描述的性质。即属性必须是不可分的数据项,不能再由另一些属性组成。属性不能与其他实体具有联系,联系只发生在实体之间。

概念结构设计的步骤:抽象数据并设计局部 E-R 图→集成局部 E-R 视图,得到全局概念结构→验证整体概念结构。

【**例题 12-1**】 设计学生管理系统时识别出学生和课程两个实体,学生实体具有学号、学生姓名、性别、民族、出生日期属性,课程实体有课程号、课程名、学时、学分、开课学期属性,一名学生可以选修多门课程,一门课程可以被多名学生选修,选课有成绩属性,根据上述语义画出局部 E-R 图,要求包括实体、属性、联系和联系类型。

E-R 图如图 12-2 所示。

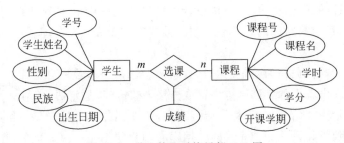

图 12-2 学生管理系统局部 E-R 图

【**例题 12-2**】 学生图书借阅系统有图书和读者两个实体,图书有图书编号、书名、作者、图书类型、库存量属性,读者有读者编号、读者姓名、年级、学号、性别、电话、借书数量属性。一位读者可以借多本书,一本书可以在不同的时间被不同的读者借阅,系统需要记录借书时的借阅时间和归还时间。根据上述语义画出局部 E-R 图,要求包括实体、属性、联系和联系类型。

E-R 图如图 12-3 所示。

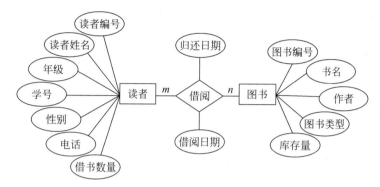

图 12-3 学生图书借阅系统局部 E-R 图

【例题 12-3】 某公司要开发一个销售管理系统,请在需求分析的基础上确定销售管理数据库的实体及其属性,画出 E-R 图。

员工(Employee):该公司中负责采购和销售订单的员工。属性包括员工号、姓名、性别、出生年月、聘任日期、工资、部门名称、部门主管。

商品(Product):该公司销售的商品。属性包括商品号、商品名称、单价、库存量、已销售数量。

客户(Customer):向该公司订购商品的商家。属性包括客户编号、客户名称、联系人姓名、联系电话、公司地址、联系邮箱。

供应商(Provider):向该公司提供商品的厂家。属性包括供应商编号、供应商名称、联系人姓名、联系电话、公司地址、联系邮箱。

公司从供应商处采购商品形成采购订单,记录采购订单编号、商品信息、经手员工信息、供应商信息、订购日期、订购数量。

客户购买商品形成销售订单,记录销售订单编号、商品信息、经手员工信息、客户信息、订购日期、订购数量。

销售管理系统实体联系图如图 12-4 所示。

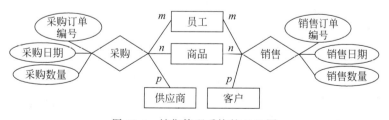

图 12-4 销售管理系统的 E-R 图

如果将员工实体中的部门信息单独存储,员工与部门的局部 E-R 图如图 12-5 所示。

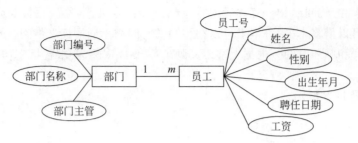

图 12-5　员工与部门的局部 E-R 图

12.2　逻辑结构设计

1. E-R 模型转换为关系模型的原则

E-R 模型转换为关系模型的原则如下。

（1）一个实体型转换为一个关系模式，关系的属性就是实体的属性，关系的码就是实体的码。主码用下画线标识。

（2）一个 1∶1 联系既可以转换为一个独立的关系模式，也可以与任意一端的关系模式合并（单方或双方加上对方的主码属性），还可以合并为一个关系模式。

理论上讲，1∶1 联系可与任意一端的关系模式合并。实际需要依应用的具体情况而定，一般应以尽量减少连接操作为目标。

（3）一个 1∶n 联系可以转换为独立的关系模式，也可以与 n 端对应的关系模式合并（n 方加上 1 方的主码属性）。

（4）一个 $m∶n$ 联系转换为一个独立的关系模式，新关系模式的属性由两个关系模式的主码＋联系自己的属性构成，两个关系模式的主码可以作新关系模式的联合主码。

（5）三个或三个以上的实体间的多元联系可以转换为一个关系模式，新关系模式的属性由各实体主码＋联系自己的属性构成。各实体的码组成新关系模式的码的一部分。

（6）具有相同码的关系模式可以合并，目的是减少系统中的关系个数。合并方法：将其中一个关系模式的全部属性加入另一个关系模式中，然后去掉其中的同义属性（可能同名也可能不同名），并适当调整属性的次序。

2. 关系模型优化原则

以规范化理论为指导，根据应用需要适当地修改、调整数据模型的结构，一般优化到三范式，但不是规范化程度越高，关系就越优。

【**例题 12-4**】 将学生管理系统的局部 E-R 图转换为关系模型。

第一步：将每个实体转换关系模式，用下画线标识主码属性。

学生(<u>学号</u>,学生姓名,性别,民族,出生日期)
课程(<u>课程号</u>,课程名,学时,学分,开课学期)

第二步：转换多对多联系，增加一个关系模式，属性包括各相关实体的主码属性和联系自身的属性，用下画线标识复合主码，识别外码。

选课(<u>学号</u>,<u>课程号</u>,成绩)　　两个外码：学号、课程号说明：学生和课程是多对多联系，需要增加一个新的关系模式，由双方的主码属性，再加上该联系自己的属性构成新关系模式的属性，选课表就是这样而来。

【例题 12-5】 将学生图书借阅系统的局部 E-R 图转换为关系模型。

第一步：将每个实体转换为关系模式，用下画线标识主码属性。

图书(<u>图书编号</u>,书名,作者,图书类型,库存量)
读者(<u>读者编号</u>,读者姓名,年级,学号,性别,电话,借书数量)

第二步：转换多对多联系，增加一个关系模式，用下画线标识主码属性，识别外码。

图书借阅(<u>图书编号</u>,<u>读者编号</u>,借阅时间,归还时间)

说明：三个关系模式对应到 bookDB 数据库中的三个表。

【例题 12-6】 将如图 12-6 所示的销售管理系统的 E-R 图转换为关系模型。

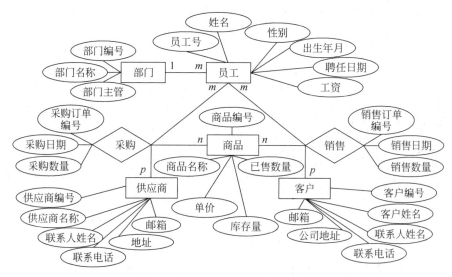

图 12-6 销售管理系统整体 E-R 图

第一步：转换单个实体，将 5 个实体转换为关系模式，用下画线标识主码。

部门(<u>部门编号</u>,部门名称,部门主管)
员工(<u>员工号</u>,姓名,性别,出生年月,聘任日期,工资)
商品(<u>商品编号</u>,商品名称,单价,库存量,已售数量)
供应商(<u>供应商编号</u>,供应商名称,联系人姓名,联系电话,地址,邮箱)
客户(<u>客户编号</u>,客户姓名,联系人姓名,联系电话,公司地址,邮箱)

第二步：转换联系，先转换部门和职工之间的 $1:m$ 联系。转换原则：多方加上 1 方的主码属性，员工关系模式中加上部门关系模式的主码，在此作外码（波浪线标识）。

员工(<u>员工号</u>,姓名,性别,出生年月,聘任日期,工资,部门编号)

第三步：转换员工、供应商、商品三个实体之间的多对多联系，转换原则：增加一个新的关系模式，属性为各方的主码和联系自己的属性，并增加一个属性采购订单号作主码，而不用联合主码。因为根据现实逻辑，不能不限制从一个供应商处多次采购同一商品。

采购订单(采购订单号,员工号,供应商编号,商品编号,采购日期,采购数量)

第四步：转换员工、客户、商品三个实体之间的多对多联系,增加一个新的关系模式：销售订单,属性为各方的主码和联系自己的属性,并增加一个属性销售订单号作主码,而不用联合主码。因为同样不能不限制一个客户多次购买同一商品。

销售订单(销售订单号,员工号,客户编号,商品编号,销售日期,销售数量)

第五步：关系模型优化。

部门(部门编号,部门名称,部门主管)
商品(商品编号,商品名称,单价,库存量,已售数量)
供应商(供应商编号,供应商名称,联系人姓名,联系电话,地址,邮箱)
客户(客户编号,客户姓名,联系人姓名,联系电话,公司地址,邮箱)
员工(员工号,姓名,性别,出生年月,聘任日期,工资,部门编号)
采购订单(采购订单号,员工号,供应商编号,商品编号,采购日期,采购数量)
销售订单(销售订单号,员工号,客户编号,商品编号,销售日期,销售数量)

以上 7 个关系模式已经全部符合 3NF,不需要继续优化。下画线标识了主码,波浪线标识了外码。

12.3 物理结构设计

物理结构：数据库在物理设备上的存储结构与存取方法,它依赖于选定的 DBMS。

数据库的物理设计：为一个给定的逻辑数据模型选取一个最适合应用要求的物理结构的过程。设计目标：响应速度快、存储空间利用率高、事务吞吐量大。

物理结构设计无通用方法,因为 DBMS 存储结构、存取方法差别很大,设计变量、参数范围各不相同。

物理结构设计一般分为两步：第一步确定数据库物理结构,主要指存取方法和存储结构；第二步评价物理结构,评价的重点是时间和空间效率。如果该结构不符合用户需求,则需要修改设计。最终选择一个较优的方案作为数据库的物理结构。

实验 16　课程设计

1. 数据库课程设计要求

(1) 3～6 人为一个小组,每组确定一个项目报给学委,每组的项目不能重复,先报先得。

(2) 小组成员合作完成项目的需求分析和设计环节,在同一个设计的基础上各自独立完成建库、建表、建视图和数据库端编程、安全性设置等环节。代码要个性化,库名、表名、字段名、程序名,以及表中数据要有个人的信息,编程功能也不能完全相同。

(3) 每个人完成一个课程设计报告,并制作 PPT,答辩时随机选择一人代表小组汇报。

(4) 课程设计分数＝答辩小组互评分×40％＋教师评分×60％

2. 答辩安排

(1) 答辩方式。

现场抽签,每组随机选择一人进行 PPT 展示汇报,汇报后进入小组回答问题环节,小组中的每位成员都必须参与回答问题环节。根据现场汇报和回答问题表现,各小组为其他小组打分。

(2) 分工。

班长担任答辩主持人,安排计时人员(汇报 5 分钟,提问 3 分钟);安排提问人员(借此机会也复习下本课程知识);安排拍照人员,事后制作 PPT 分享。

学委负责评分统计工作,事先打印互评表发给各组长,组织每个小组为其他小组互评打分。答辩结束后收取互评表进行统计,最后将书面的互评表和统计结果电子表一起交给老师。

纪律委员负责现场抽签,公开抽签各小组的答辩顺序并抽签决定每组的汇报人,一次最多抽五组汇报人,并监督检查实际汇报人是否相符,不符直接扣 20 分。

小组成员每人回答一个问题,答辩时,小组成员都到讲台前,方便回答问题。

3. 评分标准

分 值		评 分 标 准
需求(7分)	系统需求	要求描述清晰,图表规范(图、表要有编号,有名称,正文中有引用),一项不符扣 2 分,正文中只有文字而无图、表,扣 5 分
设计(30分)	概念、逻辑、物理设计	要求完整、合理、规范,缺少一个模型扣 1~5 分。例如,缺 E-R 模型扣 5 分,少一个关系模式扣 2 分,少一个约束扣 1 分,不规范酌情扣 1~5 分
实施(20分)	创建数据库(5分)	要求数据库名用自己姓名的全拼+组号,设置合理,语句规范,不满足要求扣 1~5 分
	建表加约束(10分)	要求语句规范,设计合理,约束完整,至少有 3 个表,少一个表扣 3 分,少一个约束扣 1 分,不规范 1 处扣 1 分;表名有自己的姓名全拼或简拼,表中数据必须有自己的汉字名字,可以作为管理员、学生、客户、教师等身份,不符合则扣 5 分
	使用视图(5分)	要求设计合理,视图语句完整、准确,视图名有自己的姓名全拼或简拼,至少每个成员有 1 个视图,少一个扣 2 分,不规范 1 处扣 1 分
数据库编程(20分)	函数(5分)	要求至少每个成员有 1 个函数,功能合理、正确,语句规范,注释清晰,运行正确(截图),少一个扣 2 分,不规范 1 处扣 1 分
	存储过程(10分)	要求至少每个成员有 1 个存储过程,功能合理、正确,语句规范,注释清晰,运行正确(截图),少一个扣 3 分,不规范 1 处扣 1 分
	触发器(5分)	要求至少每个成员有 1 个触发器,功能合理、正确,语句规范,注释清晰,运行正确(截图),少一个扣 2 分,不规范 1 处扣 1 分
安全性(5分)	安全设计(5分)	要求创建登录账户、数据库用户并授权,少一项扣 2 分,不规范 1 处扣 1 分;新建的账户和数据库用户用自己姓名全拼+组号命名,不符合扣 2 分
总结分工(3分)		人员分工、项目总结真实且完整得 3 分,缺一项扣 2 分,都没有则扣 3 分
答辩表现(15分)		PPT 清晰(3分)、汇报内容完整有序(3分)、讲述流利(3分)、要点清晰(3分)、回答问题准确(3分)

续表

分　值	评分标准
特色亮点加分	特色亮点(与众不同,人无我有的功能和特色)每项加 1~5 分。 要求：写清楚加分理由
扣分项	更换答辩人扣 20 分； 项目雷同或有部分抄袭则按比例扣相应分数,完全抄袭则成绩全部扣除 要求：写清楚扣分理由

4. 课程设计报告

项目名称：　　　　　　　　　　项目来源：□自命题　　□教材中第　　题
系统环境：□SQL Server　　　　□MySQL　　　　□其他
班级：　　　　　　　项目组号：　　　　　　姓名：

① 系统需求描述(7 分,小组相同)。

【要求：文字＋图形,使用功能结构图和流程图,图、表要有编号,有名称,正文中有引用】

② 系统设计(10 分,E-R 图实体名加上自己姓名的全拼或简拼,每人不同)。

【要求：实体、属性、联系、联系的类型一个都不能少,而且图形要规范】

③ 关系模式设计(10 分,关系名加上自己姓名的全拼或简拼,每人不同)。

【要求：E-R 转换为关系模式,标记主键、外键】

④ 表结构设计(10 分,表名加上自己姓名的全拼或简拼,每人不同)。

【要求：以表格形式设计出每个表中的字段名称、类型、长度和约束】

⑤ 数据库安全设计(5 分,新创建的账户和数据库用户用自己姓名的全拼＋组号命名)

【要求：正确创建登录账户和数据库用户,并进行授权】

⑥ 实施(共 20 分)。

- 创建数据库 SQL 语句(5 分,数据库用自己姓名的全拼＋组号命名,每人不同)。
- 创建表 SQL 语句(10 分,表名加上自己姓名的全拼或简拼,每人不同)。

【要求：至少有 3 个表,表中数据必须有自己的汉字名字,作为管理员、学生、客户或教师等身份】

- 创建视图 SQL 语句(5 分,视图名加上自己姓名的全拼或简拼)。

功能说明：

视图语句：

【要求：每人至少完成一个视图,组员之间的功能不能雷同】

⑦ 数据库端编程(共 20 分,每个程序 5 分,命名加上自己姓名的全拼或简拼)。

【要求：存储过程、函数、触发器都是每人至少有 1 个。功能合理,运行正确,组员之间的功能不能相同】

- 存储过程

功能说明：

存储过程代码：

验证数据及运行截图：

- 函数

功能说明：

函数代码：

验证数据及运行截图：
- 触发器

功能说明：

触发器代码：

验证数据及运行截图：

⑧ 项目总结(3分)。
- 收获、体会、遗留问题。
- 诚信声明(请选择一项)。

   a. 这个项目全部是我自己设计实现的,锻炼很多,收获很多。

   b. 有少部分参考,加入自己的智慧,并且全部是由自己动手编写代码检验通过的。

   c. 多数是参考的,但也有自己动手编写代码检验的部分。

   d. 全部参考借鉴。

签名：　　　　　　　　　签署日期：

习题

一、选择题

1. 在软件生命周期中,能准确地确定软件系统必须做什么和必须具备哪些功能的阶段是(　　)。

   A. 概要设计　　　　B. 详细设计　　　　C. 可行性分析　　　　D. 需求分析

2. 数据流程图(DFD)是用于描述结构化方法中(　　)阶段的工具。

   A. 可行性分析　　　B. 详细设计　　　　C. 需求分析　　　　　D. 程序编码

3. SQL 支持关系数据库的三级模式,视图、基本表、存储文件分别对应(　　)。

   A. 模式、内模式、外模式　　　　　B. 模式、外模式、内模式

   C. 外模式、模式、内模式　　　　　D. 外模式、内模式、模式

4. 在软件生命周期中,决定软件怎么做的阶段是(　　)。

   A. 需求分析阶段　　　　　　　　B. 设计阶段

   C. 可行性分析阶段　　　　　　　D. 实施阶段

5. 数据库的概念模型独立于(　　)。

   A. 具体的机器和 DBMS　　　　　B. E-R 图

   C. 信息世界　　　　　　　　　　D. 现实世界

6. 在数据库设计过程中,用 E-R 图来描述信息结构的是数据库设计的(　　)阶段。

   A. 需求分析　　　B. 概念设计　　　C. 逻辑设计　　　D. 物理设计

7. 数据库概念设计的 E-R 方法中,用属性描述实体的特征,属性在 E-R 图中,用(　　)表示。

   A. 矩形　　　　　B. 四边形　　　　C. 菱形　　　　　D. 椭圆形

8. E-R 图是表示概念模型的有效工具之一，E-R 图中的"菱形"表示的是（　　）。
   A. 联系　　　　　B. 实体　　　　　C. 实体的属性　　　D. 联系的属性
9. 有学生和成绩表：S(学号,姓名,性别,系名称)和 SC(学号,课程号,分数)。SC 表是 S 表的子表,则 S 与 SC 之间的关系是(　　)。
   A. 一对一　　　　B. 一对多　　　　C. 多对多　　　　D. 无关系
10. 如果采用关系数据库实现应用,在数据逻辑设计阶段需将(　　)转换为关系数据模型。
    A. E-R 模型　　　B. 层次模型　　　C. 关系模型　　　D. 网状模型
11. 现有关系：学生(学号,姓名,课程号,系号,系名,成绩),为消除数据冗余,至少需要分解为(　　)。
    A. 1 个表　　　　B. 2 个表　　　　C. 3 个表　　　　D. 4 个表
12. 关系模式中,满足 2NF 的模式(　　)。
    A. 可能是 1NF　　B. 必定是 1NF　　C. 必定是 3NF　　D. 必定是 BCNF
13. 设计性能较优的关系模式称为规范化,规范化主要的理论依据是(　　)。
    A. 关系规范化理论　　　　　　　　B. 关系运算理论
    C. 关系代数理论　　　　　　　　　D. 数理逻辑
14. 关系数据库规范化是为解决关系数据库中(　　)问题而引入的。
    A. 插入异常、删除异常和数据冗余
    B. 提高查询速度
    C. 减少数据操作的复杂性
    D. 保证数据的安全性和完整性
15. 确定系统边界和关系规范化分别在数据库设计的(　　)阶段进行。
    A. 需求分析和逻辑设计　　　　　　B. 需求分析和概念设计
    C. 需求分析和物理设计　　　　　　D. 逻辑设计和概念设计
16. 在关系数据库设计中,设计关系模式是(　　)的任务。
    A. 需求分析阶段　　B. 概念设计阶段　C. 逻辑设计阶段　D. 物理设计阶段
17. 从 E-R 模型向关系模型转换时,一个 $m:n$ 联系需转换为一个新的关系模式,该关系模式的关键字是(　　)。
    A. M 端实体的关键字
    B. N 端实体的关键字
    C. M 端实体关键字与 N 端实体关键字的组合
    D. 重新选取其他属性
18. 如果两个实体之间的联系是 $m:n$,则(　　)引入第三个交叉关系。
    A. 需要　　　　　B. 不需要　　　　C. 可以也可以不　D. 合并两个实体
19. E-R 模型向关系模型转换时,三个实体之间多对多联系 $m:n:p$ 应转换为一个独立的关系模式,并且该关系模式的主键由(　　)组成。
    A. 多对多联系的属性　　　　　　　B. 三个实体的主键
    C. 任意一个实体的主键　　　　　　D. 任意两个实体的主键
20. 给定关系模式销售排名(员工号,商品号,排名),若每名员工销售每种商品有一定

习题解析

的排名,每种商品的每个排名只对应一名员工,则以下叙述错误的是( )。
   A. 关系模式销售排名属于 3NF
   B. 关系模式销售排名属于 BCNF
   C. 只有(员工号,商品号)能作为候选码
   D. (员工号,商品号)和(商品号,排名)都能作为候选码

21. 在三级结构/两级映像体系结构中,通过创建视图,构建的是外模式和( )。
   A. 外模式/内模式映像   B. 外模式/模式映像
   C. 模式/内模式映像   D. 内外模式/外模式映像

22. 数据库物理设计完成后,进入数据库实施阶段,下列各项中不属于实施阶段的工作是( )。
   A. 建立库结构   B. 扩充功能   C. 加载数据   D. 系统调试

23. 确定各基本表的索引属于数据库设计的( )阶段。
   A. 需求分析   B. 概念设计   C. 物理设计   D. 逻辑设计

24. 在三级结构/两级映像体系结构中,对一个表创建聚簇索引,改变的是数据库的( )。
   A. 用户模式   B. 外模式   C. 模式   D. 内模式

25. 规范化过程主要为克服数据库逻辑结构中的插入异常、删除异常以及( )的缺陷。
   A. 数据的不一致性 B. 结构不合理   C. 冗余度大   D. 数据丢失

26. 有关系模式:S(学号,姓名,班级,课程号,成绩),为了使分解后的关系均达到 3NF,则至少需要将 S 分解成( )。
   A. 2 个表   B. 3 个表   C. 4 个表   D. 5 个表

二、判断题
1. 关系模型效率低的主要原因是由连接运算引起的。   (   )
2. 逻辑结构设计的结果是唯一的。   (   )
3. 只能两个实体型之间有联系,不存在三个以上实体型间的联系。   (   )
4. 一个实体型内部不能有联系。   (   )

三、简答题
1. 设某商业集团数据库中有三个实体集。一是"商店"实体集,属性有商店编号、商店名、地址等;二是"商品"实体集,属性有商品号、商品名、规格、单价等;三是"职工"实体集,属性有职工编号、姓名、性别、业绩等。商店与商品间存在"销售"联系,每个商店可销售多种商品,每种商品也可放在多个商店销售,每个商店销售的每种商品有月销售量;商店与职工间存在着"聘用"联系,每个商店有许多职工,每个职工只能在一个商店工作,商店聘用职工有聘期和月薪。
   ① 试画出 E-R 图,并在图上注明属性、联系的类型。
   ② 将 E-R 图转换成关系模式集,并指出每个关系模式的主键和外键。

2. 现有如下关系模式:借阅(图书编号,书名,作者名,出版社,读者编号,读者姓名,借阅日期,归还日期),基本函数依赖集 F={图书编号→(书名,作者名,出版社),读者编号→读者姓名,(图书编号,读者编号,借阅日期)→归还日期}。
   ① 请确定该关系模式的候选码。

② 判断该关系模式属于第几范式。

③ 分解该关系模式，使之符合 3NF，写出分解后的关系模式，标明主键和外键。

3. 假设为考试成绩管理系统设计一个关系 $R(S,SN,C,CN,G,U)$，其属性含义依次为考生号、姓名、课程号、课程名、分数和主考学校名称。规定每名学生学习一门课程只有一个分数；一个主考学校主管多门课程的考试，且一门课程只能被一个主考学校管理；每名考生有唯一的考号，每门课程有唯一的课程号。

① 写出关系 R 的基本函数依赖集和候选关键字。

② 达到第几范式？试分解使其符合第三范式。

第 13 章 数据库恢复

数据库故障是不可避免的,各类故障对数据库的影响有两种:一是数据库本身被破坏;二是数据库没有被破坏,但数据可能不正确。

数据库的恢复就是把数据库从错误状态恢复到某一已知的正确状态(亦称为一致状态或完整状态),保证事务的原子性和持续性。恢复的基本原理是利用冗余数据重建数据库中已被破坏或不正确的那部分数据。

建立冗余数据最常用的技术是数据转储和登记日志文件。数据转储是指 DBA(数据库管理员)定期地将数据库复制到磁带、磁盘或其他介质上保存起来的过程。备用的数据称为后备副本(backup)或后援副本。日志文件是用来记录事务对数据库的更新操作的文件,每次数据的增、删、改操作都会在日志文件中详细记录事务标识、操作类型、操作对象、更新前数据的旧值、更新后数据的新值等。

13.1 故障的种类及恢复方法

视频讲解

数据库系统中可能发生的故障大致分为三类:事务内部的故障、系统故障和介质故障。

1. 事务故障

事务故障意味着事务没有达到预期的终点,数据库可能处于不正确状态。

事务故障的恢复方法:要恢复子系统应利用日志文件撤销事务(UNDO),强行回滚(ROLLBACK)该事务对数据库的任何修改,使该事务像根本没有启动一样。

事务故障的恢复由系统自动完成,对用户是透明的,不需要用户干预。

2. 系统故障

事务故障只涉及一个事务,而系统故障可能涉及多个事务,包括已经提交的或尚未提交的事务。系统故障称为软故障,是指整个系统的正常运行状态突然被破坏,所有正在运行的事务都非正常终止。系统故障不破坏数据库,但会导致内存中数据库缓冲区的信息全部丢失。

系统故障的恢复方法:UNDO 故障发生时未完成的事务,REDO(重做)已经完成,但还在缓冲区中尚未完全写回到磁盘上的事务中。

系统故障的恢复由系统在重新启动时自动完成,不需要用户干预。具体步骤如下。

(1) 建立重做(REDO)队列和撤销(UNDO)队列。

正向扫描日志文件(即从头扫描日志文件),先把所有事务放到 UNDO 队列,遇到 COMMIT 命令,就把对应事务移到 REDO 队列。

(2) 对 UNDO 队列事务进行撤销处理。

反向扫描 UNDO 队列,对每个 UNDO 事务的更新操作执行逆操作,将日志记录中"更新前的值"写入数据库。

(3) 对 REDO 队列事务进行重做处理。

正向扫描 REDO 队列,对每个 REDO 事务重新执行登记的操作,将日志记录中"更新后的值"写入数据库。

3. 介质故障

介质故障称为硬故障,指外存故障。介质故障比前两类故障的可能性小,但破坏性大得多。介质故障破坏数据库或部分数据库,并影响正在存取这部分数据的所有事务。

介质故障恢复的方法:装入数据库发生介质故障前某个时刻的数据副本,利用日志文件重做自此时开始的所有成功事务,将这些事务已提交的结果重新记入数据库。

介质故障的恢复需要 DBA 介入,装入后备副本和日志文件,之后由 DBMS 自动恢复。发生介质故障时,如果数据文件与日志文件都损坏,日志备份不完整,将导致无法完全恢复数据。

视频讲解

13.2 具有检查点的恢复技术

搜索整个日志将耗费大量的时间,重新执行已经写入数据库的更新操作也会浪费大量时间。使用检查点方法可以改善恢复效率,在检查点之前提交的事务对数据库所做的修改已写入磁盘数据库,在进行恢复处理时,没有必要对该事务执行 REDO 操作。

利用检查点的恢复步骤如下。

(1) 从重新开始文件中找到最后一个检查点记录在日志文件中的地址,由该地址在日志文件中找到最后一个检查点记录。

(2) 由该检查点记录得到检查点时刻正在执行的事务清单(ACTIVE-LIST)和日志地址,扫描日志建立两个事务队列 UNDO-LIST 和 REDO-LIST。

(3) 对 UNDO-LIST 中的每个事务撤销,对 REDO-LIST 中的每个事务重做。

习题解析

习题

一、选择题

1. 系统故障需要(　　)。

  A. DBA 介入处理　　　　　　　　B. 用户自行处理

  C. 程序员处理　　　　　　　　　D. DBMS 自动处理

2. 若事务中有表达式 a/b,如果 $b=0$ 时会产生的故障属于(　　)。

  A. 事务故障　　B. 系统故障　　C. 介质故障　　D. 死机

3. 关于数据库备份的叙述中,错误的是(　　)。

  A. 如果数据库很稳定就不需要经常备份,反之要经常备份,以防止数据库损坏

  B. 数据库备份是一项很复杂的任务,应该由专业的管理人员来完成

  C. 数据库备份也受数据库恢复模式的影响

D. 数据库备份的策略应该综合考虑各方面的因素，并不是备份做得越多、越全就越好

4. 当数据库损坏时，数据库管理员可以通过(　　)方式恢复数据库。
   A. 事务日志文件　　B. 主数据文件　　C. UPDATE 语句　　D. 联机帮助文件

5. 数据库恢复的基础是利用转储的冗余数据，这些转储的冗余数据包括(　　)。
   A. 数据字典、应用程序、审计档案、数据库后备副本
   B. 数据字典、应用程序、日志文件、审计档案
   C. 日志文件、数据库后备副本
   D. 数据字典、应用程序、数据库后备副本

6. 若系统在运行过程中，由于某种硬件故障，使存储在外存上的数据部分损失或全部损失，这种情况称为(　　)。
   A. 事务故障　　B. 系统故障　　C. 介质故障　　D. 运行故障

7. (　　)用来记录对数据库中数据进行的每次更新操作。
   A. 后援副本　　B. 日志文件　　C. 数据库　　D. 缓冲区

8. 后援副本的用途是(　　)。
   A. 安全性保障　　B. 一致性控制　　C. 故障后的恢复　　D. 数据的转储

9. 用于数据库恢复的重要文件是(　　)。
   A. 数据库文件　　B. 索引文件　　C. 日志文件　　D. 备注文件

10. 日志文件用于记录(　　)。
    A. 程序的运行过程
    B. 数据操作
    C. 对数据的所有更新操作
    D. 程序执行的结果

11. 在数据库恢复时，对尚未做完的事务执行(　　)。
    A. REDO 处理　　B. UNDO 处理　　C. ABORT 处理　　D. 忽略不处理

12. 事务提交后，对数据库的修改还停留在缓冲区中，未写入磁盘，此时系统出现故障。系统重启后，DBMS 根据(　　)对数据库进行恢复，将已提交事务对数据库的修改写入磁盘。
    A. 日志文件　　B. 全局备份　　C. 增量文件　　D. 影子备份

13. 下列关于事务故障与恢复的叙述中，正确的是(　　)。
    A. 系统故障的恢复只需要进行重做(REDO)操作
    B. 事务日志用来记录事务的执行频度
    C. 对日志设立检查点的目的是提高故障恢复的效率
    D. 采用增量备份方式，数据恢复可以不使用事务日志文件

14. 系统故障恢复(　　)。
    A. 仅需要日志文件
    B. 仅需要使用备份
    C. 必须使用日志或备份
    D. 必须使用日志和备份

15. 假设日志文件尾部如下，则恢复时应执行的操作是(　　)。

```
< T1 start >
< T1 A,1000,950 >
< T2 start >
< T2 C,700,600 >
< T1 B,2000,2050 >
< T1 commit >
```

A. Undo T1，Redo T2
B. Undo T2，Redo T1
C. Redo T1，Redo T2
D. Undo T1，Undo T2

二、简答题

1. 按照表 13-1 所示日志记录，分析如果发生下列系统故障后，哪些事务需要重做，哪些需要回滚。

表 13-1 日志记录

序 号	日 志
1	T1：开始
2	T1：写 A＝10
3	T2：开始
4	T2：写 B＝9
5	T1：写 C＝11
6	T1：提交
7	T2：写 C＝13
8	T3：开始
9	T3：写 A＝8
10	T2：回滚
11	T3：写 B＝7
12	T4：开始
13	T3：提交
14	T4：写 C＝12

(1) 系统故障发生在 14 之后。

(2) 系统故障发生在 10 之后。

(3) 系统故障发生在 9 之后。

(4) 系统故障发生在 7 之后。

2. 按照表 13-1 所示日志记录，假设 A、B、C 初值都是 0，写出发生下列系统故障之后，A、B、C 的值分别是多少。

(1) 故障发生在 14 之后。

(2) 故障发生在 12 之后。

(3) 故障发生在 10 之后。

(4) 故障发生在 9 之后。

(5) 故障发生在 7 之后。

(6) 故障发生在 5 之后。

第14章 并发控制

数据库是多用户共享,在同一时刻并发运行的事务数可达数百上千,存在多个事务同时存取同一数据的情况,就可能会存取和存储不正确的数据。并发控制的任务是对并发操作进行正确调度,保证事务的隔离性,保证数据库的一致性。

14.1 并发控制概述

视频讲解

事务读数据 X 记作 $R(X)$,事务写数据 X 记作 $W(X)$。

并发操作事务未做好隔离,可能带来的数据不一致性有如下三种。

1. 丢失修改(Lost Update)

两个事务 T_1 和 T_2 读同一数据并修改,T_2 的提交结果破坏了 T_1 提交的结果,导致 T_1 的修改被丢失,如图 14-1(a)所示。

2. 不可重复读(Non-Repeatable Read)

两个事务 T_1 和 T_2 并发运行,事务 T_1 读取数据后,事务 T_2 执行更新操作,使 T_1 无法再现前一次读取的结果,如图 14-1(b)所示。

3. 读"脏"数据(Dirty Read)

事务 T_1 修改某一数据并将其写回磁盘,事务 T_2 读取同一数据(修改后的值),T_1 由于某种原因撤销操作,改过的数据恢复原值,T_2 读到的数据就与数据库中的数据不一致,为"脏"数据,即不正确的数据,如图 14-1(c)所示。

T_1	T_2
① $R(X)=8$	
②	$R(X)=8$
③ $X \leftarrow X-1$ $W(X)=7$	
④	$X \leftarrow X-1$ $W(X)=7$

(a) 丢失修改

T_1	T_2
① $R(X)=5$ $R(Y)=30$ 求和 35	
②	$R(Y)=30$ $Y \leftarrow Y \times 2$ $W(Y)=60$
③ $R(X)=5$ $R(Y)=60$ 求和 65 (验算不对)	

(b) 不可重复读

T_1	T_2
① $R(Z)=10$ $Z \leftarrow Z \times 2$ $W(Z)=20$	
②	$R(Z)=20$
③ ROLLBACK Z 恢复为 10	

(c) 读"脏"数据

图 14-1 三种数据不一致性示例1

14.2 封锁

并发操作控制方法主要是封锁技术,封锁就是事务 T 在对某个数据对象(如表、记录等)操作之前,先向系统发出请求,对其加锁。在事务 T 释放它的锁之前,其他的事务不能更新此数据对象。一个事务对某个数据对象加锁后究竟拥有什么样的控制由封锁的类型决定,基本封锁类型有排它锁和共享锁。

1. 排它锁

排它锁(Exclusive Locks)又称为写锁(X 锁)。若事务 T 对数据对象 A 加上 X 锁,则只允许 T 读取和修改 A,其他事务都不能再对 A 加任何类型的锁,直到 T 释放 A 上的锁。

2. 共享锁

共享锁(Share Locks)又称为读锁(S 锁)。若事务 T 对数据对象 A 加上 S 锁,则事务 T 可以读 A 但不能修改 A,其他事务只能再对 A 加 S 锁,而不能加 X 锁,直到 T 释放 A 上的 S 锁。

排它锁与共享锁的控制方式可以用表 14-1 所示的相容矩阵来表示,其中,Y 表示相容的请求;N 表示不相容的请求。

表 14-1 封锁类型的相容矩阵

T_1	T_2		
	加 X 锁	加 S 锁	不加锁
加 X 锁	N	N	Y
加 S 锁	N	Y	Y
不加锁	Y	Y	Y

14.3 封锁协议

在对数据对象加锁时,还需要约定一些规则,例如,何时申请 X 锁或 S 锁、持锁时间、何时释放等。不同的规则形成各种不同的封锁协议,保证并发操作正确调度的程度也不同。

1. 一级封锁协议

事务 T 在修改数据 R 之前必须先对其加 X 锁,直到事务结束才释放。一级封锁协议只加 X 锁不加 S 锁,解决了丢失修改的问题,不能保证可重复读和不读"脏"数据。

2. 二级封锁协议

二级封锁协议是在一级封锁协议基础上,读数据之前加 S 锁,读完即释放 S 锁。二级封锁协议解决了丢失修改和读"脏"数据的问题,但还不能保证可重复读。

3. 三级封锁协议

三级封锁协议也是在一级封锁协议的基础上,读数据之前加 S 锁,但它是事务结束才释放 S 锁。三级封锁协议解决了丢失修改、不可重复读和读"脏"数据三个问题。

三级封锁协议解决三种数据不一致性的示例如图 14-2 所示。

T_1	T_2
① Xlock X	
$R(X)=8$	
②	
③ $X \leftarrow X=1$	Xlock X
$W(X)=7$	等待
Commit	等待
Unlock X	等待
④	等待
	获得 Xlock X
	$R(X)=7$
	$X \leftarrow X-1$
	$W(X)=6$
	Commit
	Unlock X

(a) 没有丢失修改

T_1	T_2
① Slock X	
Slock Y	
$R(X)=5$	
$R(Y)=30$	
求和 35	
②	Xlock Y
③ $R(X)=5$	等待
$R(Y)=30$	等待
求和 35	等待
Commit	等待
Unlock X	等待
Unlock Y	等待
	获得 Xlock Y
	$R(Y)=30$
	$Y \leftarrow Y \times 2$
	$W(Y)=60$
	Commit
	Unlock Y

(b) 可重复读

T_1	T_2
① Xlock Z	
$R(Z)=10$	
$Z \leftarrow Z \times 2$	
$W(Z)=20$	
②	Xlock Z
③	等待
ROLLBACK	等待
Z 恢复为 10	等待
Unlock Z	等待
	获得 Xlock Z
	$R(Z)=10$
	Commit
	Unlock Z

(c) 不读"脏"数据

图 14-2 三种数据不一致性示例 2

不同级别封锁协议及其一致性保证情况如表 14-2 所示。

表 14-2 不同级别封锁协议及其一致性保证情况

协议级别	X 锁		S 锁		一致性保证		
	操作结束释放	事务结束释放	操作结束释放	事务结束释放	不丢失修改	不读"脏"数据	可重复读
一级封锁协议		√			√		
二级封锁协议		√	√		√	√	
三级封锁协议		√		√	√	√	√

14.4 活锁与死锁

视频讲解

封锁技术可以有效地解决并行操作的一致性问题,但也带来一些新的问题。

1. 活锁

事务 T_1 封锁了数据 R,事务 T_2 又请求封锁 R,于是 T_2 等待。T_3 也请求封锁 R,当 T_1 释放了 R 上的封锁之后,系统首先批准了 T_3 的请求,T_2 仍然等待。T_4 又请求封锁 R,当 T_3 释放了 R 上的封锁之后,系统又批准了 T_4 的请求,以此类推,T_2 有可能永远等待,这就是活锁的情形。避免活锁的方法是采用先来先服务的策略。

2. 死锁

两个或多个事务都已封锁了一些数据对象,然后又都请求封锁其他数据对象(已被其他事务封锁),从而出现死循环等待,这就是死锁。

解除死锁的方法是选择一个处理死锁代价最小的事务,将其撤销,释放此事务持有的所有的锁,使其他事务能继续运行下去。

判断是否产生死锁一般采用等待图法,周期性地(如每隔数秒)生成事务等待图,反映所有事务的等待情况,如果发现图中存在回路,则表示系统中出现了死锁。

事务等待图是一个有向图 $G=(T,U)$,T 为结点的集合,每个结点表示正运行的事务,U 为边的集合,每条边表示事务等待的情况,若 T_1 等待 T_2,则在 T_1 和 T_2 之间画一条有向边,从 T_1 指向 T_2。

习题

习题解析

一、选择题

1. 数据库的(　　)是为了在多用户共享的系统中,保证数据库的完整性不受破坏,避免用户得到不正确的数据。
   A. 安全性　　　　B. 可靠性　　　　C. 完整性　　　　D. 并发控制

2. 下列不是数据库系统必须提供的数据控制功能的是(　　)。
   A. 安全性　　　　B. 可移植性　　　C. 完整性　　　　D. 并发控制

3. 多用户数据库系统的目标之一是使它的每个用户好像面对着一个单用户的数据库一样使用,为此数据库系统必须进行(　　)。
   A. 安全性控制　　B. 完整性控制　　C. 并发控制　　　D. 可靠性控制

4. 解决并发操作带来的数据不一致性现象普遍采用(　　)。
   A. 封锁　　　　　B. 恢复　　　　　C. 存取控制　　　D. 协商

5. 数据库中的封锁机制是(　　)的主要方法。
   A. 完整性　　　　B. 安全性　　　　C. 并发控制　　　D. 恢复

6. 关于"死锁",下列说法中正确的是(　　)。
   A. 死锁是操作系统中的问题,数据库操作中不存在
   B. 在数据库操作中防止死锁的方法是禁止两个用户同时操作数据库
   C. 当两个用户竞争相同资源时不会发生死锁
   D. 只有出现并发操作时,才有可能出现死锁

7. 如果事务 T 对数据对象 R 实现 X 封锁,则 T 对 R(　　)。
   A. 只能读不能写　　　　　　　　　B. 只能写不能读
   C. 既可读又可写　　　　　　　　　D. 不能读也不能写

8. 在数据库技术中,"脏数据"是指(　　)。
   A. 未退回的数据　　　　　　　　　B. 未提交的数据
   C. 回退的数据　　　　　　　　　　D. 未提交随后又被撤销的数据

9. 在事务的依赖图中,如果两个数据的依赖关系形成一个循环,那么会(　　)。
   A. 出现死锁现象　　　　　　　　　B. 出现活锁现象
   C. 事务执行成功　　　　　　　　　D. 事务执行失败

10. 并发操作导致数据库的不一致性主要有(　　)。

A. 丢失修改　　　　B. 脏读　　　　　C. 不可重复读　　　D. 死锁

11. 若事务 T 对数据对象 A 加上 S 锁,则(　　)。

　　A. 事务 T 可以读 A 和修改 A,其他事务只能再对 A 加 S 锁,而不能加 X 锁

　　B. 事务 T 可以读 A 但不能修改 A,其他只能再对 A 加 S 锁,而不能加 X 锁

　　C. 事务 T 可以读 A 但不能修改 A,其他能对 A 加 S 锁和 X 锁

　　D. 事务 T 可以读 A 和修改 A,其他事务能对 A 加 S 锁和 X 锁

12. 若事务 T_1 对数据 D_1 已加排它锁,事务 T_2 对数据 D_2 已加共享锁,那么事务 T_2 对数据 D_1(　　)。

　　A. 加共享锁成功,加排它锁失败　　　　B. 加排它锁成功,加共享锁失败

　　C. 加共享锁、排它锁都成功　　　　　　D. 加共享锁、排它锁都失败

13. 若事务 T_1 对数据 D_1 已加排它锁,事务 T_2 对数据 D_2 已加共享锁,那么事务 T_1 对数据 D_2(　　)。

　　A. 加共享锁成功,加排它锁失败　　　　B. 加排它锁成功,加共享锁失败

　　C. 加共享锁、排它锁都成功　　　　　　D. 加共享锁、排它锁都失败

14. 事务 T_1 读取数据 A 后,数据 A 又被事务 T_2 所修改,事务 T_1 再次读取数据 A 时,与第一次所读值不同。这种不一致被称为不可重复读,其产生的原因是破坏了事务 T_1 的(　　)。

　　A. 原子性　　　　B. 一致性　　　　C. 隔离性　　　　D. 持久性

15. 事务的等待图出现环,使得环中的所有事务无法执行下去,这类故障属于事务故障,解决办法是选择环中最小代价的事务进行撤销,再将其置入事务队列稍后执行。假如选中 T_1,在 T_1 撤销过程中需要对其进行(　　)操作。

　　A. UNDO　　　　　　　　　　　　B. REDO

　　C. UNDO+REDO　　　　　　　　　D. REDO+UNDO

16. 若系统存在一个等待事务集 $\{T_0, T_1, T_2, \cdots, T_n\}$,其中 T_0 正在等待 T_1 解锁数据项 D_1,T_1 正在等待 T_2 解锁数据项 D_2,$\cdots$,T_n 正在等待 T_0 解锁数据项 D_0,则系统处于(　　)的工作状态。

　　A. 循环　　　　　B. 死锁　　　　　C. 组合　　　　　D. 多态

17. 一级封锁协议解决了事务并发操作带来的(　　)不一致性的问题。

　　A. 读"脏"数据　　　　　　　　　　B. 数据重复修改

　　C. 数据丢失修改　　　　　　　　　　D. 数据不可重复读

18. 两个事务 T_1、T_2 有如下调度,产生的不一致是(　　)。

T_1	T_2
	read(A);
	temp=A*02;
	A=A−temp;
read(A);	
A=A−20;	
write(A);	
	write(A);

　　A. 丢失修改　　　　B. "脏"读　　　　C. 不可重复读　　　D. 死锁

附 录

附录 A SQL Server 中的常用函数和常用全局变量

SQL Server 中的常用函数和常用全局变量如附表 A-1～附表 A-9 所示。

附表 A-1 常用聚合函数

函 数 名	函 数 功 能	应 用 示 例
count()	计数函数,返回行数。count(*)：统计所有满足条件的行数；count(列名)：统计满足条件且该列值不为空的行数	语句：SELECT count(*) FROM Student 功能：统计 Student 表中有多少条记录(学生数量) 语句：SELECT count(Sno) FROM Student WHERE Sex = '女' 功能：统计 student 表中有多少女学生
avg()	求平均数函数,参数只能是数值型	语句：SELECT avg(grade) FROM SC 功能：计算 SC 表中的平均成绩 语句：SELECT avg(grade) FROM SC WHERE Cno = 1 功能：计算 SC 表中 1 号课程的平均成绩
max()	求最大值函数,参数可以是数值型,也可以是字符型等	语句：SELECT max(grade) FROM SC WHERE Cno = 1 功能：计算 SC 表中 1 号课程的最高分
min()	求最小值函数,参数可以是数值型,也可以是字符型等	语句：SELECT min(grade) FROM SC WHERE Cno = 1 功能：计算 SC 表中 1 号课程的最低分
sum()	求总和函数,参数只能是数值型	语句：SELECT sum(hours) FROM course WHERE Semester = 1 功能：计算第一学期开设课程的总学时

附表 A-2 常用字符串函数

函 数 名	函 数 功 能	应 用 示 例
len(字符表达式)	计算字符串长度,不含尾部空格	语句：SELECT len('12345asc ') 结果：8 语句：SELECT BookName, len(BookName) 字数 FROM bookDB.dbo.books 结果： 　BookName　　　　字数 1　数据库系统概论　　7 2　C语言程序设计　　7

续表

函 数 名	函数功能	应用示例
left(字符表达式,整数)	截取从左侧开始指定位数的子字符串	语句：SELECT left(readername,1) as 姓 FROM bookDB.dbo.readers 结果： 　姓 1　田 2　李
right(字符表达式,整数)	截取从右侧开始指定位数的子字符串	语句：SELECT right('美好的世＊界',3) 结果：世＊界 说明：取右侧3个汉字或字符 语句：SELECT right('美好的世＊界',1) 结果：界 说明：取右侧1个汉字或字符
substring(字符表达式,起始位置,n)	从任意位置取子串,截取从起始位置开始的 n 个字符	语句：SELECT substring('美好的世＊界',2,2) 结果：好的 说明：从第2位起取两个汉字或字符
upper(字符表达式)	将字符表达式中的所有小写字母转换为大写	语句：SELECT upper('你好 aBc') 结果：你好 ABC
lower(字符表达式)	将字符表达式中所有大写字母转换为小写	语句：SELECT lower('你好 aBc') 结果：你好 abc
ltrim(字符表达式)	去掉字符表达式左侧(前面)的空格	语句：SELECT 'hi,'＋ltrim('　你好　')＋'!' 结果：hi,你好　! 说明：去掉前面的空格 语句：SELECT 'hi,'＋'　你好　'＋'!' 结果：hi,　你好　! 说明：未去空格的效果
rtrim(字符表达式)	去掉字符表达式右侧(尾部)的空格	语句：SELECT 'hi,'＋rtrim('　你好　')＋'!' 结果：hi,　你好! 说明：去掉后面的空格
charindex(字符表达式1,字符表达式2,[起始位置])	返回字符表达式1在字符表达式2中的开始位置,从给出的起始位置开始找,如果省略起始位置或起始位置为负数或0,从第一位找起	语句：SELECT charindex('@','12@3.com',5) 结果：0 说明：第5个字符以后没有@ 语句：SELECT charindex('@','12@3.com') 结果：3 说明：@在第三个字符 语句：SELECT charindex('@','12@3.com',－1) 结果：3
space(n)	返回 n 个空格组成的字符串, n 是整数	语句：SELECT 'a'＋space(5)＋'b' 结果：a　　　　　b 说明：中间加了5个空格

续表

函 数 名	函数功能	应用示例
Replicate(字符表达式,n)	将字符表达式重复 n 次	语句：SELECT Replicate('@1', 3) 结果：@1@1@1 说明：重复了 3 次 语句：SELECT Replicate('@1', 5) 结果：@1@1@1@1@1 说明：重复了 5 次
Reverse（字符表达式）	返回字符串的逆序，可用于加密	语句：SELECT Reverse('abcde') 结果：edcba
stuff(字符表达式1,n,m,字符表达式2)	将字符表达式 1 中第 n 位开始的 m 个字符替换为字符表达式 2	语句：SELECT stuff('abcde', 3, 2, '好') 结果：ab 好 e 说明：替换第 3 位开始的两个字符 语句：SELECT stuff('abcde', 2, 1, '好') 结果：a 好 cde
Replace(字符表达式1，字符表达式2，字符表达式3)	将字符表达式 1 中的字符表达式 2 子串替换为字符表达式 3	语句：SELECT Replace('abcd', 'bc', '天') 结果：a 天 d 说明：将 BC 替换为天 语句：SELECT Replace('abcd', 'cc', '天') 结果：abcd 说明：未找到 cc,不替换

附表 A-3　常用数学函数

函 数 名	函数功能	应用示例
Abs(数值表达式)	返回数值表达式的绝对值	语句：SELECT Abs(−100.11) 结果：100.11 语句：SELECT Abs(100.11) 结果：100.11
Round（数值表达式,n）	将数值表达式四舍五入为 n 所给定的精度	语句：SELECT Round(100.1357, 1) 结果：100.1000 语句：SELECT Round(100.1357, 2) 结果：100.1400 语句：SELECT Round(100.1357, 3) 结果：100.1360
Ceiling(数值表达式)	返回大于或等于数值表达式值的最小整数	语句：SELECT Ceiling(−100.11) 结果：−100 语句：SELECT Ceiling(100.11) 结果：101
Floor(数值表达式)	返回小于或等于数值表达式值的最大整数	语句：SELECT Floor(−100.11) 结果：−101 语句：SELECT Floor(100.11) 结果：100

续表

函 数 名	函数功能	应用示例
Sqrt(数值表达式)	返回数值表达式的平方根	语句：SELECT Sqrt(4) 结果：2 说明：2 的平方 = 4
Power(数值表达式,n)	返回数值表达式的 n 次方	语句：SELECT Power(4，3) 结果：64 说明：4 的 3 次方 = 64
Rand([种子])	返回 float 类型随机数，数值范围为 0～1。种子是整数表达式，不同种子产生不同的随机数，省略[种子]可由系统默认	语句：SELECT Rand() 某一个结果：0.732331298228979 语句：SELECT Rand(1) 结果：0.713591993212924 语句：SELECT Rand(2) 结果：0.713610626184182 语句：SELECT Rand(datepart(SS，GETDATE())) 功能：以当前时间的秒数作种子，产生真随机数
Isnumeric(表达式)	判断表达式中的内容是否都是数字，1 表示是，0 表示不是	语句：SELECT Isnumeric('122') 结果：1 语句：SELECT Isnumeric('12k') 结果：0
sign(数值表达式)	判断数值表达式的正负，1 表示正，-1 表示负，0 表示 0	语句：SELECT Sign(10) 结果：1 语句：SELECT Sign(-10) 结果：-1 语句：SELECT Sign(0) 结果：0
Pi()	PI 函数	语句：SELECT Pi() 结果：3.14159265358979
sin(float 表达式)	返回指定角度（以弧度为单位）的三角正弦值	语句：SELECT sin(1) 结果：0.841470984807897
cos(float 表达式)	返回指定角度（以弧度为单位）的三角余弦值	语句：SELECT cos(1) 结果：0.54030230586814
tan(float 表达式)	返回指定角度（以弧度为单位）的三角正切值	语句：SELECT tan(1) 结果：1.5574077246549
cot(float 表达式)	返回指定角度（以弧度为单位）的三角余切值	语句：SELECT cot(1) 结果：0.642092615934331
log(float 表达式)	计算以 2 为底的自然对数	语句：SELECT log(1) 结果：0 语句：SELECT log(5) 结果：1.6094379124341

续表

函 数 名	函 数 功 能	应 用 示 例
log10(float 表达式)	计算以 10 为底的自然对数	语句：SELECT log10(1) 结果：0 语句：SELECT log10(5) 结果：0.698970004336019 语句：SELECT log10(10) 结果：1

附表 A-4　常用日期函数

函 数 名	函 数 功 能	应 用 示 例
Getdate()	返回服务器当前系统日期和时间	语句：SELECT Getdate() 某一时刻结果：2022-05-26 22:43:44.450
Year(日期)	返回日期中"年"所代表的数值，返回值是数值型	语句： SELECT BorrowerDate, Year(BorrowerDate) as 年, Month(BorrowerDate) as 月, Day(BorrowerDate) as 日 FROM bookDB.dbo.borrow 结果： | BorrowerDate | 年 | 月 | 日 | | 2015-10-01 20:00:41.077 | 2015 | 10 | 1 | | 2016-08-01 23:00:49.060 | 2016 | 8 | 1 |
Month(日期)	返回日期中"月"所代表的数值，返回值是数值型	
Day(日期)	返回日期中"日"所代表的数值，返回值是数值型	
Datename(日期元素,日期)	返回日期的文本表示，格式由日期元素指定，返回值是字符型	语句： SELECT BorrowerDate, Datename(yy, BorrowerDate) as 年, Datename(mm, BorrowerDate) as 月, Datename(dd, BorrowerDate) as 日 FROM bookDB.dbo.borrow 结果：同上
Datepart(日期元素,日期)	返回日期的整数值，格式由日期元素指定，返回值是数值型	语句： SELECT BorrowerDate, Datepart(yy, BorrowerDate) as 年, Datepart(mm, BorrowerDate) as 月, Datepart(dd, BorrowerDate) as 日 FROM bookDB.dbo.borrow 结果：同上

续表

函 数 名	函 数 功 能	应 用 示 例
Datediff(日期元素, 日期1, 日期2)	返回两个日期之间的时间间隔,格式由日期元素指定,返回值是数值型 示例说明:计算未归还图书的已经借书天数	语句: SELECT BorrowerDate 借书日期, getdate() 今天日期, Datediff(dd, BorrowerDate, getdate()) 借书天数 FROM bookDB.dbo.borrow WHERE ReturnDate is null 结果: 1 2015-10-01 20:00:41.077 2016-08-02 00:49:33.013 306 2 2016-08-01 23:00:49.060 2016-08-02 00:49:33.013 1
Dateadd(日期元素,数值,日期)	返回增加一个时间间隔后的日期结果,格式由日期元素指定,返回值是日期型 示例说明:借书期限是20天,计算应还书日期	语句: SELECT BorrowerDate 借书日期, 　Dateadd(dd, 20, BorrowerDate) 应还日期 FROM bookDB.dbo.borrow 结果: 1 2015-10-01 20:00:41.077 2015-10-21 20:00:41.077 2 2016-08-01 23:00:49.060 2016-08-21 23:00:49.060
Isdate(表达式)	判断表达式中内容是否是有效的日期格式,1 表示是,0 表示不是	语句:SELECT Isdate(GETDATE()) 结果:1 语句:SELECT Isdate('11-1-1') 结果:1 语句:SELECT Isdate('11-40-40') 结果:0

附表 A-5　日期元素及其缩写和取值范围

日 期 元 素	缩写	取 值	日 期 元 素	缩写	取 值
Year:年份	yy	1753~9999	Weekday:工作日	dw	1~7
Quarter:季节	qq	1~4	Hour:时	hh	0~23
Month:月份	mm	1~12	Minute:分	mi	0~59
Day:日	dd	1~31	Second:秒	ss	0~59
day of year:某年的一天	dy	1~366	Millisecond:毫秒	ms	0~999
Week:星期	wk	0~52			

附表 A-6　常用转换函数

函 数 名	函 数 功 能	应 用 示 例
ASCII(字符表达式)	返回最左侧字符的 ASCII 码	语句:SELECT ASCII('abc') 结果:97 语句:SELECT ASCII('a') 结果:97

续表

函　数　名	函数功能	应用示例
CHAR(整数)	将整数作为 ASCII 码转换成对应的字符,如果输入不在 0~255 范围内,返回 NULL	语句:SELECT char(97) 结果:a 语句:SELECT char(65) 结果:A 语句:SELECT char(297) 结果:NULL 语句:SELECT char(-10) 结果:NULL
STR(数值表达式[,n[,m]])	将数值表达式转换为字符型,n 表示字符总长度,m 表示其中小数位数。如果省略 n、m 则只转换整数部分,默认为 10 位,左侧空格补位;如果 n 小于整数位数,则返回 *	语句:SELECT str(12.45) 结果:　　　　12 说明:长度 10 位,无小数,8 个空格 语句:SELECT str(12.45,5) 结果:　　　12 说明:长度 5 位,无小数,3 个空格 语句:SELECT str(12.45,5,1) 结果:　12.4 说明:长度 5 位,保留 1 位小数,1 个空格 语句:SELECT str(12.45,5,2) 结果:12.45 说明:长度 5 位,保留 2 位小数,无空格 SELECT str(12.45,1) 结果:* 说明:位数不足整数位
CAST(表达式 AS 目标数据类型)	将表达式转换为目标数据类型,表达式是任何有效表达式,数据类型是系统数据类型,不可以是用户自定义数据类型	语句:SELECT Cast(GETDATE() as CHAR) 结果:05 26 2022 11:03PM 说明:示例演示日期是 2022 年 5 月 26 日
CONVERT(目标数据类型,表达式[,日期样式])	将一种数据类型的表达式转换为另一种数据类型的表达式,与 Cast 功能类似,但可以指定数据样式	语句:SELECT convert(char,GETDATE()) 结果:05 26 2022 11:05PM 语句:SELECT convert(char,GETDATE(),1) 结果:05/26/22 语句:SELECT convert(char,GETDATE(),2) 结果:22.05.26 SELECT convert(char,GETDATE(),102) 结果:2022.05.26 说明:演示日期是 2022 年 5 月 26 日

续表

函 数 名	函 数 功 能	应 用 示 例
ISNULL（可能空的值，指定的值）	判断值为空时用指定的值替换	语句： SELECT bookname，booktype， ISNULL(booktype，'待定') as 替换空值 FROM bookDB.dbo.books 结果： | bookname | booktype | 替换空值 | | 1 数据库系统概论 | 计算机类 | 计算机类 | | 2 细节决定成败 | 综合类 | 综合类 | | 3 C语言程序设计 | NULL | 待定 |

附表 A-7 CONVERT()函数用到的日期样式取值

不带世纪位(yy)	带世纪位(yyyy)	标　准	输入/输出格式
—	0 或 100	默认设置	mon dd yyyy hh：mi AM/PM
1	101	美国	mm/dd/yyyy
2	102	ANSI	yy.mm.dd
3	103	英国/法国	dd/mm/yy
4	104	德国	dd.mm.yy
5	105	意大利	dd-mm-yy
6	106	—	dd mon yyy
7	107	—	mon dd，yy
8	108	—	hh：mm：ss
—	9 或 109	默认值+毫秒	mon dd yyyy hh：mi：ss：mmmm AM/PM

附表 A-8 常用系统函数

函 数 名	函 数 功 能	应 用 示 例
CURRENT_USER	返回当前数据库用户的名称	语句：SELECT CURRENT_USER 参考结果：dbo 说明：作者正在使用 dbo
HOST_ID()	返回数据库服务器端计算机的 ID	语句：SELECT HOST_ID() 参考结果：25036
HOST_NAME()	返回数据库服务器端的主机名称	语句：SELECT HOST_NAME() 参考结果：LAPTOP-NMGPMIMM
user_ID()	返回用户的数据库 ID	语句：SELECT user_ID() 参考结果：1
user_name()	返回用户的数据库用户名	语句：SELECT user_name() 参考结果：dbo
suser_sID()	返回服务器用户的安全账户号	语句：SELECT suser_sID() 参考结果：0x01
suser_name()	返回服务器用户的登录名	语句：SELECT suser_name() 参考结果：sa
DB_ID()	返回当前正在使用的数据库 ID	语句：SELECT DB_ID() 参考结果：7 说明：bookDB 数据库 ID 是 7

续表

函数名	函数功能	应用示例
DB_NAME()	返回当前正使用的数据库名称	语句：SELECT DB_NAME() 参考结果：bookDB
APP_NAME()	返回当前回话的应用程序名称（假设应用程序进行了设置）	语句：SELECT APP_NAME() 参考结果：Microsoft SQL Server Management Studio-查询
OBJECT_ID(对象名)	返回架构范围内对象的数据库对象标识号	语句： USE bookDB GO SELECT OBJECT_ID('readers') 参考结果：229575856
OBJECT_NAME(对象名ID)	返回架构范围内对象的数据库对象名称，与"OBJECT_ID（对象名）"相对应	语句：SELECT OBJECT_name('229575856') 结果：readers
COL_NAME(表标识号,列标识号)	返回指定的对应表标识和列标识号的列名称	语句：SELECT COL_NAME(229575856,1) 结果：ReaderID 说明：readers表的第一个列是ReaderID
COL_LENGTH(表名,列名)	返回列定义的长度（以字节为单位）	语句：SELECT COL_LENGTH('readers','SEX') 结果：2 说明：readers表的SEX字段定义为char(2)

附表 A-9 常用全局变量

全局变量	功能
@@CONNECTIONS	返回 SQL Server 自上一次启动以来尝试的连接数
@@CPU_BUSY	返回 SQL Server 自上一次启动后的工作时间，单位为毫秒
@@CURSOR_ROWS	返回打开游标的记录行数，0 表示没有打开的游标
@@DATEFIRST	返回 SET DATEFIRST 参数的当前值
@@DBTS	返回当前数据库的当前 timestamp 数据类型的值
@@ERROR	返回执行上一条 SQL 语句的错误代码
@@FETCH_STATUS	返回被 FETCH 语句执行的最后游标的状态，0 为 FETCH 成功，-1 为 FETCH 失败，-2 为 FETCH 的行不存在
@@IDENTITY	返回最新插入的 IDENTITY 标识列的值
@@IDLE	返回 SQL Server 自上一次启动后的空闲时间，单位为毫秒
@@IO_BUSY	返回 SQL Server 自上一次启动后，CPU 处理输入和输出操作的时间，单位为毫秒
@@LANGID	返回当前所使用语言的 ID
@@LANGUAGE	返回当前所使用语言的名称
@@LOCK_TIMEOUT	返回当前的锁定超时设置，单位为毫秒
@@MAX_CONNECTIONS	返回允许用户同时连接的最大用户数目
@@MAX_PRECISION	返回当前服务器设置的 decimal 和 numeric 数据类型的使用精度
@@NESTLEVEL	返回当前存储过程的嵌套层数
@@OPTIONS	返回当前 SET 选项信息
@@PACK_ERRORS	返回 SQL Server 自上一次启动后，网络数据包的错误数目

续表

全 局 变 量	功 能
@@PACK_RECEIVED	返回 SQL Server 自上一次启动后从网络读取的输入数据包数
@@PACK_SENT	返回 SQL Server 自上一次启动后从网络发送的输出数据包数
@@PROCID	返回当前存储过程的标识符
@@REMSERVER	返回注册记录中显示的远程数据库名称
@@ROWCOUNT	返回受上一条语句影响的行数
@@SERVERNAME	返回本地运行 SQL Server 的数据库服务器的名称
@@SERVICENAME	返回 SQL Server 运行时的注册名称
@@SPID	返回服务器处理标识符
@@TEXTSIZE	返回 TEXTSIZE 选项的设置值
@@TIMETICKS	返回一个计时单位的微秒数,操作系统的一个计时单位是 31.25ms
@@TOTAL_ERRORS	返回 SQL Server 自上一次启动后磁盘读写错误的次数
@@TOTAL_READ	返回 SQL Server 自上一次启动后的读取磁盘次数
@@TOTAL_WRITE	返回 SQL Server 自上一次启动后的写磁盘次数
@@TRANCOUNT	返回当前连接的有效事务数
@@VERSION	返回当前安装的 SQL Server 版本、处理器体系结构、生成日期和操作系统

附录 B SQL Server 中的常用数据类型

SQL Server 中的常用数据类型如附表 B-1 ～附表 B-6 所示。

附表 B-1 字符类型

数据类型	说 明
char [(n)]	固定长度字符型,长度为 n 字节,最多可存 n 个字符或 $n/2$ 个汉字,n 的取值范围为 1～8000,默认长度为 1
varchar [(n)]	可变长度字符型,长度为 n 字节,n 的取值范围为 1～8000,默认长度为 1
nchar [(n)]	固定长度 Unicode 字符型,Unicode 字符集对字符和汉字都采用双字节存储,最多可存 n 个字符或 n 个汉字,n 的取值范围为 1～4000,默认长度为 1
nvarchar [(n)]	可变长度 Unicode 字符型,n 的取值范围为 1～4000,默认长度为 1
text	大量长度的字符型,最多达到 $2^{31}-1=2\,147\,483\,647$ 字节
ntext	大量长度的 Unicode 字符型,最多可达 $(2^{31}-1)/2=1\,073\,741\,823$ 个字符或汉字

附表 B-2 数字类型

数据类型	说 明
bigint	$-2^{63}(-1.8E+19) \sim 2^{63}-1\,(1.8E+19)$ 的整型数,存储长度为 8 字节
int	$-2^{31}(-2\,147\,483\,648) \sim 2^{31}-1(2\,147\,483\,647)$ 的整型数,存储长度为 4 字节
smallint	$-2^{15}(-32\,768) \sim 2^{15}-1\,(32\,767)$ 的整型数,存储长度为 2 字节
tinyint	0～255 的整型数,存储长度为 1 字节
float	浮点型,从 $-1.79E+308$ 到 $1.79E+308$,存储长度为 8 字节
real	浮点精度型,从 $-3.40E+38$ 到 $3.40E+38$,存储长度为 4 字节

续表

数据类型	说　明
bit	整数型，值为 1 或 0，存储长度为 1 位
numeric(p,s)	固定精度和小数的数字型，取值范围为 $-10^{38}+1 \sim 10^{38}-1$。$p$ 是总的数字位数，取值范围为 $1 \sim 38$。s 是小数位数，取值范围为 $0 \sim p$。numeric 与 decimal 数据类型在功能上等效
decimal(p,s)	固定精度和小数的数字型，取值范围为 $-10^{38}+1 \sim 10^{38}-1$。$p$ 是总的数字位数，取值范围为 $1 \sim 38$。s 是小数位数，取值范围为 $0 \sim p$。存储长度为 19 字节

附表 B-3　日期类型

数据类型	说　明	精　度
date	日期型，4 字节，无时间，1753 年 1 月 1 日到 9999 年 12 月 31 日，SQL Server 2008 版新增的数据类型	1 天
datetime	日期时间型，8 字节，1753 年 1 月 1 日到 9999 年 12 月 31 日	3.33 毫秒
smalldatetime	日期时间型，4 字节，1900 年 1 月 1 日到 2079 年 6 月 6 日	1 分钟
time	时间型，不存日期，只存时分秒，SQL Server 2008 版新增的数据类型	1 毫秒

附表 B-4　货币类型

数据类型	说　明
money	$-2^{63}(-922\,337\,203\,685\,477.5808) \sim 2^{63}-1(922\,337\,203\,685\,477.580\,7)$，存储长度为 8 字节
smallmoney	$-2^{31}(-214\,748.364\,8) \sim 2^{31}-1(214\,748.364\,7)$，存储长度为 4 字节

附表 B-5　字节二进制和图像类型

数据类型	说　明
binary [(n)]	n 字节的固定长度二进制数据，n 的取值范围为 $1 \sim 8000$ 字节，默认长度为 1
varbinary [(n)]	可变长度二进制数据。n 的取值范围为 $1 \sim 8000$，默认长度为 1
Image	变长度二进制数据。最长为 $2^{30}-1(2\,147\,483\,647)$ 字节

附表 B-6　其他数据类型

数据类型	说　明
UniqueIdentifier	可存储 16 字节的二进制值，其作用与全局唯一标记符（GUID）一样，GUID 是唯一的二进制数
TimeStamp	当插入或者修改行时，自动生成的唯一的二进制数字的数据类型
Cursor	允许在存储过程中创建游标变量，游标允许一次一行地处理数据，这个数据类型不能用作表中的列数据类型
Table	一种特殊的数据类型，用于存储结果集以进行后续处理
XML	XML 数据类型，可以在列中或 XML 类型变量中存储 XML 实例

附录 C SQL Server 中的常用运算符

SQL Server 中的常用运算符如附表 C-1～附表 C-8 所示。

附表 C-1 算数运算符

运算符	含 义	应 用 示 例
＋	加	语句：SELECT 2＋5 结果：7 语句：SELECT 2.00＋5 结果：7.00
－	减	语句：SELECT 2－5 结果：－3 语句：SELECT 2.00－5 结果：－3.00
＊	乘	语句：SELECT 2＊5 结果：10 语句：SELECT 2.00＊5 结果：10.00
/	除	语句：SELECT 2/5 结果：0 语句：SELECT 2.0/5 结果：0.400000
％	取模，返回除法运算的余数	语句：SELECT 14％5 结果：4 语句：SELECT 14％5.0 结果：4.0

附表 C-2 字符运算符

运算符	含 义	应 用 示 例
＋	将两个字符串连接成一个新的字符串	语句：SELECT '123'＋'ABC' 结果：123ABC 语句：SELECT '123 '＋'ABC' 结果：123 ABC

附表 C-3 赋值运算符

运算符	含 义	应 用 示 例
＝	唯一的赋值运算符	语句：DECLARE @i int 说明：定义变量 语句：SET @i ＝ 10 说明：为变量赋值

附表 C-4　逻辑运算符

运算符	含义
ALL	如果一组比较结果都为 TRUE,结果就为 TRUE
AND	如果两个布尔表达式都为 TRUE,结果就为 TRUE
ANY	如果一组比较结果中任何一个为 TRUE,结果就为 TRUE
BETWEEN	如果操作数在该范围之内(含边界值),结果就为 TRUE
EXISTS	如果子查询包含一些行,结果就为 TRUE
IN	如果操作数等于表达式列表中的一个,结果就为 TRUE
LIKE	如果操作数与一种模式相匹配,结果就为 TRUE
NOT	对任何其他布尔运算符的值取反
OR	如果两个布尔表达式中的一个为 TRUE,结果就为 TRUE
SOME	如果在一组比较中,有些为 TRUE,结果就为 TRUE

附表 C-5　比较运算符

运算符	含义
=	判断是否相等
>	大于
<	小于
>=	大于或等于
<=	小于或等于
<>	不等于
!=	不等于(非 SQL-92 标准)
!<	不小于(非 SQL-92 标准)
!>	不大于(非 SQL-92 标准)

附表 C-6　位运算符

运算符	含义
&(位与)	按位与运算(两个操作数)
|(位或)	按位或运算(两个操作数)
^(位异或)	按位异或运算(两个操作数)

附表 C-7　一元运算符

运算符	含义
+(正)	正数的符号
-(负)	负数的符号
~(位非)	返回数字的非

附表 C-8　运算符优先级

级别	运算符
1	~(位非)、+(正)、-(负)
2	*(乘)、/(除)、%(取模)
3	+(加)、-(减)、&(位与)

续表

级别	运 算 符
4	=、>、<、>=、<=、<>、!=、!>、!<（比较运算符）
5	|（位或）、^（位异或）
6	NOT
7	AND
8	ALL、ANY、BETWEEN、IN、LIKE、OR、SOME
9	=（赋值）

附录 D SQL Server 中的常用 SET 命令

1. SET ANSI_DEFAULTS {ON | OFF}

将一组与 SQL Server 的运行环境有关的选项设置为 SQL-92 标准。

2. SET ANSI_NULL_DFLT_OFF {ON | OFF}

当数据库选项 ANSI null default 被设置为 true 时，该 SET 命令用来确定是否忽略新列的空默认值。

3. SET ANSI_NULLS {ON | OFF}

表示当使用 null 值时，对于 SQL-92 标准而言，等于或不等于操作是否有效。

4. SET ANSI_WARNINGS {ON | OFF}

指出在 SQL-92 标准中，出现以下情况是否给出错误警告信息：在 SUM、AVG 等聚合函数中有空值存在、把零作为除数或出现算术溢出错误。

5. SET ARITHABORT {ON | OFF}

设置在查询处理过程中如果出现溢出错误或者把零作为除数，查询处理是否该终止。ON 表示终止查询；OFF 表示返回一个警告信息，并对进行算术运算的列，在结果集中赋值为零。

6. SET ARITHIGNORE {ON | OFF}

主要用来决定是否返回因算术溢出或把零作为除数而产生的错误信息。

7. SET CONCAT_NULL_YIELDS_NULL {ON | OFF}

用来决定在将多个字符串串联后，其结果是否为空值（null）或空格字符串。

8. SET CURSOR_CLOSE_ON_COMMIT {ON | OFF}

用来决定在事务提交时是否关闭游标。

9. SET CURSORTYPE {CUR_BROWSE | CUR_STANDARD}

指定使用游标标准或浏览型游标。

10. SET DATEFIRST {number | @number_var}

指定每周的每一天是星期几。

11. SET DATEFORMAT {format | @format_var}

指定 datetime 或 smalldatetime 类型数据的显示格式。

12. SET DEADLOCK_PRIORITY {LOW | NORMAL | @deadlock_var}

指定发生死锁时，当前连接所做出的反应。LOW 表示当前会话中的事务将回滚，同时向客户端返回死锁的错误信息。NORMAL 表示会话返回默认的死锁处理方法。

13. SET FIPS_FLAGGER level

指定检查基于 SQL-92 标准的 FIPS 127-2 标准的兼容性水平。

14. SET FMTONLY {ON | OFF}

表示是否仅向客户端返回元数据。

15. SET FORCEPLAN {ON | OFF}

使查询优化器按照 SELECT 语句中 FROM 从句中的表所出现的先后顺序来处理连接查询。

16. SET IDENTITY_INSERT [database.[owner.]]{table} {ON | OFF}

允许使用 INSERT 语句向表的 INDENTITY 列插入新值。

17. SET IMPLICIT_TRANSACTIONS {ON | OFF}

为连接设置隐式事务模式。

18. SET LANGUAGE {[N]'language' | @language_var}

定义使用哪一种语句环境。

19. SET LOCK_TIMEOUT timeout_period

定义释放锁前的等待时间,其单位为微秒。

20. SET NOCOUNT {ON | OFF}

在执行 SQL 语句后的信息中包含一条表示该 SQL 语句所影响的行数信息,使用该 SET 命令且设置为 ON 时,将不显示该行数信息。

21. SET NOEXEC {ON | OFF}

编译每条查询语句,但并不执行它。

22. SET NUMERIC_ROUNDABORT {ON | OFF}

如果在某一表达式中的数值精度降低,则该命令用来决定是否产生一条错误信息。

23. SET OFFSETS keyword_list

返回 T-SQL 语句中指定关键字的偏移量。

24. SET OPTION {QUERYTIME | LOGINTIME | APPLICATION | HOST} value

为查询处理选项设置相应的数值。

25. SET PARSEONLY {ON | OFF}

检查每一条 T-SQL 语句的语法并返回未编译或执行的语句的错误信息。

26. SET PROCID {ON | OFF}

在返回存储过程的结果集前首先返回该存储过程的标识 ID。

27. SET QUERY_GOVERNOR_COST_LIMIT value

表示不考虑为当前连接设置的各选项值。

28. SET QUOTED_IDENTIFIER {ON | OFF}

表示要求 SQL Server 按照 SQL-92 有关标准来用引号划分标识符和字符串。

29. SET REMOTE_PROC_TRANSACTIONS {ON | OFF}

指定可以在本地事务中调用存储过程,通过 MS DTC 启动分发式事务。

30. SET ROWCOUNT {number | @number_var}

要求 SQL Server 在返回指定结果行后便停止查询处理。

31. SET SHOWPLAN_ALL {ON | OFF}

不执行语句,而是返回有关 T-SQL 语句如何执行以及估计执行这些语句大致需要多少资源的详细信息。

32. SET SHOWPLAN_TEXT {ON | OFF}

不执行语句,而是返回有关 Transact-SQL 语句如何执行的详细信息。

33. SET STATISTICS IO {ON | OFF}

设置是否要求显示有关磁盘活动数量的详细信息。

34. SET STATISTICS PROFILE {ON | OFF}

设置示波器返回某一语句的跟踪信息。

35. SET STATISTICS TIME {ON | OFF}

设置是否显示每条语句在解析、编译以及执行时所需要的时间。

36. SET TEXTSIZE {number | @number_var}

设置 SELECT 语句所返回的 text 或 ntext 类型数据的大小。

37. SET TRANSACTION ISOLATION LEVEL

{ READ COMMITTED | READ UNCOMMITTED | REPEATABLE READ | SERIALIZABLE }

用来定义事务的缺省锁行为。

38. SET XACT_ABORT{ON | OFF}

用来决定如果 T-SQL 语句产生错误,SQL Server 是否自动回滚当前事务。

附录 E SQL Server 中常用的系统存储过程

SQL Server 中常用的系统存储过程如附表 E 所示。

附表 E 常用系统存储过程

系统存储过程	说明	运行示例
sp_addlogin	创建登录账户	语句:sp_addlogin '登录账户名','密码','默认数据库名'
sp_password	修改 SQL Server 登录账户的密码	语句:sp_password '旧密码','新密码','登录账户名'
sp_defaultdb	修改 SQL Server 登录账户的默认数据库	语句:sp_defaultdb '登录账户名','访问的数据库'
sp_droplogin	删除 SQL Server 登录账户	语句:sp_droplogin '登录账户名'
sp_adduser	使用系统存储过程创建数据库用户	语句:sp_adduser '登录账户名','数据库用户名'
sp_dropuser	使用系统存储过程删除数据库用户	语句:sp_dropuser '数据库用户名'
sp_databases	列出服务器上的所有数据库	如附图 E-1
sp_depends	查看触发器所依赖的表,或者查看表上创建的所有触发器、自定义函数、存储过程等	语句:sp_depends 触发器名 sp_depends 表名 如附图 E-2

续表

系统存储过程	说明	运行示例
sp_describe_cursor	查看服务器游标的属性信息	语句：sp_describe_cursor 声明的游标变量 OUTPUT,global，要查看的游标名
sp_rename	在当前数据库中更改用户创建的对象名称,此对象可以是表、索引、列名等	修改表名语句：sp_rename 原表名,新表名 修改列名语句：sp_rename '表名.原列名','新列名','COLUMN'
sp_renamedb	更改数据库的名称	语句：sp_renamedb 数据库原名,数据库新名
sp_tables	返回当前环境下可查询的对象列表,代表可在 FROM 子句中出现的对象	语句：sp_tables sp_tables 表或视图名 如附图 E-3
sp_columns	回某个表中列的信息	语句：sp_columns 表名 如附图 E-4
sp_helpdb	报告有关指定数据库或所有数据库的信息	语句：sp_helpdb sp_helpdb 数据库名 如附图 E-5
sp_help	报告有关数据库对象、用户定义数据类型或 SQL Server 提供的数据类型的信息	语句：sp_help sp_help 对象名 如附图 E-6
sp_helptext	显示默认值、未加密的存储过程、用户定义的存储过程、触发器或视图的实际文本	语句：sp_helptext 对象名 如附图 E-7
sp_helpconstraint	查看某个表的约束	语句：sp_helpconstraint 对象名
sp_helpindex	查看某个表的索引	语句：sp_helpindex 对象名
sp_stored_procedures	列出当前环境中的所有存储过程列表	语句：sp_stored_procedures
sp_password	为 SQL Server 登录名添加或修改登录账户的密码	语句：sp_password 新密码
sp_who	提供有关 Microsoft SQL Server Database Engine 实例中的当前用户和进程的信息	语句：sp_who

系统存储过程运行效果示例如附图 E-1～附图 E-7 所示。

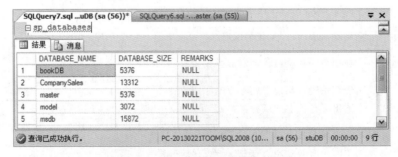

附图 E-1 sp_databases 系统存储过程

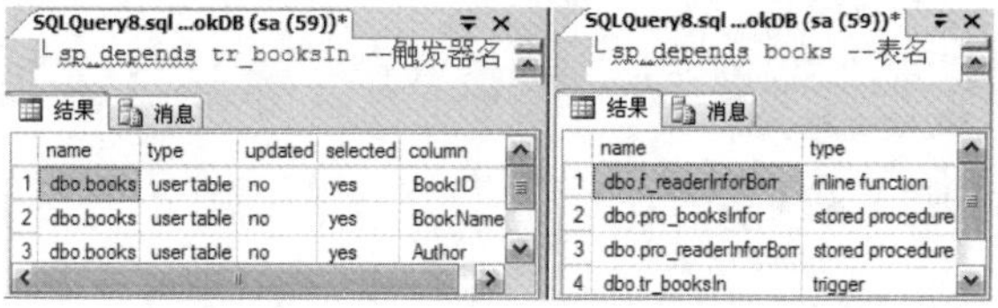

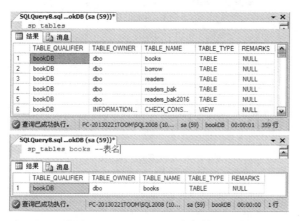

附图 E-2 sp_depends 系统存储过程

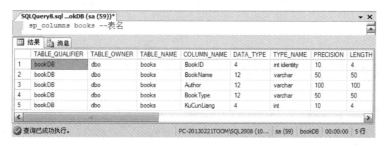

附图 E-3 sp_tables 系统存储过程

附图 E-4 sp_columns 系统存储过程

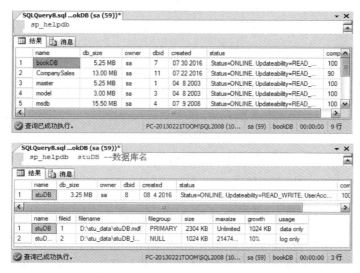

附图 E-5 sp_helpdb 系统存储过程

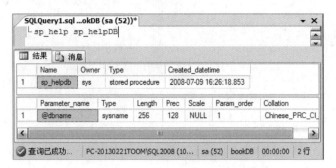

附图 E-6 sp_help 系统存储过程

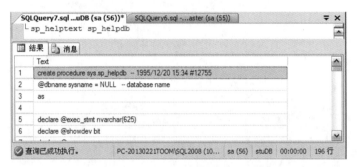

附图 E-7 sp_helptext 系统存储过程

附录 F 课程设计参考题目

1. 机票预定信息系统

航班基本信息：航班编号、飞机名称、机舱等级等。

机票信息：票价、折扣、当前预售状态及经手业务员等。

客户基本信息：姓名、联系方式、证件及号码、付款情况等。

需实现基本信息的录入、修改和删除；需按照一定条件查询、统计符合条件的航班、机票等信息，实现机票的预订、退订功能。

2. 长途汽车信息管理系统

线路信息：出发地、目的地、出发时间、所需时间等。

汽车信息：汽车的种类及相应的票价、最大载客量等。

票价信息：售票情况、查询/打印相应的信息。

需实现基本信息的录入、修改和删除；需按照一定条件查询、统计符合条件的汽车及车票等信息，实现车票的预订、退订功能。

3. 人事信息管理系统

员工各种信息：员工的编号、姓名、性别、学历、所属部门、毕业院校、健康情况、职称、职务、奖惩等。

需实现员工各种信息的录入、修改，对转出、辞退、退休员工信息的删除；需按照一定条件查询、统计符合条件的员工信息。

4．超市会员管理系统

会员的基本信息：姓名、性别、年龄、工作单位、联系方式等。

加入会员的基本信息：成为会员的基本条件、优惠政策、优惠时间等。

会员购物信息：购买物品编号、物品名称、所属种类、数量、价格等。

会员返利信息：会员积分的情况、享受优惠的等级等。

需实现基本信息的录入、修改和删除；能按照一定条件查询符合条件的会员信息；需对货物流量及消费人群进行统计输出。

5．客房管理系统

客房各种信息：客房的类别、当前的状态、负责人等。

客户信息：客户编号、身份证号、入住日期、离开日期、入住房间号等。

实现客房信息的查询和修改，包括按房间号查询住宿情况、按客户信息查询房间状态等；需要实现退房、订房、换房等信息的修改；对查询、统计结果打印输出。

6．药品存销信息管理系统

药品信息：药品编号、药品名称、生产厂家、生产日期、保质期、用途、价格、数量、经手人等。

员工信息：员工编号、姓名、性别、年龄、学历、职务等。

客户信息：客户编号、姓名、联系方式、购买时间、购买药品编号、名称、数量等。

入库和出库信息：当前库存信息、药品存放位置、入库数量和出库数量等。

需实现基本信息的录入、修改和删除；需按照一定条件查询、统计符合条件的药品、客户、入库、出库的信息。

7．学生选课管理信息系统

教师信息：教师编号、教师姓名、性别、年龄、学历、职称、毕业院校、健康状况、专业方向等。

学生信息：学号、姓名、所属院系、已选课数量等。

教室信息：可容纳人数、空闲时间等。

选课信息：课程编号、课程名称、任课教师、选课的学生情况等。

成绩信息：课程编号、课程名称、学分、成绩。

需实现基本信息的录入、修改和删除；需按照一定条件查询，统计学生的选课情况、成绩情况、教师情况和教室情况。

8．图书管理系统

图书信息：图书编号、图书名称、所属类别等。

读者信息：读者编码、姓名、性别、专业等。

借还书信息：图书当前状态、被借还次数、借阅时间等。

需实现基本信息的录入、修改和删除；需按照一定条件查询/统计图书信息、读者信息和借还书信息；能实现借书、还书功能。

9．学生成绩管理系统

学生信息：学号、姓名、性别、专业、年级等。

学生成绩信息：学号、课程编号、课程名称、分数等。

课程信息：课程编号、课程名称、任课教师等。

需实现基本信息的录入、修改和删除功能；需按照一定条件查询，统计学生成绩，但不能任意修改成绩。

10．网上书店管理信息

书籍信息：图书编号、图书种类、图书名称、单价、内容简介等。

购书者信息：购买编号、姓名、性别、年龄、联系方式、购买书的名称等。

购买方式：付款方式、发货手段等。

需实现各种基本信息的录入、修改和删除功能；能根据读者信息查询购书情况、书店的销售情况。

11．教室管理信息系统

教室信息：教室容纳人数、教室空闲时间、教室设备等。

教师信息：教师姓名、教授课程、教师职称、上课时间等。

教室安排信息：何时空闲、空闲的开始时间、空闲的结束时间等。

需实现教师信息、教室信息等基本信息的录入、修改和删除；需按照一定条件查询，统计教室的使用情况。

12．论坛管理信息系统

作者信息：作者昵称、性别、年龄、职业、爱好等。

帖子信息：帖子编号、发帖日期、时间、等级等。

回复信息：回复作者的昵称、回复时间等。

需实现基本信息的录入、修改和删除；需按照一定条件查询，统计作者信息、帖子情况和回复情况。

13．职工考勤管理信息系统

职工信息：职工编号、职工姓名、性别、年龄、职称等。

出勤记录信息：上班打卡时间、下班打卡时间、缺勤记录等。

出差信息：出差起始时间、出差结束时间、统计总计天数等。

请假信息：请假开始时间、请假结束时间、统计请假天数等。

加班信息：加班开始时间、加班结束时间、统计加班总时间。

需实现基本信息的录入、修改和删除；需按照一定条件查询，统计职工的考勤情况和加班情况。

14．个人信息管理系统

通讯录信息：通讯人姓名、联系方式、工作地点、城市、备注等。

备忘录信息：时间、事件、地点等。

日记信息：时间、地点、事情、人物等。

个人财物管理：总收入、消费项目、消费金额、消费时间、剩余资金等。

需实现各种基本信息的录入、修改和删除功能；需按照一定条件查询，统计个人信息和其他相关信息。

15．办公室日常管理信息系统

文件管理信息：文件编号、文件种类、文件名称、存放位置等。

考勤管理：姓名、年龄、职务、日期、出勤情况等。需查询员工的出勤情况。

会议记录：会议时间、参会人、记录员、会议内容等。

办公室日常事务管理：时间、事务、记录人。需按条件查询、统计。

16．轿车销售信息管理系统

轿车信息：轿车的编号、型号、颜色、生产厂家、出厂日期、价格等。

员工信息：员工编号、姓名、性别、年龄、籍贯、学历等。

客户信息：客户名称、联系方式、地址、业务联系记录等。

轿车销售信息：销售日期、轿车类型、颜色、数量、经手人等。

需实现基本信息的录入、修改和删除；需可以查询基本信息，并且可以按条件查询，统计销售情况。

17．高校学生宿舍管理系统

宿舍楼信息：楼号、层数、寝室数等。

学生信息：学号、姓名、性别、院系、班级、所在宿舍号等。

宿舍信息：宿舍号、所在楼号、所在层数、床位数、实际人数等。

宿舍事故信息：宿舍号、事故原因、事故时间、是否解决等。

需实现宿舍信息的添加、修改、删除及查询；实现学生信息的添加、修改、删除及查询；实现宿舍备品及事故的查询等功能。

18．员工工资管理系统

员工基本信息：员工号、性别、出生日期、职称、职务等。

员工考勤信息：员工号、迟到情况、早退情况、旷工情况、请假情况等。

员工工种信息：员工的工种、员工的等级、基本工资等。

员工津贴信息：员工的加班时间、加班类别、加班天数、津贴情况等。

员工月工资：员工号、基本工资、津贴、扣款、应发工资、实发工资等。

要求能够设定员工每个工种的基本工资，能管理加班津贴，根据加班时间和类型给予不同的加班津贴；按照不同工种的基本工资情况、员工的考勤情况产生员工每月的月工资，生成员工的年终奖金，员工的年终奖金计算公式＝（员工本年度的工资总和＋津贴的总和）/12；生成企业工资报表；能够查询单个员工的工资情况、每个部门的工资情况、按月的工资统计。

19．毕业设计管理子系统

学校有若干系，每个系有若干专业，需要通过一个毕业设计管理子系统对毕业设计情况进行管理。每位老师可以申报多个不同的题目，指导多名学生，每名学生只能有一位指导老师，每个学生参加一个课题，每个课题可以由一人或多人完成，不同老师的题目可以相同。

登记毕业设计题目：编号、题目、类型、指导老师等。

老师信息：工号、姓名、性别、职称、所在系、电话等。

学生选题：每位学生可以选择一个题目，进行登记。完成之后指导老师会给学生评定成绩（优秀、良好、中等、及格、不及格）。

20．企业用电管理系统

企业用电管理系统是供电部门对所管辖区域的企业用电进行管理的系统，假设企业全部采用分时电表,分谷(低谷时段)、峰(高峰时段)分别计量。

用电企业:用电企业编号、用电企业名、地址、电话、联系人等。

电价信息:谷电价、峰电价。

用电情况:用电企业编号、谷电量、峰电量、总电量、查表时间、电费等。

系统能够查询各个用电企业的月耗电量及电费,并统计企业年用电情况、电费开支情况;能够统计查询各个用电企业的总的谷电量和峰电量;能够统计该区域的峰谷电量比例及电费情况。

21. 小区物业管理系统

小区有多栋住宅楼,每栋楼有多套房屋,物业公司提供物业管理服务,业主需要按月缴纳物业费。物业公司的日常工作记录在小区物业管理系统中。

楼宇信息:楼号、户数、物业费标准。

房屋信息:楼号、房号、面积、楼层等。

业主信息:身份证号、姓名、性别、工作单位、电话、家庭人口等。

管理员:工号、姓名、性别、年龄、电话等。

物业管理情况:日期、业主、要求、处理情况、负责人。

物业费信息:楼号、房号、缴费日期、起止日期、金额等。

每栋楼的物业费标准相同,不同楼的物业标准可以不同;每栋楼有多位管理员参与管理,每个管理员可以管理多栋楼;每位业主可以拥有多套房屋,每套房屋只能有一个业主。业主的物业管理需求登记在物业管理系统中,要有专人负责处理,并记录处理情况(满意、不满意)。

系统应该可以进行方便的信息登记、调查、查询、统计工作等。

附录 G CompanySales 数据库表中的数据示例

CompanySales 数据库中 7 张表的数据示例如附图 G-1～附图 G-7 所示。

结果 消息

	DepartmentID	DepartmentName	Manager	Depart_Description
1	1	销售部	王丽丽	主管销售
2	2	采购部	李嘉明	主管公司的产品采购
3	3	人事部	蒋柯南	主管公司的人事关系
4	4	后勤部	张绵荷	主管公司的后勤工作

附图 G-1 Department 表中的数据示例

结果 消息

	EmployeeID	EmployeeName	Sex	BirthDate	HireDate	Salary	DepartmentID
1	1	章宏	男	1969-10-28 00:00:00	2005-04-30 00:00:00	3100.00	1
2	2	李立三	女	1980-05-13 00:00:00	2003-01-20 00:00:00	3460.20	1
3	3	王孔若	女	1974-12-17 00:00:00	2000-08-11 00:00:00	3800.80	1
4	4	余杰	男	1973-07-11 00:00:00	2002-09-23 00:00:00	3315.00	1
5	5	蔡慧敏	男	1957-08-12 00:00:00	2001-07-22 00:00:00	3453.70	1
6	6	孔高铁	男	1974-11-17 00:00:00	2000-09-10 00:00:00	3600.50	1

查询已成功执行。 | LAPTOP-NMGPMIMM\sql2008 (10... | LAPTOP-NMGPMIMM\wyiqin... | CompanySales | 00:00:00 | 49 行

附图 G-2 Employee 表中的数据示例

结果 消息

	ProductID	ProductName	Price	ProductStockNumber	ProductSellNumber
1	1	路由器	4.50	100	40
2	2	果冻	1.00	2000	1000
3	3	打印纸	20.00	100	1000
4	4	墨盒	80.00	3400	3000
5	5	鼠标	40.00	4566	4500
6	6	键盘	80.00	500	500

查询已成功执行。 | LAPTOP-NMGPMIMM\sql2008 (10... | LAPTOP-NMGPMIMM\wyiqin... | CompanySales | 00:00:00 | 33 行

附图 G-3 Product 表中的数据示例

结果 消息

	CustomerID	CompanyName	ContactName	Phone	Address	EmailAddress
1	1	三川实业有限公司	刘明	030-88355547	上海市大崇明路 50 ...	guy1@163.com
2	2	远东科技有限公司	王丽丽	030-88355547	大连市沙河区承德...	kevin0@163.com
3	3	坦森行贸易有限...	王炫皓	0321-887555...	上海市黄台北路 78...	roberto0@163.com
4	4	国顶有限公司	方小峰	0571-874655...	杭州市海淀区天府...	rob0@163.com
5	5	通恒机械有限公司	黄国栋	0921-857912...	天津市南开区东园...	robme@163.com
6	6	森通科技有限公司	张孔苗	030-88300584	大连市沙河区常保...	yund@163.com

查询已成功执行。 | LAPTOP-NMGPMIMM\sql2008 (10... | LAPTOP-NMGPMIMM\wyiqin... | CompanySales | 00:00:00 | 37 行

附图 G-4 Customer 表中的数据示例

结果 消息

	ProviderID	ProviderName	ContactName	ProviderAddress	ProviderPhone	ProviderEmail
1.	1	上海友谊卷笔刀有限公司	陈云海	上海市南汇区...	0577-88335572	5er6@mail.zjitc
2.	2	深圳市金丰达科技有限公司	张小平	中国 广东 深...	0577-88335573	hjyu7@mail.zjit
3.	3	文成软件有限公司	汤蓬蓬	福州市嘉禾区...	0569-67349882	liqiu@163.com
4.	4	温州神话软件有限公司	吴慧	温州东游大夏...	0577-89574833	shenghua@16

查询已成功执行。 | LAPTOP-NMGPMIMM\sql2008 (10... | LAPTOP-NMGPMIMM\wyiqin... | CompanySales | 00:00:00 | 4 行

附图 G-5 Provider 表中的数据示例

结果 消息

	SellOrderID	ProductID	SellOrderNumber	EmployeeID	CustomerID	SellOrderDate
1	1	8	200	3	1	2004-03-06 00:00:00
2	2	7	200	3	2	2004-07-06 00:00:00
3	3	8	100	3	2	2004-08-06 00:00:00
4	4	1	200	5	5	2005-09-05 00:00:00
5	5	2	100	15	8	2006-09-01 00:00:00
6	6	3	600	14	20	2006-11-05 00:00:00

查询已成功执行。 | LAPTOP-NMGPMIMM\sql2008 (10... | LAPTOP-NMGPMIMM\wyiqin... | CompanySales | 00:00:00 | 56 行

附图 G-6 Sell_Order 表中的数据示例

结果 消息

	PurchaseOrderID	ProductID	PurchaseOrderNumber	EmployeeID	ProviderID	PurchaseOrderDate
1	1	9	210	18	1	2004-03-16 00:00:00
2	2	8	210	26	2	2004-07-16 00:00:00
3	3	9	110	32	2	2004-08-16 00:00:00
4	4	2	210	7	2	2005-09-15 00:00:00
5	5	3	110	26	2	2006-09-11 00:00:00
6	6	4	610	18	2	2006-11-15 00:00:00

查询已成功执行。 | LAPTOP-NMGPMIMM\sql2008 (10... | LAPTOP-NMGPMIMM\wyiqin... | CompanySales | 00:00:00 | 40 行

附图 G-7 Purchase_Order 表中的数据示例

参 考 文 献

[1] 钱冬云,周雅静. SQL Server 2005 数据库应用技术[M]. 北京:清华大学出版社,2010.
[2] 王珊,萨师煊. 数据库系统概论[M]. 北京:高等教育出版社,2015.
[3] 周爱武,汪海威,肖云. 数据库课程设计[M]. 北京:机械工业出版社,2014.
[4] 马俊,袁暋. SQL Server 2012 数据库管理与开发(慕课版)[M]. 北京:人民邮电出版社,2016.
[5] 刘卫国,熊拥军. 数据库技术与应用——SQL Server 2005[M]. 北京:清华大学出版社,2010.
[6] 胡孔法. 数据库原理及应用学习与实验指导教程[M]. 北京:机械工业出版社,2012.
[7] 刘旭,范瑛. SQL Server 2008 项目教程[M]. 北京:清华大学出版社,2013.
[8] 李丹,赵占坤,丁宏伟,等. SQL Server 2005 数据库管理与开发实用教程[M]. 北京:机械工业出版社,2014.
[9] 万常选,廖国琼,吴京慧,等. 数据库原理与设计[M]. 北京:清华大学出版社,2014.
[10] 吴京慧,刘爱红,廖国琼,等. 数据库原理与设计实验教程[M]. 北京:清华大学出版社,2014.
[11] 李法春,刘志军. 数据库基础及其应用[M]. 北京:机械工业出版社,2011.
[12] 郭春柱. 数据库系统工程师软考辅导[M]. 北京:机械工业出版社,2014.
[13] 李俊民,王国胜,张石磊. SQL Server 基础与案例开发教程[M]. 北京:清华大学出版社,2014.
[14] 丁忠俊,王志,郭胜. 数据库系统原理及应用习题解析与项目实训[M]. 北京:清华大学出版社,2012.
[15] 延霞,徐守祥. 数据库应用技术——SQL Server 2008 篇[M]. 3 版. 北京:人民邮电出版社,2012.
[16] 沈大林,王爱帧. SQL Server 2008 案例教程[M]. 北京:中国铁道出版社,2010.
[17] 周慧,施乐军. SQL Server 2008 数据库技术及应用[M]. 北京:人民邮电出版社,2015.